中国农业标准经典收藏系列

中国农业行业标准汇编

（2021）

水产分册

标准质量出版分社　编

中国农业出版社
农村设物出版社
北　京

主　　编： 刘　伟

副 主 编： 冀　刚

编写人员（按姓氏笔画排序）：

冯英华　刘　伟　杨桂华

胡烨芳　廖　宁　冀　刚

出 版 说 明

近年来，我们陆续出版了多版《中国农业标准经典收藏系列》标准汇编，已将2004—2018年由我社出版的4 400多项标准单行本汇编成册，得到了广大读者的一致好评。无论从阅读方式还是从参考使用上，都给读者带来了很大方便。

为了加大农业标准的宣贯力度，扩大标准汇编本的影响，满足和方便读者的需要，我们在总结以往出版经验的基础上策划了《中国农业行业标准汇编（2021）》。本次汇编对2019年出版的226项农业标准进行了专业细分与组合，根据专业不同分为种植业、畜牧兽医、植保、农机、综合和水产6个分册。

本书收录了鱼病诊断规程、渔具通用技术要求、人工繁育技术规范、种质资源描述规范通用要求、水生生物增殖放流技术规范、淡水渔业资源调查规范、水产品中兽药残留量测定等方面的农业标准46项，并在书后附有2019年发布的6个标准公告供参考。

特别声明：

1. 汇编本着尊重原著的原则，除明显差错外，对标准中所涉及的有关量、符号、单位和编写体例均未做统一改动。

2. 从印制工艺的角度考虑，原标准中的彩色部分在此只给出黑白图片。

3. 本辑所收录的个别标准，由于专业交叉特性，故同时归于不同分册当中。

本书可供农业生产人员、标准管理干部和科研人员使用，也可供有关农业院校师生参考。

标准质量出版分社

2020年9月

目　录

出版说明

附录

ICS 67.120.30
B 50

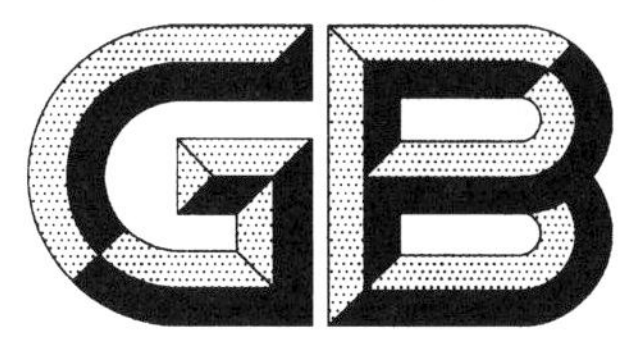

中华人民共和国国家标准

GB 31660.1—2019

食品安全国家标准
水产品中大环内酯类药物残留量的测定
液相色谱-串联质谱法

National food safety standard—
Determination of macrolides residues in fishery products by liquid chromatography–tandem mass spectrometric method

2019-09-06 发布　　2020-04-01 实施

中华人民共和国农业农村部
中华人民共和国国家卫生健康委员会　发布
国家市场监督管理总局

前　　言

本标准按照GB/T 1.1—2009给出的规则起草。

本标准系首次发布。

食品安全国家标准
水产品中大环内酯类药物残留量的测定
液相色谱-串联质谱法

1 范围

本标准规定了水产品中竹桃霉素、红霉素、克拉霉素、阿奇霉素、吉他霉素、交沙霉素、螺旋霉素、替米考星、泰乐菌素9种大环内酯类药物残留量检测的制样和液相色谱-串联质谱测定方法。

本标准适用于水产品中鱼、虾、蟹、贝类等的可食组织中竹桃霉素、红霉素、克拉霉素、阿奇霉素、吉他霉素、交沙霉素、螺旋霉素、替米考星、泰乐菌素9种大环内酯类药物残留量的检测。

2 规范性引用文件

下列文件对于本文件的应用是必不可少的。凡是注日期的引用文件,仅注日期的版本适用于本文件。凡是不注日期的引用文件,其最新版本(包括所有的修改单)适用于本文件。

GB/T 6682 分析实验室用水规格和试验方法

3 原理

试样中大环内酯类药物的残留经乙腈提取,正己烷除脂、中性氧化铝柱净化,液相色谱-串联质谱法测定,外标法定量。

4 试剂与材料

除另有规定外,所有试剂均为分析纯,水为符合GB/T 6682规定的一级水。

4.1 试剂

4.1.1 乙腈(CH_3CN):色谱纯。

4.1.2 甲醇(CH_3OH):色谱纯。

4.1.3 正己烷(C_6H_{14}):色谱纯。

4.1.4 甲酸(HCOOH):色谱纯。

4.1.5 乙酸铵(CH_3COONH_4)。

4.1.6 异丙醇[$(CH_3)_2CHOH$]。

4.2 溶液配制

4.2.1 乙腈饱和正己烷:取正己烷200 mL于250 mL分液漏斗中,加入适量乙腈后,剧烈振摇,待分配平衡后,弃去乙腈层即得。

4.2.2 0.05 mol/L乙酸铵溶液:取乙酸铵0.77 g,用水溶解并稀释至200 mL。

4.2.3 0.1%甲酸溶液:取甲酸1 mL,用水溶解并稀释至1 000 mL。

4.2.4 定容液:取乙腈20 mL和乙酸铵溶液80 mL,混合均匀。

4.3 标准品

竹桃霉素、红霉素、克拉霉素、阿奇霉素、交沙霉素、螺旋霉素、替米考星、泰乐菌素含量均≥92.0%,吉他霉素含量≥72.0%,具体内容参见附录A。

4.4 标准溶液制备

4.4.1 标准储备液:取竹桃霉素、红霉素、克拉霉素、阿奇霉素、吉他霉素、交沙霉素、螺旋霉素、替米考星和泰乐菌素标准品各适量(相当于各活性成分10 mg),精密称定,分别于100 mL棕色量瓶中,用甲醇溶解并稀释至刻度，配制成浓度为 100 μg/mL 大环内酯类药物标准储备液。红霉素、克拉霉素和泰乐菌素 −20℃以下避光保存，竹桃霉素、阿奇霉素、吉他霉素、交沙霉素、螺旋霉素、替米考星 4℃以下避光保存，有效期 3 个月。

4.4.2 混合标准工作液：精密量取标准储备液各 1 mL，于 10 mL 棕色量瓶中，用甲醇溶解并稀释至刻度，配制成浓度为 10 μg/mL 大环内酯类药物混合标准工作液。4℃以下避光保存，有效期 1 个月。

4.5 材料

4.5.1 中性氧化铝固相萃取柱：2 g/6 mL，或相当者。

4.5.2 尼龙微孔滤膜：0.22 μm。

5 仪器和设备

5.1 液相色谱-串联质谱仪：配电喷雾离子源。

5.2 分析天平：感量 0.000 01 g 和 0.01 g。

5.3 氮吹仪。

5.4 涡旋振荡器：3 000 r/min。

5.5 移液枪：200 μL，1 mL，5 mL。

5.6 离心机：4 000 r/min。

5.7 梨形瓶：100 mL。

5.8 超声波振荡器。

5.9 旋转蒸发器。

6 试料的制备与保存

6.1 试料的制备

取适量新鲜或解冻的空白或供试组织，绞碎，并使均质：

a) 取均质后的供试样品，作为供试试料；

b) 取均质后的空白样品，作为空白试料；

c) 取均质后的空白样品，添加适宜浓度的标准工作液，作为空白添加试料。

6.2 试料的保存

−18℃以下保存，3 个月内进行分析检测。

7 测定步骤

7.1 提取

取试料 5 g(准确至±20 mg)，于 50 mL 塑料离心管中加入乙腈 20 mL，于涡旋振荡器上以 2 000 r/min涡旋 1 min，超声 5 min，以 3 500 r/min 离心 6 min，取上清液转移至另一离心管中，残渣再加乙腈 15 mL，重复提取一次，合并上清液，备用。

7.2 净化

中性氧化铝固相萃取柱预先用乙腈 5 mL 活化，取备用液过柱，用乙腈 5 mL 洗脱，收集洗脱液于梨形瓶中，加入异丙醇 4 mL，40℃旋转蒸发至干。精密加入定容液 2 mL 溶解残余物，加乙腈饱和正己烷 2 mL，转至 10 mL 离心管中，涡旋 10 s，以 3 000 r/min 离心 8 min，取下层清液过 0.22 μm 滤膜，供液相色谱-串联质谱测定。

7.3 基质匹配标准曲线的制备

精密量取混合标准工作液适量，用空白样品提取液溶解稀释，配制成大环内酯类药物浓度为 1 ng/mL、5 ng/mL、20 ng/mL、100 ng/mL、250 ng/mL、500 ng/mL 和 1 000 ng/mL 的系列基质标准工作溶液；现配现用。以特征离子质量色谱峰面积为纵坐标、标准溶液浓度为横坐标，绘制标准曲线。求回归方程和相关系数。

7.4 测定

7.4.1 液相色谱参考条件

a) 色谱柱：C_{18}色谱柱（150 mm×2.0 mm，5 μm）或相当者；

b) 流动相：A 为 0.1%的甲酸水溶液，B 为乙腈，梯度洗脱条件见表 1；

c) 流速：0.2 mL/min；

d) 柱温：30℃；

e) 进样量：10 μL。

表 1 流动相梯度洗脱条件

时间，min	0.1%甲酸水溶液，%	乙腈，%
0	95	5
2	95	5
10	5	95
11	95	5
16	95	5

7.4.2 质谱参考条件

a) 离子源：电喷雾（ESI）离子源；

b) 扫描方式：正离子扫描；

c) 检测方式：多反应监测；

d) 喷雾电压：4 000 V；

e) 离子传输毛细管温度：350℃；

f) 雾化气压力：248 kPa；

g) 辅助气压力：48 kPa；

h) 定性离子对、定量离子对和碰撞能量见表 2。

表 2 定性离子对、定量子离子和碰撞能量

化合物名称	定性离子对（碰撞能量），m/z（eV）	定量离子对（碰撞能量），m/z（eV）
竹桃霉素（OLD）	688.4/158.1（28） 688.4/544.3（16）	688.4/544.3（16）
红霉素（ERM）	734.4/158.2（28） 734.4/576.2（18）	734.4/576.2（18）
克拉霉素（CLA）	748.5/158.1（28） 748.5/590.4（18）	748.5/158.1（28）
阿奇霉素（AZI）	749.5/158.0（36） 749.5/591.4（27）	749.5/158.0（36）
吉他霉素（KIT）	772.4/109.4（33） 772.4/174.3（30）	772.4/174.3（30）
交沙霉素（JOS）	828.3/109.4（35） 828.3/174.1（32）	828.3/174.1（32）
螺旋霉素（SPI）	843.4/174.2（36） 843.4/142.1（40）	843.4/174.2（36）
替米考星（TIL）	869.5/137.7（41） 869.5/696.3（36）	869.5/696.3（36）
泰乐菌素（TYL）	916.4/174.2（36） 916.4/772.2（29）	916.4/174.2（36）

7.4.3 测定法

7.4.3.1 定性测定

在同样测试条件下，试样溶液中大环内酯类药物的保留时间与标准工作液中大环内酯类药物的保留

时间之比，偏差在±5%以内，且检测到的离子的相对丰度，应当与浓度相当的校正标准溶液相对丰度一致。其允许偏差应符合表3要求。

表3 定性确证时相对离子丰度的允许偏差

单位为百分率

相对离子丰度	允许偏差
>50	±20
20～50	±25
10～20	±30
≤10	±50

7.4.3.2 定量测定

按7.4.1和7.4.2设定仪器条件，以基质标准工作溶液浓度为横坐标，以峰面积为纵坐标，绘制标准工作曲线，作单点或多点校准，按外标法计算试样中药物的残留量，定量离子采用丰度最大的二级特征离子碎片。标准溶液特征离子质量色谱图参见附录B。

7.5 空白试验

除不加试料外，均按上述测定步骤进行。

8 结果计算和表述

试样中待测药物的残留量按式(1)计算。

$$X = \frac{C_S \times A \times V}{A_S \times m} \qquad (1)$$

式中：

X ——试样中被测组分的残留量，单位为微克每千克(μg/kg)；

C_S ——标准工作液测得的被测组分溶液浓度，单位为纳克每毫升(ng/mL)；

A ——试样溶液中被测组分峰面积；

A_S ——标准工作液被测组分峰面积；

V ——试样溶液定容体积，单位为毫升(mL)；

m ——试料质量，单位为克(g)。

计算结果需扣除空白值。测定结果用2次平行测定的算术平均值表示，保留3位有效数字。

9 方法灵敏度、准确度和精密度

9.1 灵敏度

本方法的检测限为1.0 μg/kg；红霉素、替米考星定量限为2.0 μg/kg，竹桃霉素、克拉霉素、阿奇霉素、吉他霉素、交沙霉素、螺旋霉素、泰乐菌素定量限为4.0 μg/kg。

9.2 准确度

红霉素、替米考星在2.0 μg/kg～40 μg/kg添加浓度的回收率为70%～120%；竹桃霉素、克拉霉素、阿奇霉素、吉他霉素、交沙霉素、螺旋霉素、泰乐菌素在4.0 μg/kg～40 μg/kg添加浓度的回收率为70%～120%。

9.3 精密度

本方法的批内相对标准偏差≤15%，批间相对标准偏差≤15%。

附　录　A
（资料性附录）
9 种大环内酯类药物中英文通用名称、化学分子式和 CAS 号

9 种大环内酯类药物中英文通用名称、化学分子式和 CAS 号见表 A.1。

表 A.1　9 种大环内酯类药物中英文通用名称、化学分子式和 CAS 号

中文通用名称	英文通用名称	化学分子式	CAS 号
竹桃霉素	oleandomycin	$C_{35}H_{61}NO_{12}$	2751-09-9
红霉素	erythromycin	$C_{37}H_{67}NO_{3}$	114-07-8
克拉霉素	clarithromycin	$C_{38}H_{69}NO_{13}$	81103-11-9
阿奇霉素	azithromycin	$C_{38}H_{72}N_2O_{12}$	83905-01-5
吉他霉素	kitasamycin	$C_{40}H_{67}NO_{14}$	1392-21-8
交沙霉素	josamycin	$C_{42}H_{69}NO_{15}$	16846-24-5
螺旋霉素	spiramycin	$C_{43}H_{74}N_2O_{14}$	8025-81-8
替米考星	tilmicosin	$C_{46}H_{80}N_2O_{13}$	108050-54-0
泰乐菌素	tylosin	$C_{46}H_{77}NO_{17}$	1401-69-0

附 录 B
(资料性附录)
标准溶液特征离子质量色谱图

标准溶液特征离子质量色谱图见图 B.1。

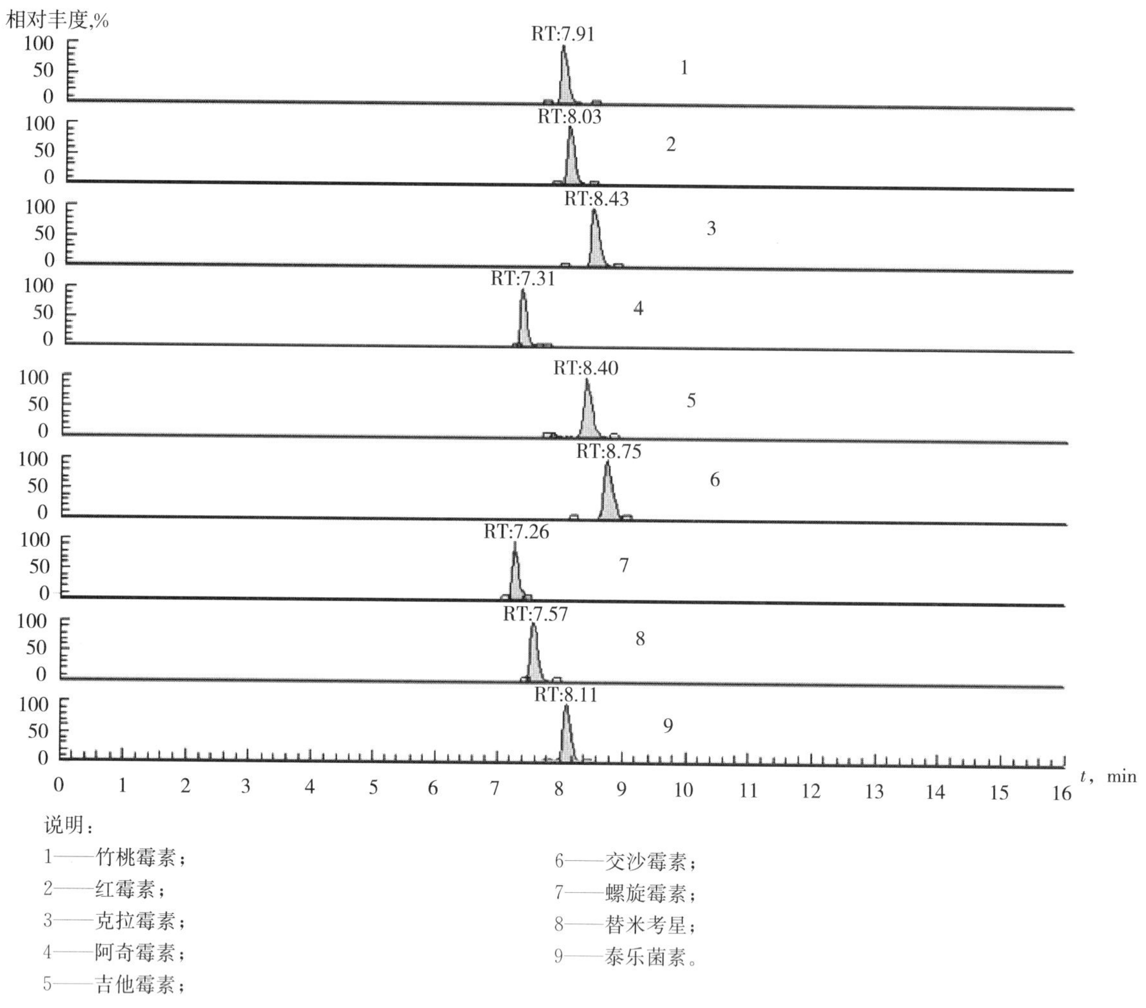

说明:

1——竹桃霉素;
2——红霉素;
3——克拉霉素;
4——阿奇霉素;
5——吉他霉素;
6——交沙霉素;
7——螺旋霉素;
8——替米考星;
9——泰乐菌素。

图 B.1　大环内酯类药物混合标准溶液(1 ng/mL)的特征离子质量色谱图

ICS 67.120.30
B 50

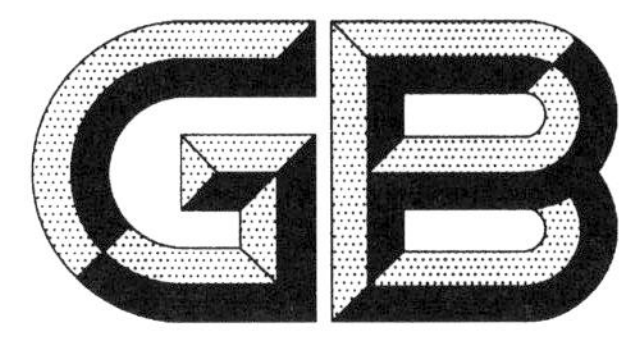

中华人民共和国国家标准

GB 31660.2—2019

食品安全国家标准　水产品中辛基酚、壬基酚、双酚A、己烯雌酚、雌酮、17α-乙炔雌二醇、17β-雌二醇、雌三醇残留量的测定　气相色谱-质谱法

National food safety standard—
Determination of octylphenol, nonylphenol, bisphenolA, diethylstilbestrol, estrone, 17α-ethinylestradiol, 17β- estradiol and estriol residues in fishery products by gas chromatography mass spectrometry

2019-09-06 发布　　　　2020-04-01 实施

中华人民共和国农业农村部
中华人民共和国国家卫生健康委员会　发布
国家市场监督管理总局

前　　言

本标准按照 GB/T 1.1—2009 给出的规则起草。

本标准系首次发布。

食品安全国家标准 水产品中辛基酚、壬基酚、双酚A、己烯雌酚、雌酮、17α-乙炔雌二醇、17β-雌二醇、雌三醇残留量的测定 气相色谱-质谱法

1 范围

本标准规定了水产品中辛基酚、壬基酚、双酚A、己烯雌酚、雌酮、17α-乙炔雌二醇、17β-雌二醇、雌三醇残留量检测的制样和气相色谱-质谱测定方法。

本标准适用于鱼、虾、蟹、贝类、海参、鳖等水产品可食组织中辛基酚、壬基酚、双酚A、己烯雌酚、雌酮、17α-乙炔雌二醇、17β-雌二醇、雌三醇残留量的检测。

2 规范性引用文件

下列文件对于本文件的应用是必不可少的。凡是注日期的引用文件,仅注日期的版本适用于本文件。凡是不注日期的引用文件,其最新版本(包括所有的修改单)适用于本文件。

GB/T 6682 分析实验室用水规格和试验方法

3 原理

试样中辛基酚、壬基酚、双酚A、己烯雌酚、雌酮、17α-乙炔雌二醇、17β-雌二醇、雌三醇残留经乙酸乙酯提取,凝胶渗透色谱及固相萃取净化,七氟丁酸酐衍生,气相色谱-质谱法测定,外标法定量。

4 试剂与材料

除另有规定外,所有试剂均为分析纯,水为符合GB/T 6682规定的一级水。

4.1 试剂

4.1.1 乙酸乙酯($CH_3COOC_2H_5$):色谱纯。

4.1.2 丙酮(CH_3COCH_3):色谱纯。

4.1.3 正己烷(C_6H_{14}):色谱纯。

4.1.4 甲醇(CH_3OH):色谱纯。

4.1.5 环己烷(C_6H_{12}):色谱纯。

4.1.6 七氟丁酸酐($C_8F_{14}O_3$)。

4.1.7 碳酸钠(Na_2CO_3)。

4.2 溶液制备

4.2.1 碳酸钠溶液:称取碳酸钠10 g,用水溶解并稀释至100 mL,混匀。

4.2.2 50%环己烷乙酸乙酯溶液:环己烷与乙酸乙酯等体积混合。

4.2.3 50%甲醇溶液:甲醇与水等体积混合。

4.3 标准品

辛基酚、壬基酚、双酚A、己烯雌酚、雌酮、17α-乙炔雌二醇、17β-雌二醇、雌三醇含量均≥98.0%,具体内容参见附录A。

4.4 标准溶液制备

4.4.1 标准储备液:取辛基酚、壬基酚、双酚A、己烯雌酚、雌酮、17α-乙炔雌二醇、17β-雌二醇、雌三醇标准品各10 mg,精密称定,于10 mL棕色量瓶中,用甲醇溶解并稀释至刻度,配成浓度为1 mg/mL的标准

储备液。-18℃以下保存,有效期6个月。

4.4.2 混合标准工作液:分别精密量取标准储备液适量,用甲醇稀释,配成浓度为辛基酚50 μg/L,壬基酚、双酚A 30 μg/L,己烯雌酚50 μg/L,雌酮、17α-乙炔雌二醇、17β-雌二醇、雌三醇100 μg/L的混合标准工作液。2℃~8℃避光保存,有效期1周。

4.5 材料

4.5.1 聚苯乙烯凝胶填料:Bio-Beads S-X3,200目~400目。

4.5.2 HLB固相萃取柱:60 mg/3 mL,或相当者。

4.5.3 凝胶净化柱:长25 cm,内径2 cm,具活塞玻璃层析柱。将50%环己烷乙酸乙酯溶液浸泡过夜的聚苯乙烯凝胶填料以湿法装入柱中,柱床高20 cm。柱床始终保持在50%环己烷乙酸乙酯溶液中。

5 仪器和设备

5.1 气相色谱质谱联用仪:配EI源。

5.2 分析天平:感量0.000 01 g和0.01 g。

5.3 均质机。

5.4 离心机:4 000 r/min。

5.5 涡旋振荡器。

5.6 氮吹仪。

5.7 固相萃取装置。

5.8 聚丙烯离心管:50 mL。

5.9 具塞玻璃离心管:10 mL。

5.10 梨形瓶:100 mL。

6 试料的制备与保存

6.1 试料的制备

取适量新鲜或解冻的空白或供试组织,绞碎,并使均质:

a) 取均质后的供试样品,作为供试试料;

b) 取均质后的空白样品,作为空白试料;

c) 取均质后的空白样品,添加适宜浓度的标准工作液,作为空白添加试料。

6.2 试料的保存

-18℃以下保存。

7 测定步骤

7.1 提取

取试料5 g(准确至±20 mg),于50 mL离心管中加碳酸钠溶液3 mL、乙酸乙酯20 mL,涡旋混匀,超声提取10 min,4 000 r/min离心10 min,取上清液至100 mL梨形瓶中。残渣用乙酸乙酯10 mL重复提取一次,合并上清液,于40℃旋转蒸发至干,用50%环己烷乙酸乙酯溶液5 mL溶解残留物,备用。

7.2 净化

7.2.1 凝胶净化

将备用液转至凝胶净化柱上,用50%环己烷乙酸乙酯溶液110 mL淋洗,根据凝胶净化洗脱曲线确定收集淋洗液的体积,40℃旋转蒸干,残渣用甲醇1 mL溶解,加水9 mL稀释,备用。

凝胶净化柱洗脱曲线的绘制:将5 mL混合标准溶液上柱,用50%环己烷乙酸乙酯溶液淋洗,收集淋洗液,每10 mL收集一管,于40℃水浴中氮吹至干。按7.3的方法衍生,气相色谱-质谱法测定,根据淋洗体积与回收率的关系确定需要收集的淋洗液体积。

7.2.2 固相萃取净化

固相萃取柱依次用甲醇 5 mL、水 5 mL 活化，取备用液过柱，控制流速不超过 2 mL/min，用 50% 甲醇水溶液 10 mL 淋洗，抽干，用甲醇 10 mL 洗脱，控制流速不超过 2 mL/min。收集洗脱液于 10 mL 具塞玻璃离心管中，于 40℃ 水浴中氮气吹干。

7.3 衍生

于上述具塞玻璃离心管中加入七氟丁酸酐 30 μL、丙酮 70 μL，盖紧盖，涡旋混合 30 s，于 30℃ 恒温箱中衍生 30 min，氮气吹干，精密加入正己烷 0.5 mL，涡旋混合 10 s，溶解残余物，供 GC-MS 分析。

7.4 标准曲线的制备

取混合标准工作溶液 50 μL、100 μL、200 μL、500 μL、1 000 μL 于 1.5 mL 样品反应瓶中，40℃ 水浴中氮吹至干，按 7.3 方法衍生，制成辛基酚、己烯雌酚浓度均为 5 μg/L、10 μg/L、25 μg/L、50 μg/L、100 μg/L 的梯度系列，壬基酚、双酚 A 浓度均为 3 μg/L、6 μg/L、15 μg/L、30 μg/L、60 μg/L 的梯度系列，雌酮、17α-乙炔雌二醇、17β-雌二醇、雌三醇浓度均为 10 μg/L、20 μg/L、50 μg/L、100 μg/L、200 μg/L 的梯度系列。分别取 1 μL 进样，以定量离子峰面积为纵坐标，浓度为横坐标，绘制标准曲线。

7.5 测定

7.5.1 色谱参考条件

a) 色谱柱：HP-5ms 石英毛细管柱(30 m×0.25 mm×0.25 μm)，或相当者；
b) 载气：高纯氦气，纯度≥99.999%，流速 1.0 mL/min；
c) 进样方式：无分流进样；
d) 进样量：1 μL；
e) 进样口温度：250℃；
f) 柱温：初始柱温 120℃，保持 2 min，以 15℃/min 升至 250℃，再以 5℃/min 升至 300℃，保持 5 min。

7.5.2 质谱参考条件

a) 离子源：EI 源；
b) 离子源温度：230℃；
c) 四极杆温度：150℃；
d) 接口温度：280℃；
e) 溶剂延迟：7 min；
f) 选择离子监测(SIM)：辛基酚、壬基酚、双酚 A、己烯雌酚、雌酮、17α-乙炔雌二醇、17β-雌二醇、雌三醇衍生物的监测离子见表 1。

表 1 待测物衍生物的监测离子

化合物	定性离子	定量离子
辛基酚	402、345、303、275	303
壬基酚	416、345、303、275	303
双酚 A	620、605、331、315	605
己烯雌酚	660、631、341、447	660
17α-乙炔雌二醇	474、459、446、353	474
雌酮	466、409、422、356	466
17β-雌二醇	664、409、451、356	664
雌三醇	449、663、409、356	449

7.5.3 测定法

7.5.3.1 定性测定

在同样测试条件下，试样液中待测物的保留时间与标准工作液中待测物的保留时间偏差在±0.10 min 以内，并且在扣除背景后的样品质谱图中，所选择的特征离子均应出现，且检测到的离子的相对丰度，应当与浓度相当的校正标准溶液相对丰度一致。其允许偏差应符合表 2 要求。

表 2　定性确证时相对离子丰度的允许偏差

单位为百分率

相对离子丰度	允许偏差
＞50	±10
20～50	±15
10～20	±20
≤10	±50

7.5.3.2　定量测定

按 7.5.1 和 7.5.2 设定仪器条件，以标准工作溶液浓度为横坐标，以峰面积为纵坐标，绘制标准曲线，作单点或多点校准，按外标法计算试样中药物的残留量，定量离子见表 1。标准溶液衍生物的特征离子质量色谱图参见附录 B。

7.6　空白试验

除不加试料外，均按上述测定步骤进行。

8　结果计算和表述

试料中待测药物残留量按式(1)计算。

$$X = \frac{C_s \times A \times V}{A_s \times m} \quad \cdots\cdots (1)$$

式中：

X ——试样中被测组分的残留量，单位为微克每千克(μg/kg)；

C_s ——标准溶液中被测组分的浓度，单位为纳克每毫升(ng/mL)；

A ——试样溶液中被测组分的峰面积；

A_s ——标准溶液中被测组分的峰面积；

V ——试样溶液定容体积，单位为毫升(mL)；

m ——试料质量，单位为克(g)。

计算结果需扣除空白值。测定结果用 2 次平行测定的算术平均值表示，保留 3 位有效数字。

9　检测方法的灵敏度、准确度和精密度

9.1　灵敏度

本方法的检测限：辛基酚、己烯雌酚分别为 0.2 μg/kg，壬基酚、双酚 A 分别为 0.1 μg/kg，雌酮、17α-乙炔雌二醇、17β-雌二醇、雌三醇分别为 0.3 μg/kg；定量限：辛基酚、己烯雌酚分别为 0.5 μg/kg，壬基酚、双酚 A 分别为 0.3 μg/kg，雌酮、17α-乙炔雌二醇、17β-雌二醇、雌三醇分别为 1.0 μg/kg。

9.2　准确度

辛基酚、己烯雌酚在 0.5 μg/kg～10 μg/kg 添加浓度范围内，回收率为 70%～110%；壬基酚、双酚 A 在 0.3 μg/kg～6 μg/kg 添加浓度范围内，回收率为 70%～110%；雌酮、17α-乙炔雌二醇、17β-雌二醇、雌三醇在 1.0 μg/kg～20 μg/kg 添加浓度范围内，回收率为 70%～110%。

9.3　精密度

本方法的批内相对标准偏差≤15%，批间相对标准偏差≤20%。

附 录 A
(资料性附录)
8种药物中英文通用名称、化学分子式和CAS号信息

8种药物中英文通用名称、化学分子式、CAS号信息见表A.1。

表A.1 8种药物中英文通用名称、化学分子式、CAS号信息

中文通用名称	英文通用名称	化学分子式	CAS号
辛基酚	octylphenol	$C_{14}H_{22}O$	140-66-9
壬基酚	nonylphenol	$C_{15}H_{24}O$	25154-52-3
双酚A	bisphenol A	$C_{15}H_{16}O_2$	80-05-7
己烯雌酚	diethylstilbestrol	$C_{18}H_{20}O_2$	6898-97-1
雌酮	estrone	$C_{18}H_{22}O_2$	53-16-7
17α-乙炔雌二醇	17α-ethinylestradiol	$C_{20}H_{24}O_2$	57-63-6
17β-雌二醇	17β-estradiol	$C_{18}H_{24}O_2$	50-28-2
雌三醇	estriol	$C_{18}H_{24}O_3$	50-27-1

附　录　B

（资料性附录）

特征离子质量色谱图

特征离子质量色谱图见图 B.1。

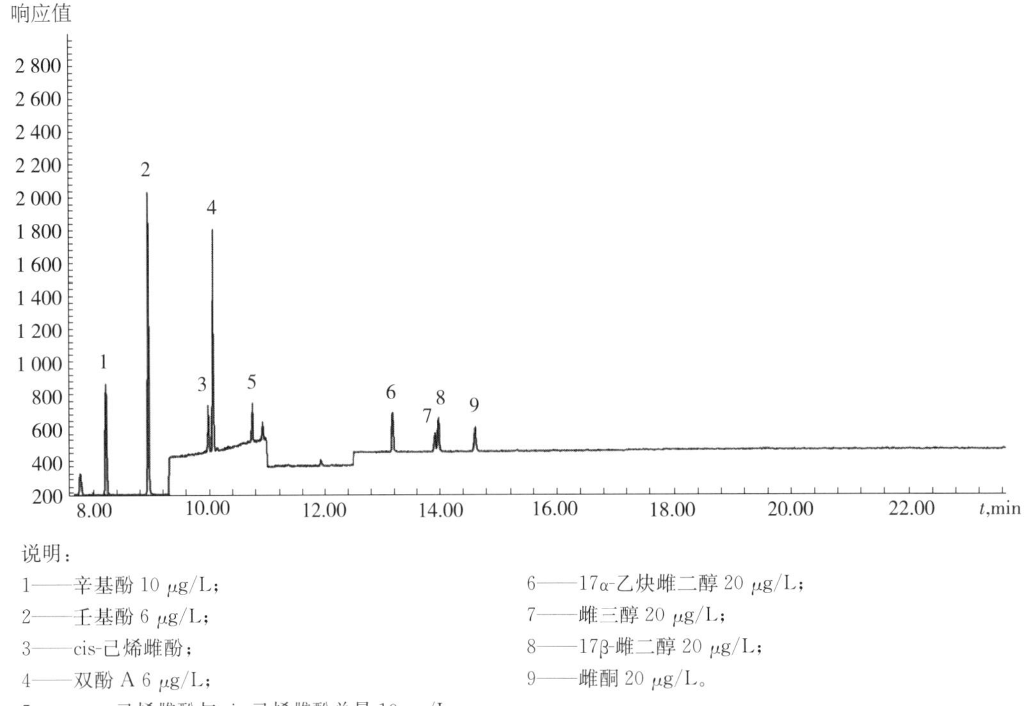

说明：

1——辛基酚 10 μg/L；

2——壬基酚 6 μg/L；

3——cis-己烯雌酚；

4——双酚 A 6 μg/L；

5——tran-己烯雌酚与 cis-己烯雌酚总量 10 μg/L；

6——17α-乙炔雌二醇 20 μg/L；

7——雌三醇 20 μg/L；

8——17β-雌二醇 20 μg/L；

9——雌酮 20 μg/L。

图 B.1　标准溶液衍生物特征离子质量色谱图

ICS 67.120.30
B 50

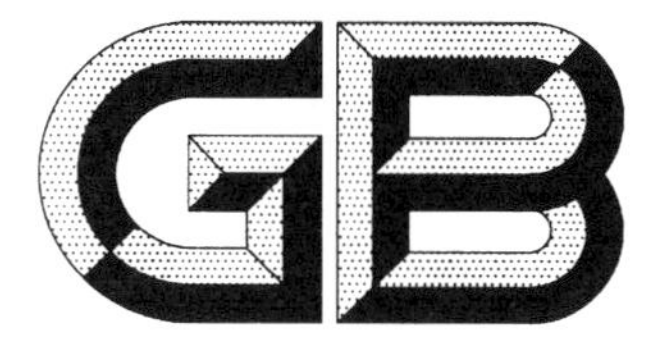

中华人民共和国国家标准

GB 31660.3—2019

食品安全国家标准 水产品中氟乐灵残留量的测定 气相色谱法

National food safety standard—
Determination of trifluralin residues in aquatic products by gas chromatography method

2019-09-06 发布　　2020-04-01 实施

中华人民共和国农业农村部
中华人民共和国国家卫生健康委员会　发布
国家市场监督管理总局

前　　言

本标准按照GB/T 1.1—2009给出的规则起草。

本标准系首次发布。

食品安全国家标准
水产品中氟乐灵残留量的测定　气相色谱法

1　范围

本标准规定了水产品中氟乐灵残留量检测的制样和气相色谱测定方法。

本标准适用于鱼、虾、蟹、鳖、贝类等水产品的可食组织中氟乐灵残留量的检测。

2　规范性引用文件

下列文件对于本文件的应用是必不可少的。凡是注日期的引用文件，仅注日期的版本适用于本文件。凡是不注日期的引用文件，其最新版本(包括所有的修改单)适用于本文件。

GB/T 6682　分析实验室用水规格和试验方法。

3　原理

试样中氟乐灵残留经丙酮提取，正己烷液-液萃取，弗罗里硅土柱净化后，气相色谱电子捕获检测器测定，外标法定量。

4　试剂与材料

除另有规定外，所有试剂均为分析纯，水为符合 GB/T 6682 规定的一级水。

4.1　试剂

4.1.1　丙酮(CH_3COCH_3)：色谱纯。

4.1.2　正己烷(C_6H_{14})：色谱纯。

4.1.3　二氯甲烷(CH_2Cl_2)：色谱纯。

4.1.4　无水硫酸钠(Na_2SO_4)。

4.2　溶液配制

4.2.1　2%硫酸钠溶液：称取无水硫酸钠 2 g，加水溶解并稀释至 100 mL。

4.2.2　10%二氯甲烷正己烷溶液：取二氯甲烷 10 mL，加正己烷溶解并稀释至 100 mL，混匀。

4.3　标准品

氟乐灵(trifluralin，$C_{13}H_{16}F_3N_3O_4$，CAS 号：1582-09-8)，含量≥98.0%。

4.4　标准溶液的制备

4.4.1　标准储备液(100 μg/mL)：取氟乐灵 10 mg，精密称定，于 100 mL 棕色量瓶中，用正己烷溶解并稀释至刻度，配制成浓度为 100 μg/mL 的标准储备液。4℃以下避光保存，有效期 6 个月。

4.4.2　标准工作液(1 μg/mL)：精密量取标准储备液 1 mL，于 100 mL 棕色量瓶中，用正己烷溶解并稀释至刻度，配制成浓度为 1 μg/mL 的氟乐灵标准工作液。4℃以下避光保存，有效期 3 个月。

4.4.3　标准工作液(0.1 μg/mL)：精密量取 1 μg/mL 标准储备液 1 mL，于 10 mL 棕色量瓶中，用正己烷溶解并稀释至刻度，配制成浓度为 0.1 μg/mL 的氟乐灵标准工作液。4℃以下避光保存，有效期 2 周。

4.5　材料

弗罗里硅土固相萃取柱：1 g/6 mL，或相当者。

5　仪器和设备

5.1　气相色谱仪：配电子捕获检测器。

5.2　分析天平：感量 0.000 01 g 和 0.01 g。

5.3 氮吹仪。

5.4 均质机。

5.5 涡旋振荡器。

5.6 离心机:4 000 r/min。

5.7 超声波振荡器。

5.8 旋转蒸发器。

5.9 固相萃取装置。

5.10 具塞聚丙烯离心管:50 mL 和 100 mL。

5.11 玻璃离心管:10 mL。

5.12 棕色鸡心瓶:100 mL。

6 试料的制备与保存

6.1 试料的制备

取适量新鲜或解冻的空白或供试组织,绞碎,并使均质:

a) 取均质后的供试样品,作为供试试料;

b) 取均质后的空白样品,作为空白试料;

c) 取均质后的空白样品,添加适宜浓度的标准工作液,作为空白添加试料。

6.2 试料的保存

-18℃以下保存,3 个月内进行分析检测。

7 测定步骤

7.1 提取

取试样 2 g(准确至±20 mg),于 50 mL 具塞聚丙烯离心管中,加丙酮 10 mL,涡旋 1 min,4 000 r/min 离心 10 min,取上清液,残渣加丙酮 10 mL,重复提取一次,合并上清液,加正己烷 30 mL、2%硫酸钠溶液 10 mL,涡旋 1 min,4 000 r/min 离心 10 min,取上清液于 100 mL 棕色鸡心瓶中,下层液体再加正己烷 20 mL重复提取一次,合并上清液,于 40℃旋转蒸发至近干,加正己烷 2 mL 使溶解,转移至 10 mL 玻璃离心管中,鸡心瓶用正己烷 2 mL 洗涤一次,洗涤液合并入 10 mL 玻璃离心管中,用氮气吹至约 1 mL,备用。

7.2 净化

固相萃取柱用二氯甲烷 5 mL 预洗,吹干,再用正己烷 5 mL 淋洗;取备用液过柱,用正己烷 3 mL 分 3 次洗玻璃离心管,洗液一并上柱,弃流出液;用 10%二氯甲烷正己烷溶液 5 mL 洗脱,收集洗脱液,氮气吹至近干。准确加正己烷 5 mL 溶解残余物,供气相色谱测定。

7.3 标准曲线的制备

精密量取氟乐灵标准工作液(0.1 μg/mL)适量,用正己烷稀释,配制成浓度为 0.25 ng/mL、1.0 ng/mL、5.0 ng/mL、10 ng/mL、20 ng/mL 的系列标准工作溶液;现用现配。以峰面积为纵坐标,标准溶液浓度为横坐标,绘制标准曲线。求回归方程和相关系数。

7.4 测定

7.4.1 色谱参考条件

a) 色谱柱:HP-5ms 石英毛细管柱(30 m×0.25 mm×0.25 μm),或相当者;

b) 载气:高纯氮气,纯度≥99.999%;流速为 1.2 mL/min;

c) 进样方式:无分流进样;

d) 进样量:1 μL;

e) 进样口温度:230℃;

f) 柱温:初始柱温 70℃,保持 1 min,以 30℃/min 升至 185℃,保持 2.5 min,再以 25℃/min 升至

280℃,保持 5 min;

g) 检测器:ECD;检测器温度为 300℃。

7.4.2 测定法

在 7.4.1 规定的色谱条件下,以标准工作溶液浓度为横坐标,以峰面积为纵坐标,绘制标准工作曲线,作单点或多点校准,按外标法计算试样中药物的残留量,标准工作液和试样液中待测物的响应值均应在仪器检测线性范围内。在上述色谱-质谱条件下,标准溶液色谱图参见附录 A。

7.5 空白试验

除不加试料外,均按上述测定步骤进行。

8 结果计算和表述

试样中氟乐灵的残留量按式(1)计算。

$$X=\frac{C_s \times A \times V}{A_s \times m} \quad \cdots\cdots(1)$$

式中:

X ——试样中氟乐灵的残留量,单位为微克每千克(μg/kg);

C_s ——标准溶液中氟乐灵的浓度,单位为纳克每毫升(ng/mL);

A ——试样溶液中氟乐灵峰面积;

V ——试样溶液定容体积,单位为毫升(mL);

A_s ——标准溶液中氟乐灵峰面积;

m ——试料质量,单位为克(g)。

计算结果需扣除空白值。测定结果用 2 次平行测定的算术平均值表示,保留 3 位有效数字。

9 检测方法的灵敏度、准确度和精密度

9.1 灵敏度

本方法检测限为 0.5 μg/kg;定量限为 1.0 μg/kg。

9.2 准确度

氟乐灵在 1 μg/kg~10 μg/kg 添加浓度的回收率为 70%~110%。

9.3 精密度

本方法的批内相对标准偏差≤15%,批间相对标准偏差≤15%。

附 录 A
(资料性附录)
标准溶液色谱图

标准溶液色谱图见图 A.1。

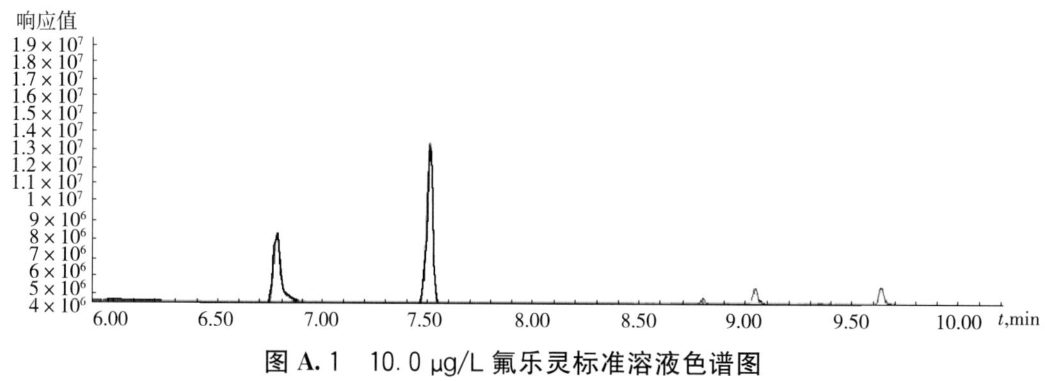

图 A.1　10.0 μg/L 氟乐灵标准溶液色谱图

ICS 65.150
B 52

中华人民共和国水产行业标准

SC/T 1137—2019

淡水养殖水质调节用微生物制剂质量与使用原则

Guideline for the quality and use of probiotics in the regulatiaon of water quality in freshwater aquaculture

2019-08-01 发布　　　　2019-11-01 实施

中华人民共和国农业农村部　发布

前　言

本标准按照 GB/T 1.1—2009 给出的规则起草。

请注意本文件的某些内容可能涉及专利。本文件的发布机构不承担识别这些专利的责任。

本标准由农业农村部渔业渔政管理局提出。

本标准由全国水产标准化技术委员会淡水养殖分技术委员会(SAC/TC 156/SC 1)归口。

本标准起草单位:全国水产技术推广总站、山东农业大学、山东宝来利来生物工程股份有限公司。

本标准主要起草人:王玉堂、冯东岳、陈学洲、季相山、王兴华、李光、李建、赵凤梅、邹绍林。

淡水养殖水质调节用微生物制剂　质量与使用原则

1　范围

本标准规定了淡水养殖水质调节用光合细菌制剂、芽孢杆菌制剂和乳酸菌制剂等3种微生物制剂的外观辨别、质量判定及使用原则。

本标准适用于淡水养殖水质调节用光合细菌制剂、芽孢杆菌制剂和乳酸菌制剂的质量判定及使用。

2　规范性引用文件

下列文件对于本文件的应用是必不可少的。凡是注日期的引用文件，仅注日期的版本适用于本文件。凡是不注日期的引用文件，其最新版本(包括所有的修改单)适用于本文件。

GB 4789.35　食品安全国家标准　食品微生物学检验　乳酸菌检验

GB/T 5048　防潮包装

GB/T 26428　饲用微生物制剂中枯草芽孢杆菌的检测

NY 527—2002　光合细菌制剂

SN/T 3542　光合细菌制剂中沼泽红假单胞菌计数方法

SN/T 4624.1　入境环保用微生物菌剂检测方法　第1部分：地衣芽孢杆菌

SN/T 4624.2　入境环保用微生物菌剂检测方法　第2部分：短小芽孢杆菌

3　包装与标识

3.1　包装

应符合GB/T 5048的规定。

3.2　标识

标识须含有产品名称、商标、标准编号、有效菌名称、有效菌含量、杂菌率、使用范围、功效、使用方法及使用量、使用注意事项、生产日期、保质期、储存条件、生产单位、生产地址、联系方式等。

外包装(箱、袋、桶)应附有产品合格证。

4　产品质量要求

4.1　光合细菌制剂

4.1.1　菌种种类

沼泽红假单胞菌(*Rhodopseudomonas palustris*)、球形红假单胞菌(*Rhodopseudomonas sphaeroides*)等。

4.1.2　外观和气味

液体制剂：紫红色、褐红色、暗红色、棕红色、棕黄色等液体，略有沉淀、略具清淡腥味。

固体制剂：粉末状或颗粒状，略具清淡腥味。

4.1.3　pH

液体制剂：6.0～8.5。

4.1.4　水分含量

固体制剂：≤20%。

4.1.5　活菌数

液体制剂：≥5.0×10^{8} CFU/mL。

固体制剂：≥2.0×10^{8} CFU/g。

4.1.6　杂菌率

液体制剂:≤10%。

固体制剂:≤15%。

4.1.7 菌种鉴定

按照 NY 527、SN/T 3542 的规定执行。

4.2 芽孢杆菌制剂

4.2.1 菌种种类

枯草芽孢杆菌、地衣芽孢杆菌、短小芽孢杆菌、蜡状芽孢杆菌等。

4.2.2 外观和气味

液体制剂:淡黄色、红棕色等液体,略有沉淀,具发酵臭味。

固体制剂:粉末状或颗粒状,具发酵臭味。

4.2.3 pH

液体制剂:5.0～7.0。

4.2.4 活菌数

液体制剂:≥2.0×10^{9} CFU/mL。

固体制剂:≥1.0×10^{9} CFU/g。

4.2.5 水分含量

固体制剂:≤10%。

4.2.6 杂菌率

液体制剂:≤10%。

固体制剂:≤15%。

4.2.7 芽孢率

液体制剂:≥90%。

固体制剂:≥95%。

4.2.8 菌种鉴定

枯草芽孢杆菌鉴定按照 GB/T 26428 的规定执行。

地衣芽孢杆菌鉴定按照 SN/T 4624.1 的规定执行。

短小芽孢杆菌鉴定按照 SN/T 4624.2 的规定执行。

4.3 乳酸菌制剂

4.3.1 菌种种类

植物乳杆菌、嗜酸乳杆菌、乳酸片球菌、酪酸菌等。

4.3.2 外观和气味

液体制剂:黄色、褐色等液体,略有沉淀,具发酵酸味。

固体制剂:粉末或颗粒状,具发酵酸味。

4.3.3 pH

液体制剂:3.5～5.0。

4.3.4 活菌数

液体制剂:≥3.0×10^{9} CFU/mL。

固体制剂:≥1.0×10^{9} CFU/g。

4.3.5 水分含量

固体制剂:≤10%。

4.3.6 杂菌率

液体制剂:≤10%。

固体制剂:≤15%。

4.3.7 菌种鉴定

按照 GB 4789.35 的规定执行。

5 检测方法

5.1 活菌数

光合细菌检测方法按照 NY 527 的规定执行。

芽孢杆菌检测方法按照 GB/T 26428 的规定执行。

乳酸菌检测方法按照 GB 4789.35 的规定执行。

5.2 杂菌率

采用 5.1 中经过 10 倍系列稀释的活菌数的样品，选取其中 3 个连续适宜稀释度进行杂菌率测定。采用平板测数法测定。

5.3 芽孢率

参照附录 A 的方法检测。

5.4 送检样品

参照附录 B 的方法检测。

5.5 判定规则

5.5.1 合格微生物制剂判定

满足下列所有条件，判定为合格：

a) 菌种种类、活菌数、杂菌率均符合该菌种产品质量要求；

b) 产品外观和气味、pH、水分含量、芽孢率等检测项目中，有 1 项指标不符合本标准时，应重新抽样，进行复检，复检指标均符合本标准。

5.5.2 不合格微生物制剂判定

出现下列任一条件，判定为不合格：

a) 活菌数不符合本标准要求；

b) 杂菌率不符合本标准要求；

c) 菌种种类不符合本标准要求；

d) 外观和气味、pH、水分含量、芽孢率等检测项目中，有 1 项指标不符合本标准时，应重新抽样，进行复检，复检指标仍不符合本标准要求。

6 使用原则

微生物制剂使用应符合：

a) 不与抗生素、消毒剂等杀菌药物混合使用，或同期、同水体使用。

b) 使用含需氧型芽孢杆菌制剂时，采取增氧措施。

c) 宜多菌种配合使用。

d) 使用微生物制剂后，3 d～5 d 内不宜排放养殖水体；如必须排放养殖水体的，应及时适量补充微生物制剂。

附　录　A
（资料性附录）
芽孢率的检测

A.1　革兰氏染色液

A.1.1　结晶紫染色液

A.1.1.1　成分

结晶紫	1.0 g
95% 乙醇	20 mL
1% 草酸铵水溶液	80 mL

A.1.1.2　制法

将结晶紫完全溶解于乙醇中，然后与草酸铵溶液混合。

A.1.2　革兰氏碘液

A.1.2.1　成分

碘	1.0 g
碘化钾	2.0 g
蒸馏水	300 mL

A.1.2.2　制法

将碘与碘化钾先进行混合，加入蒸馏水少许，充分振摇，待完全溶解后，再加蒸馏水至 300 mL。

A.2　革兰氏染色

A.2.1　将产品混匀或摇匀，量取 5 g 或 5 mL 加入 45 mL 水中，混匀后依次逐步稀释成 10^{-2}、10^{-3}……10^{-8}，吸取合适浓度的稀释液滴 1 滴在载玻片上，涂匀。

A.2.2　将涂片在酒精灯火焰上固定，滴加结晶紫染色液，染 1 min，水洗。

A.2.3　滴加革兰氏碘液，作用 1 min，水洗。

A.2.4　滴加 95%乙醇脱色，15 s～30 s，直至染色液被洗掉，不要过分脱色，水洗。

A.2.5　滴加复染液，复染 1 min。水洗、待干、镜检。

A.3　镜检

在 40 倍物镜下观察，蓝色杆状的菌体为芽孢杆菌菌体，无色透明的空泡状孢子为芽孢杆菌孢子。计 3 个视野下的菌体数和芽孢数。

A.4　计算

根据孢子数占总菌数的百分率估算芽孢率，见式（1）。

$$P = A/(A+B) \qquad (1)$$

式中：

P ——芽孢率，单位为百分率（%）；

A ——孢子数，将制备的血球计数板放在光学显微镜下，放大到 400 倍，计数 4 个角上的 4 个大格和中间 1 个大格的芽孢数，单位为个（ind）；

B ——菌体数，将制备的血球计数板放在光学显微镜下，放大到 400 倍，计数 4 个角上的 4 个大格和中间 1 个大格的菌体数，单位为个(ind)。

最终结果取 3 个视野的平均值。

附 录 B
（资料性附录）
送 检 样 品 检 测

B.1 取样

将不同来源样品进行分类，同一菌种产品分为一批，取样过程严格避免杂菌感染。

B.2 取样工具

无菌塑料袋（瓶）、金属勺、取样器、量筒、取样封条、取样单。

B.3 取样方法及数量

一般从送检样品中，随机取样。

取样以瓶（袋）为单位，从同一件送检样品中随机选取 3 瓶（袋）～5 瓶（袋），每瓶（袋）50 mL（g）混匀后，进行检验。

B.4 检测项目

B.4.1 外观气味。

B.4.2 pH。

B.4.3 活菌数。

B.4.4 水分含量。

B.4.5 杂菌率。

B.4.6 菌种鉴定。

ICS 65.150
B 52

中华人民共和国水产行业标准

SC/T 1139—2019

细 鳞 鲴

Xenocypris microlepis

2019-08-01 发布

2019-11-01 实施

中华人民共和国农业农村部 发布

前　言

本标准按照 GB/T 1.1—2009 给出的规定起草。

请注意本文件的某些内容可能涉及专利。本文件的发布机构不承担识别这些专利的责任。

本标准由农业农村部渔业渔政管理局提出。

本标准由全国水产标准化技术委员会淡水养殖分技术委员会(SAC/TC 156/SC 1)归口。

本标准起草单位:浙江省淡水水产研究所。

本标准主要起草人:原居林、练青平、宓国强、刘士力、蒋文枰。

细 鳞 鲴

1 范围

本标准给出了细鳞鲴(*Xenocypris microlepis* Bleeker,1871)的名称与分类、主要形态构造特征、生长与繁殖、遗传学特性、检测方法、检测规则与结界判定。

本标准适用于细鳞鲴的种质检测与鉴定。

2 规范性引用文件

下列文件对于本文件的应用是必不可少的。凡是注日期的引用文件,仅注日期的版本适用于本文件。凡是不注日期的引用文件,其最新版本(包括所有的修改单)适用于本文件。

GB/T 18654.1 养殖鱼类种质检验 第1部分:检测规则

GB/T 18654.2 养殖鱼类种质检验 第2部分:抽样方法

GB/T 18654.3 养殖鱼类种质检验 第3部分:性状测定

GB/T 18654.4 养殖鱼类种质检验 第4部分:年龄与生长测定

GB/T 18654.6 养殖鱼类种质检验 第6部分:繁殖性能的测定

GB/T 18654.12 养殖鱼类种质检验 第12部分:染色体组型分析

GB/T 18654.13 养殖鱼类种质检验 第13部分:同工酶电泳分析

3 名称与分类

3.1 学名

细鳞鲴(*Xenocypris microlepis* Bleeker,1871)。

3.2 分类地位

硬骨鱼纲(Osteichthyes)、鲤形目(Cypriniformes)、鲤科(Cyprinidae)、鲴亚科(Xenocyprininae)、鲴属(*Xenocypris*)。

4 主要形态构造特征

4.1 外部特征

4.1.1 形态特征

体纺锤形,稍侧扁,背较高,腹圆形。腹棱发达,由腹鳍基部延伸至肛门前方。头较小,圆钝。口下位,呈弧形。下颌有较坚硬锐利的角质边缘。眼小。鳃膜与峡部相连。鳃耙呈三角形,扁薄。下咽齿扁,端部近钩状。鳞较小。侧线略呈弧形,沿体中轴伸达尾柄中央。背鳍最后的不分枝鳍条骨化为粗壮的硬刺。胸鳍下侧位,较短,不伸达腹鳍。腹鳍起点稍偏于背鳍起点的后方,基底有1大型腋鳞。尾鳍叉形。肛门位于臀鳍起点的前方。细鳞鲴的外形见图1。

4.1.2 可数性状

4.1.2.1 鳍式

背鳍鳍式:D. iii—7~8,臀鳍鳍式:A. iii—11~12。

4.1.2.2 侧线鳞鳞式

侧线鳞鳞式 $70\frac{13\sim14}{6\sim7-V}84$。

4.1.3 可量性状

细鳞鲴可量性状比例见表1。

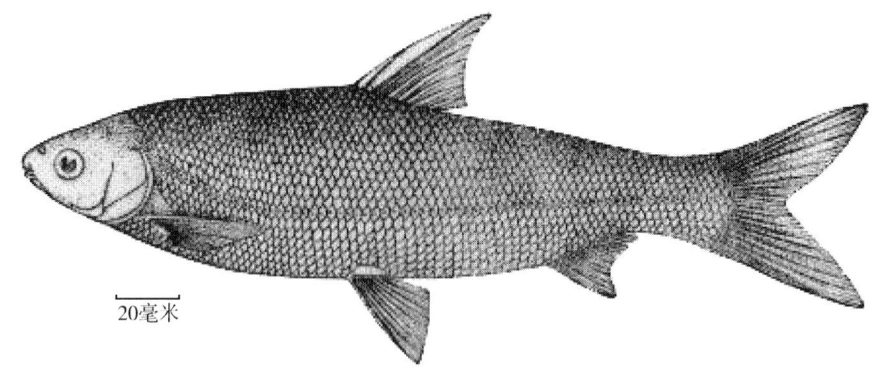

图1　细鳞鲴的外形图

表1　可量性状

年龄 龄	0	1	2	3	4
全长/体长	1.43±0.36	1.24±0.01	1.23±0.01	1.22±0.02	1.22±0.01
体长/体高	3.74±0.15	3.79±0.11	3.65±0.18	3.69±0.56	3.57±0.61
体长/头长	4.32±0.14	4.58±0.22	4.66±0.16	4.67±0.19	4.70±0.11
体长/尾柄长	8.89±1.34	9.29±0.89	9.51±0.46	9.61±1.26	9.18±0.88
体长/尾柄高	9.32±0.91	9.25±0.54	8.86±1.25	9.46±1.32	9.65±0.88
头长/吻长	3.86±0.37	3.56±0.33	3.69±0.30	3.57±0.21	3.39±0.54
头长/眼径	3.33±0.33	3.49±0.19	3.69±0.16	4.01±0.24	4.00±0.33
头长/眼间距	2.23±0.20	2.34±0.22	2.37±0.25	2.44±0.26	2.49±0.45

4.2　内部构造特征

4.2.1　鳔

鳔两室,前室大,后室小。

4.2.2　鳃耙数

左侧第一鳃弓外侧鳃耙数39～48。

4.2.3　下咽齿

下咽齿3行,2・4・6/6・4・2。

4.2.4　脊椎骨

总数为4+42～46。

4.2.5　腹膜

黑色。

5　生长与繁殖

5.1　生长

细鳞鲴体长及体重值见表2。

表2　不同年龄组体长及体重值

年龄 龄	体长范围 cm	平均体长 cm	体重范围 g	平均体重 g
1^+	8.61～17.52	14.58±8.33	17.91～73.32	66.52±24.65
2^+	12.42～22.45	16.80±3.07	25.62～226.09	103.77±31.34
3^+	21.97～33.76	22.93±5.94	95.29～287.32	230.43±33.54
4^+	22.02～34.50	25.10±3.55	102.42～402.03	361.73±46.39
5^+	27.22～40.08	28.80±4.06	174.23～1075.05	587.6±113.65

5.2 繁殖

5.2.1 性成熟年龄

雌、雄鱼均为 2 龄。

5.2.2 繁殖季节

繁殖季节为每年 4 月～7 月，5 月中旬至 6 月上旬为繁殖盛期；水温 20℃以上时繁殖，最适繁殖水温 22℃～26℃。

5.2.3 产卵类型

性腺一年成熟一次，分批产出，产黏性卵。

5.2.4 怀卵量

亲鱼个体的怀卵量见表 3。

表 3 不同年龄组个体的怀卵量

年龄 龄	2^{+}	3^{+}	4^{+}
平均体重 g/尾	195.44±23.43	273.70±37.20	359.30±50.99
绝对怀卵量 粒/尾	4.0237±1.08	6.0416±0.81	7.5720±0.73
相对怀卵量 粒/g(体重)	204.4±43.09	221.6±21.71	213.2±24.10

6 遗传学特性

6.1 细胞遗传学特性

6.1.1 染色体数

染色体数：$2n=48$。

6.1.2 核型

核型公式：$2n=18\mathrm{m}+26\mathrm{sm}+4\mathrm{st}$，NF= 92，核型图见图 2。

图 2 细鳞鲴染色体核型图

6.2 生化遗传学特性

眼晶状体乳酸脱氢酶(LDH)同工酶电泳图谱见图3。

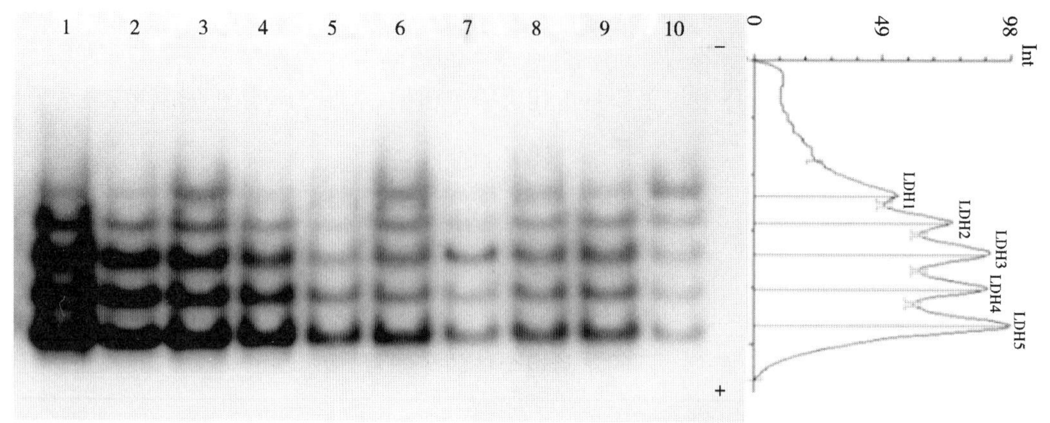

图3 细鳞鲴眼球晶状体 **LDH** 同工酶电泳图谱

7 检测方法

7.1 抽样

按 GB/T 18654.2 的规定执行。

7.2 性状测定

按 GB/T 18654.3 的规定执行。

7.3 年龄鉴定

以鳞片上的年轮数确定年龄,按照 GB/T 18654.4 的规定执行。

7.4 繁殖性能

按 GB/T 18654.6 的规定执行。

7.5 染色体检测

按 GB/T 18654.12 的规定执行。

7.6 同工酶检测

按 GB/T 18654.13 的规定执行。

8 检测规则与结果判定

按 GB/T 18654.1 的规定执行。

ICS 65.150
B 52

中华人民共和国水产行业标准

SC/T 1140—2019

莫桑比克罗非鱼

Mozambique tilapia

2019-08-01 发布　　2019-11-01 实施

中华人民共和国农业农村部　发布

前　言

本标准按照 GB/T 1.1—2009 给出的规则起草。

请注意本文件的某些内容可能涉及专利。本文件的发布机构不承担识别这些专利的责任。

本标准由农业农村部渔业渔政管理局提出。

本标准由全国水产标准化技术委员会淡水养殖分技术委员会(SAC/TC 156/SC 1)归口。

本标准起草单位:中国水产科学研究院珠江水产研究所、山东省淡水渔业研究院。

本标准主要起草人:朱华平、卢迈新、刘志刚、高风英、可小丽、黄樟翰、王淼、曹建萌、衣萌萌、朱永安。

莫桑比克罗非鱼

1 范围

本标准给出了莫桑比克罗非鱼(*Oreochromis mossambicus* Peters, 1852)的名称与分类、主要形态构造特征、生长与繁殖、遗传学特性、检测方法及检验规则与结果判定。

本标准适用于莫桑比克罗非鱼的种质检测和鉴定。

2 规范性引用文件

下列文件对于本文件的应用是必不可少的。凡是注日期的引用文件,仅注日期的版本适用于本文件。凡是不注日期的引用文件,其最新版本(包括所有的修改单)适用于本文件。

GB/T 18654.1 养殖鱼类种质检验 第1部分:检验规则

GB/T 18654.2 养殖鱼类种质检验 第2部分:抽样方法

GB/T 18654.3 养殖鱼类种质检验 第3部分:性状测定

GB/T 18654.4 养殖鱼类种质检验 第4部分:年龄与生长测定

GB/T 18654.6 养殖鱼类种质检验 第6部分:繁殖性能的测定

GB/T 18654.12 养殖鱼类种质检验 第12部分:染色体组型分析

GB/T 18654.13 养殖鱼类种质检验 第13部分:同工酶电泳分析

3 名称与分类

3.1 学名

莫桑比克罗非鱼(*Oreochromis mossambicus* Peters, 1852)。

3.2 分类地位

硬骨鱼纲(Osteichthyes)、鲈形目(Perciformes)、丽鱼科(Cichlidae)、罗非鱼属(*Oreochromis*)。

4 主要形态构造特征

4.1 外部形态特征

体高而侧扁。体色呈灰黑色。腹部呈弧形,无腹棱。口端位,下颌略突出;唇厚,无口须。

体被栉鳞,面颊有2行~3行鳞片。鳃盖后缘有一黑色斑块。体两侧有3条不明显的黑色纵纹带,最后一条在尾柄前方略呈点状。侧线平直折断,呈不连续二行,上行侧线在背鳍后基下方中断;下行侧线始于上行侧线后部下方,伸达尾鳍基。背鳍和臀鳍的末端鳍条长而尖。尾鳍上黑色斑点形成的条纹不成垂直状,末端钝圆形,不分叉。

莫桑比克罗非鱼外形见图1。

4.2 可数性状

4.2.1 鳍式

4.2.1.1 背鳍式:D. ⅩⅣ~ⅩⅧ—9~14。

4.2.1.2 臀鳍式:A. Ⅲ—6~12。

4.2.1.3 上侧线鳞数:15~23。

4.2.1.4 下侧线鳞数:9~24。

4.2.1.5 左侧第一鳃弓外侧鳃耙数:16~24。

4.2.2 可量性状

莫桑比克罗非鱼(全长12.1 cm~25.0 cm,体重36.2 g~217.1 g)可量性状比值见表1。

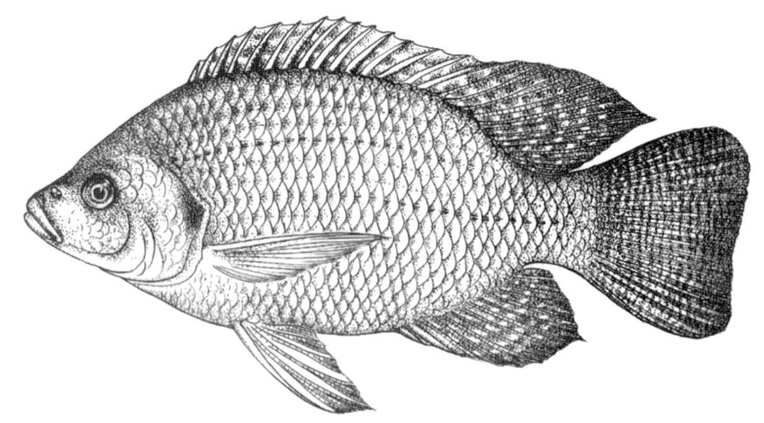

图 1　莫桑比克罗非鱼外部形态

表 1　莫桑比克罗非鱼可量性状比值

全长/体长	体长/体高	体长/头长	头长/吻长	头长/眼径	头长/眼间距	体长/尾柄长	尾柄长/尾柄高
1.18～1.29	1.96～3.21	2.58～3.30	2.23～3.31	4.13～7.01	1.84～2.70	6.52～8.13	0.83～1.24

4.3　内部构造特征

4.3.1　鳔

无鳔管，有鳔腔，二室，前室较后室大。

4.3.2　脊椎骨

脊椎骨总数为 28～31。

4.3.3　腹膜

腹膜浅黑色。

5　生长与繁殖

5.1　生长

池塘养殖条件下（温度 18℃～32℃，密度每 667m^2 2 000 尾）不同月龄组莫桑比克罗非鱼体长、体重的测量值见表 2。

表 2　莫桑比克罗非鱼不同月龄组的体长及体重测量值

月龄	2	4
体长，cm	7.28～13.18	14.33～21.27
体重，g	32.37～37.25	143.32～174.96

5.2　生活习性

生存水温范围 15℃～35℃，适宜生长水温 28℃～32℃。当水温低于 15℃时，应采取保温措施。

5.3　繁殖

5.3.1　性成熟年龄

雌、雄鱼初次性成熟为 4 月龄～6 月龄。

5.3.2　产卵类型

性腺一年成熟多次，分批产卵，雄鱼筑巢，雌鱼口孵。

5.3.3　繁殖水温

适宜繁殖水温 24℃～28℃。

5.3.4 怀卵量

不同月龄组鱼的个体怀卵量见表 3。

表 3 不同月龄组鱼的个体怀卵量

月龄	4	12	24
体重 g	28～74	146～239	215～427
绝对怀卵量 粒/尾	180～540	230～614	536～1 132
相对怀卵量 粒/g(体重)	5～16	3～8	3～6

6 遗传学特性

6.1 细胞遗传学特性

体细胞染色体数:$2n=44$。核型公式:6sm+24st+14t。染色体臂数(NF):50。莫桑比克罗非鱼染色体核型见图 2。

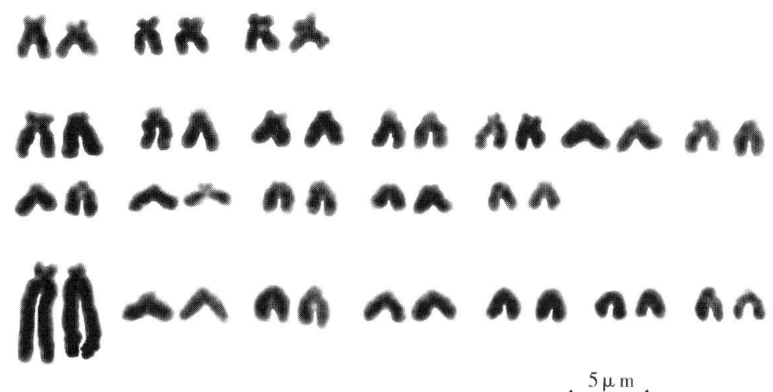

图 2 莫桑比克罗非鱼染色体核型

6.2 生化遗传学特性

肌肉组织乳酸脱氢酶(LDH)同工酶有 2 条带,电泳图谱和酶带扫描图见图 3。

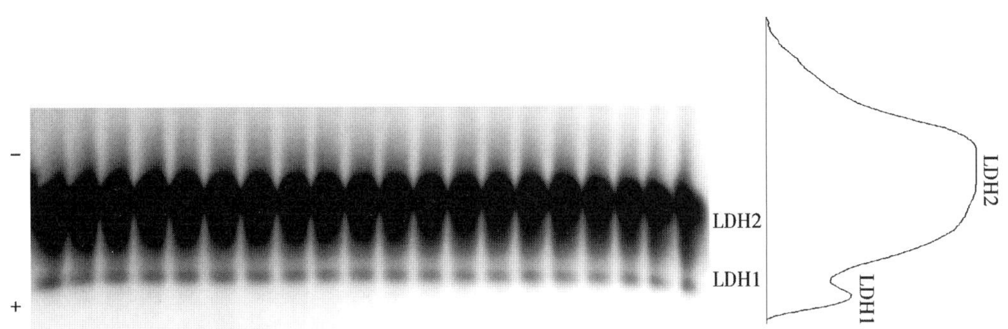

图 3 莫桑比克罗非鱼肌肉组织乳酸脱氢酶(LDH)同工酶电泳酶谱和酶带扫描图

7 检测方法

7.1 抽样

按 GB/T 18654.2 的规定执行。

7.2 性状测定

按 GB/T 18654.3 的规定执行。

7.3 年龄、生长与繁殖性能测定

按 GB/T 18654.4、GB/T 18654.6 的规定执行(年龄根据实际观察养殖记录而确定)。

7.4 染色体检测

按 GB/T 18654.12 的规定执行。

7.5 同工酶检测

取肌肉组织 2 g。采用聚丙烯酰胺凝胶垂直电泳,凝胶浓度为 7.5%,凝胶缓冲液为 Tris-HCl(pH 8.9),电极缓冲液为 Tris-甘氨酸(pH 8.3)。在 230 V 电压下电泳 4 h。其余步骤按 GB/T 18654.13 的规定执行。

8 检验规则与结果判定

按 GB/T 18654.1 的规定执行。

ICS 65.150
B 52

中华人民共和国水产行业标准

SC/T 1141—2019

尖 吻 鲈

Barramundi

2019-08-01 发布　　　　2019-11-01 实施

中华人民共和国农业农村部 发布

前　言

本标准按照 GB/T 1.1—2009 给出的规则起草。

请注意本文件的某些内容可能涉及专利。本文件的发布机构不承担识别这些专利的责任。

本标准由农业农村部渔业渔政管理局提出。

本标准由全国水产标准化技术委员会淡水养殖分技术委员会(SAC/TC 156/SC 1)归口。

本标准起草单位:中国水产科学研究院珠江水产研究所。

本标准主要起草人:赵建、郑光明、陈辰、陈昆慈、洪孝友、尹怡、张新铖。

尖　吻　鲈

1　范围

本标准给出了尖吻鲈(*Lates calcarifer* Bloch，1790)名称与分类、主要形态构造特征、生长与繁殖、遗传学特性、检测方法、检验规则与结果判定。

本标准适用于尖吻鲈的种质检测与鉴定。

2　规范性引用文件

下列文件对于本文件的应用是必不可少的。凡是注日期的引用文件，仅注日期的版本适用于本文件。凡是不注日期的引用文件，其最新版本(包括所有的修改单)适用于本文件。

GB/T 18654.1　养殖鱼类种质检验　第1部分:检验规则

GB/T 18654.2　养殖鱼类种质检验　第2部分:抽样方法

GB/T 18654.3　养殖鱼类种质检验　第3部分:性状测定

GB/T 18654.4　养殖鱼类种质检验　第4部分:年龄与生长的测定

GB/T 18654.6　养殖鱼类种质检验　第6部分:繁殖性能的测定

GB/T 18654.12　养殖鱼类种质检验　第12部分:染色体组型分析

GB/T 18654.13　养殖鱼类种质检验　第13部分:同工酶电泳分析

SC 2055—2006　凡纳滨对虾

3　名称与分类

3.1　学名

尖吻鲈(*Lates calcarifer* Bloch，1790)，俗称金目鲈、盲曹。

3.2　分类地位

硬骨鱼纲(Osteichthyes)、鲈形目(Perciformes)、尖吻鲈科(Latidae)、尖吻鲈属(*Lates*)。

4　主要形态构造特征

4.1　外部形态

4.1.1　外形

体长而侧扁，腹缘平直，头尖；头背部眼睛上方有一凹槽，随着生长而更加明显。吻短而略尖。口大，下颌略突出；上颌后端达眼后下方。前鳃盖骨下缘具3枚～4枚硬棘。体背及各鳍呈灰褐色；体侧灰白色，越往腹部渐呈银白色。瞳孔有红色光泽。

尖吻鲈外形见图1。

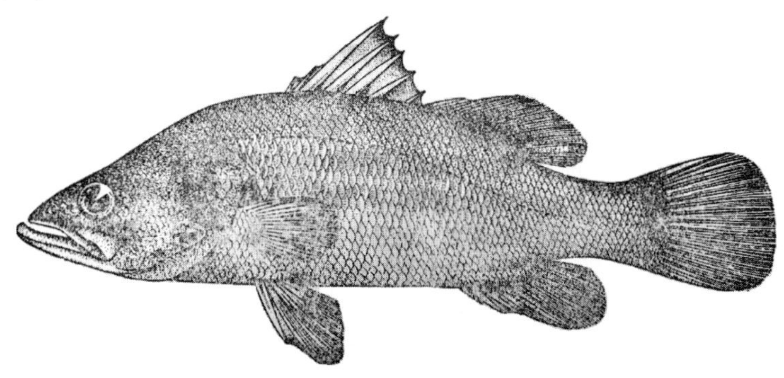

图1　尖吻鲈外形

4.1.2 可数性状

4.1.2.1 背鳍鳍式

D. Ⅵ～Ⅶ，Ⅰ—10～11。

4.1.2.2 臀鳍鳍式

A. Ⅲ—7～9。

4.1.2.3 侧线鳞

$57\frac{6\sim7}{10\sim12-A}68$。

4.1.3 可量性状

人工养殖条件下体长为128mm～887mm个体的可量性状比值见表1。

表1　可量性状比值

全长/体长	体长/体高	体长/头长	头长/吻长	头长/眼径	头长/眼间距	体长/尾柄长	尾柄长/尾柄高
1.14～1.33	2.09～3.71	2.53～3.86	4.50～6.33	4.76～8.76	2.94～5.43	5.43～9.31	0.83～1.54

4.2 内部构造特征

4.2.1 鳔

1室，长圆柱形。

4.2.2 鳃耙数

左侧第一鳃弓外侧鳃耙数17～21。

4.2.3 脊椎骨

19～25。

4.2.4 腹膜

银白色。

5 生长与繁殖

5.1 生长

人工养殖条件下体长128 mm～887 mm的个体体长与体重见表2。

表2　实测体长及体重值

体长 mm	范围	128.4～199.7	214.4～297.1	303.2～386.8	414.2～584.8	604.3～887.4
	平均值	162.4±20.7	255.6±21.1	346.3±33.8	503.2±56.4	746.4±99.2
体重 g	范围	64.0～184.0	211.3～596.3	578.9～1 159.8	1 400.3～3 555.0	3 884.3～10 965.3
	平均值	110.0±31.3	391.7±92.2	878.2±234.7	2 464.7±707.3	7 118.3±2 480.1

5.2 繁殖

5.2.1 性成熟年龄

雌雄均3^{+}龄成熟，5^{+}龄后少数雄性个体可转为雌性。

5.2.2 繁殖力

体重12 kg～22 kg的个体绝对怀卵量为7.5×10^{6}粒～17×10^{6}粒，相对怀卵量为625粒/g～773粒/g。

5.2.3 产卵类型

一年成熟一次，一次性产卵，产浮性卵。

5.2.4 繁殖期

5月～10月，繁殖盛期5月～6月。适宜繁殖水温28℃～29℃。

6 遗传学特性

6.1 细胞遗传学特性

6.1.1 染色体数

体细胞染色体数:$2n=48$,染色体臂数(NF)=52。

6.1.2 核型

核型公式:2m+2sm+4st+40t,核型图见图 2。

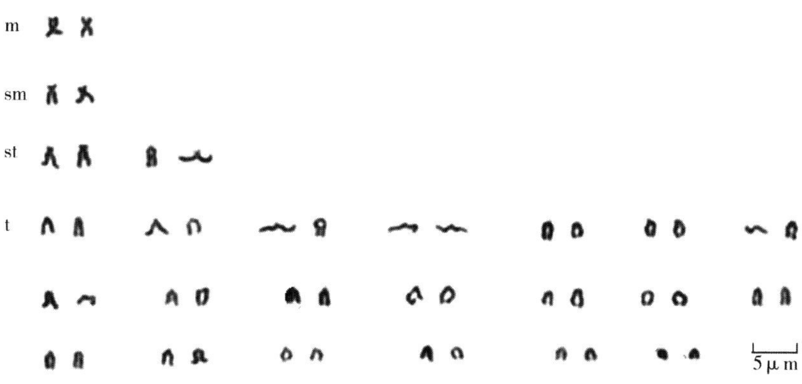

图 2 尖吻鲈染色体核型图

6.2 生化遗传学特性

眼晶状体乳酸脱氢酶(LDH)电泳图谱见图 3,有 3 条酶带。

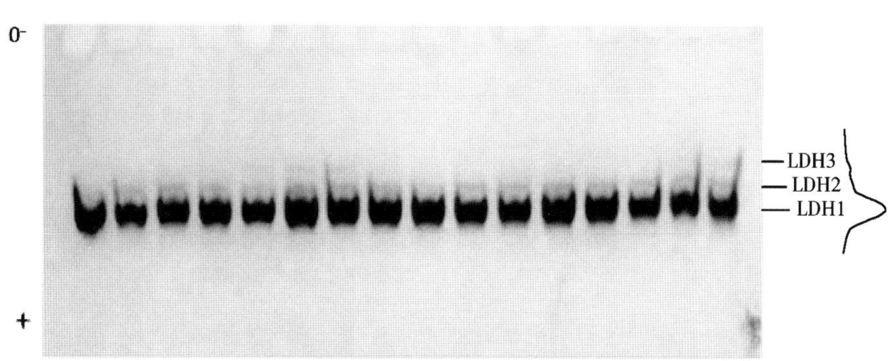

图 3 眼晶状体乳酸脱氢酶(LDH)电泳图及扫描图谱

7 检测方法

7.1 抽样

按 GB/T 18654.2 的规定执行。

7.2 性状测定

按 GB/T 18654.3 的规定执行。

7.3 年龄的鉴定

以鳞片上的年轮数确定年龄,按 GB/T 18654.4 的规定执行。

7.4 繁殖性能的测定

按 GB/T 18654.6 的规定执行。

7.5 染色体检测

按 GB/T 18654.12 的规定执行。

7.6 同工酶检测

样品为眼晶状体,凝胶制备和点样与电泳分别按 SC 2055—2006 中 7.3.2 和 7.3.3 的规定执行,其他按 GB/T 18654.13 的规定执行。

8 检验规则与结果判定

按 GB/T 18654.1 的规定执行。

ICS 65.150
B 50

中华人民共和国水产行业标准

SC/T 1142—2019

水产新品种生长性能测试 鱼类

Growth performance inspection of new aquatic varieties—Fish

2019-08-01 发布 2019-11-01 实施

中华人民共和国农业农村部 发布

前　言

本标准按照 GB/T 1.1—2009 给出的规则起草。

请注意本文件的某些内容可能涉及专利。本文件的发布机构不承担识别这些专利的责任。

本标准由农业农村部渔业渔政管理局提出。

本标准由全国水产标准化委员会淡水养殖分技术委员会(SAC/TC 156/SC 1)归口。

本标准起草单位:中国水产科学研究院长江水产研究所。

本标准主要起草人:何力、周瑞琼、周剑光、方耀林、罗晓松、张林、张涛、伍刚。

水产新品种生长性能测试　鱼类

1　范围

本标准规定了鱼类新品种生长性能测试的测试品种的要求、测试方法、计算方法、结果描述等。

本标准适用于鱼类新品种生长性能的测试，其他养殖鱼类的生长性能测试可参考执行。

2　规范性引用文件

下列文件对于本文件的应用是必不可少的。凡是注日期的引用文件，仅注日期的版本适用于本文件。凡是不注日期的引用文件，其最新版本（包括所有的修改单）适用于本文件。

GB 11607　渔业水质标准

GB/T 18654.3　养殖鱼类种质检验　第3部分：性状测定

SC/T 1116　水产新品种审定技术规范

3　测试品种的要求

3.1　数量

测试品种和对照品种的个体数量不应少于1 000尾。

3.2　质量与规格

对照品种群体应符合相应种（品系）的苗种或亲本种质标准中生长特性和质量要求；测试品种与对照品种中所有个体的规格大小无显著差异。

4　测试方法

4.1　测试组别

测试品种和对照品种应至少各设3组，每组至少100尾。

4.2　测试周期

根据测试品种适宜生长期确定测试周期一般不少于90 d。

4.3　测试场地

4.3.1　室内场地

适用于对养殖水体温度、溶氧、光照和盐度等有特殊要求的品种，或个体较小的品种。测试单元以10 m^2/个～30 m^2/个为宜，水深控制在0.8 m～1.5 m。

4.3.2　室外场地

适用于对养殖水体温度、溶氧、光照和盐度等没有特殊要求的品种，或个体较大或群体数量较多的品种。场地包括室外池、池塘、网箱等。测试单元室外池宜30 m^2/个～100 m^2/个，池塘宜在1 000 m^2/个以上，网箱宜在5 m^2/只以上，水深控制在0.8 m～2.5 m。

4.4　试养条件

委托单位需制定或提供测试品种和对照品种的养殖技术规范，包括测试品种的养殖方式、环境要求、养殖密度、饲料（饵料）种类及投喂方式等，与第三方测试机构共同确定测试条件与过程要求。测试品种与对照品种在测试期的试养条件应基本一致。水质应符合GB 11607的规定。

4.5　初始数据采集

对测试品种和对照品种按组分别随机抽取30尾个体进行初始数据采集，记录参见附录A的表A.1。测量方法按照GB/T 18654.3的规定执行。

4.6　测试期管理

按照委托单位制定的养殖技术规程进行管理。按表 A.2,记录养殖密度、饵料种类、投喂量、投喂时间、溶解氧、氨氮、pH、死亡数量和用药情况等日常管理情况。

4.7 最终数据采集

测试结束时,全部起捕验收。对测试品种和对照品种按组分别随机抽取 30 尾个体进行最终数据采集。生物学测定按照 GB/T 18654.3 的规定执行,记录参见表 A.3。对测试品种和对照品种分别进行生长率、群体生长一致性和存活率的计算。

5 计算方法

5.1 存活率的计算

存活率按式(1)计算。

$$SR=\frac{a}{A}\times 100 \tag{1}$$

式中:

SR ——存活率,单位为百分率(%);

a ——存活的个体数,单位为尾(ind);

A ——初始个体总数,单位为尾(ind)。

5.2 生长率的计算

5.2.1 体长绝对生长率

体长绝对生长率按式(2)计算。

$$AGRL=(l_2-l_1)/\Delta t \tag{2}$$

式中:

$AGRL$ ——体长绝对生长率,单位为毫米每天(mm/d);

l_1 ——测试前平均体长,单位为毫米(mm);

l_2 ——测试结束时平均体长,单位为毫米(mm);

Δt ——测试所用时间,单位为天(d)。

5.2.2 体重绝对生长率

体重绝对生长率按式(3)计算。

$$AGRW=(w_2-w_1)/\Delta t \tag{3}$$

式中:

$AGRW$ ——体重绝对生长率,单位为克每天(g/d);

w_1 ——测试前初始平均体重,单位为克(g);

w_2 ——测试结束时平均体重,单位为克(g);

Δt ——测试所用时间,单位为天(d)。

5.2.3 体重特定生长率

体重特定生长率按式(4)计算。

$$SGR=100\times(\ln w_2-\ln w_1)/\Delta t \tag{4}$$

式中:

SGR ——体重相对生长率,单位为克每天(g/d);

w_1 ——测试前初始平均体重,单位为克(g);

w_2 ——测试结束时平均体重,单位为克(g);

Δt ——测试所用时间,单位为天(d)。

5.3 生长性能一致性

5.3.1 标准差

标准差按式(5)计算。

$$\sigma = \sqrt{\frac{\sum (x_i - \mu)^2}{n-1}} \quad \cdots\cdots (5)$$

式中：

σ ——标准差，单位为毫米(mm)或克(g)；

x_i ——某个体体长或体重实测值，单位为毫米(mm)或克(g)；

μ ——待测品种实测样本的体长或体重平均值，单位为毫米(mm)或克(g)；

n ——待测品种实测样本的总个体数，单位为尾(ind)。

5.3.2 体长一致性

体长一致性用体长变异系数表示，按式(6)计算。

$$CVL = \frac{\sigma_l}{\overline{L}} \times 100 \quad \cdots\cdots (6)$$

式中：

CVL ——体长变异系数，单位为百分率(%)；

σ_l ——体长标准差，单位为毫米(mm)；

$\overline{L}$ ——体长平均值，单位为毫米(mm)。

5.3.3 体重一致性

体重一致性用体重变异系数表示，按式(7)计算。

$$CVW = \frac{\sigma_w}{\overline{W}} \times 100 \quad \cdots\cdots (7)$$

式中：

CVW ——体重变异系数，单位为百分率(%)；

σ_w ——体重标准差，单位为克(g)；

$\overline{W}$ ——体重平均值，单位为克(g)。

6 结果描述

依据 SC/T 1116 的规定，记录测试品种和对照品种的生长率、生长一致性、存活率等结果(参见附录B)，并进行描述。

附 录 A
（资料性附录）
鱼类生长性状测试记录表

A.1 测试前信息采集表

见表 A.1。

表 A.1 测试前信息采集表

品种名称： 测试单元编号： 日期： 年 月 日

序号	体长，mm	体重，g	性别	其他性状	备注

测量人： 记录人： 审核人：

A.2 日常管理记录表

见表 A.2。

表 A.2 日常管理记录表

品种名称： 测试单元编号： 日期： 年 月 日 时 分

养殖密度 尾/m^2	饵料/饲料种类	投喂量 g	溶解氧 mg/L	氨氮 mg/L	水温 ℃	pH	死亡数量 尾	用药情况	备注

测量人： 记录人： 审核人：

A.3 测试结束后信息采集表

见表 A.3。

表 A.3 测试结束后信息采集表

品种名称： 测试单元编号： 日期： 年 月 日

序号	体长，mm	体重，g	性别	其他性状	备注

测量人： 记录人： 审核人：

附　录　B
（资料性附录）
鱼类生长性能测试结果表

鱼类生长性能测试结果表见表 B.1。

表 B.1　鱼类生长性能测试结果表

品种名称：　　　　　　　　　　　　　　起止时间：　　　　　　　　年　月　日至　　年　月　日

测试指标	生长率			生长一致性		存活率,%
	体长绝对生长率,g/d	体重绝对生长率,g/d	体重特定生长率,g/d	体长一致性,%	体重一致性,%	
测试品种群体						
对照品种群体						
群体间差值						

测量人：　　　　　　　　　　　记录人：　　　　　　　　　审核人：

ICS 65.150
B 52

中华人民共和国水产行业标准

SC/T 1143—2019

淡水珍珠蚌鱼混养技术规范

Technical specification of freshwater pearl mussel–fish integrated farming

2019-08-01 发布　　2019-11-01 实施

中华人民共和国农业农村部　发布

前　言

本标准按照 GB/T 1.1—2009 给出的规则起草。

请注意本文件的某些内容可能涉及专利。本文件的发布机构不承担识别这些专利的责任。

本标准由农业农村部渔业渔政管理局提出。

本标准由全国水产标准化技术委员会淡水养殖分技术委员会(SAC/TC 156/SC 1)归口。

本标准起草单位:中国渔业协会、上海海洋大学、中华环保联合会、中国水利学会、中国珠宝玉石首饰行业协会、浙江省珍珠行业协会、江苏省渔业技术推广中心、浙江省水产技术推广总站、安徽省水产技术推广总站、江西省水产技术推广站、湖南省畜牧水产技术推广站、江苏省淡水水产研究所、江西省万年县珍珠科学研究所、浙江千足珍珠有限公司、浙江阮仕珍珠股份有限公司、浙江东方神州珍珠集团有限公司、浙江天使之泪珍珠股份有限公司、浙江亿达珍珠有限公司、浙江长裕珍珠有限公司、诸暨华东国际珠宝城有限公司、湖南省益阳市南湾湖同济水产养殖专业合作社。

本标准主要起草人:白志毅、王德芬、崔伟梁、詹伟建、李家乐、刘咏峰、郑庆宝、韦光明、欧阳敏、张朝辉、蒋军、刘俊杰、吴洪喜、王晓清、张岩、奚业文、赵新光、骆年华、曹玉宇、徐梓荣。

淡水珍珠蚌鱼混养技术规范

1 范围

本标准规定了淡水珍珠蚌鱼混养的术语和定义、养殖环境与设施、养殖管理、病害防治、尾水处理与排放、生产记录要求。

本标准适用于淡水珍珠蚌与鱼的池塘生态养殖。

2 规范性引用文件

下列文件对于本文件的应用是必不可少的。凡是注日期的引用文件，仅注日期的版本适用于本文件。凡是不注日期的引用文件，其最新版本(包括所有的修改单)适用于本文件。

GB 11607　渔业水质标准

NY 5072　无公害食品　渔用配合饲料安全限量

NY/T 5361　无公害农产品　淡水养殖产地环境条件

SC/T 1109　淡水无核珍珠养殖技术规程

SC/T 1132　渔药使用规范

SC/T 9101　淡水池塘养殖水排放要求

3 术语和定义

下列术语和定义适用于本文件。

3.1

珍珠蚌鱼混养　pearl mussel-fish integrated farming

淡水珍珠蚌和鱼类搭配混养，实现投饵养鱼，利用残饵和排泄物培养饵料生物养蚌，达到营养物质循环利用，起到以蚌净水，降低水体富营养化的一种多营养层次生态养殖模式。

4 养殖环境与设施

4.1 环境条件

4.1.1 养殖水域

蚌鱼混养水域应符合当地养殖水域滩涂规划要求。

4.1.2 水域条件

水源充足，水源水质应符合 GB 11607 的要求。单口养殖池塘面积宜 3 hm^2 以上，或集中连片池塘面积 6 hm^2 以上，常年水深 2 m～3 m。

4.1.3 底质条件

底质应符合 NY/T 5361 的要求。以黏土为佳，水底淤泥厚度以 10 cm～20 cm 为宜。

4.2 养殖设施

珍珠蚌吊养架、网袋、网笼等设施按照 SC/T 1109 的要求设置，布局合理美观。

5 养殖管理

5.1 蚌鱼放养

5.1.1 苗种质量要求

珍珠蚌苗种应优先选择三角帆蚌、池蝶蚌及其遗传改良的新品种(品系)等优质育珠蚌，蚌苗规格均匀、肠道食物充足、生长线均匀、喷水有力；放养鱼类苗种质量具体参照相应鱼类苗种质量要求。蚌鱼苗种均应从具有水产苗种生产资质的单位选购。

5.1.2 放养密度

吊养1龄珍珠蚌宜18 000只/hm^2～22 500只/hm^2，2龄珍珠蚌宜12 000只/hm^2～15 000只/hm^2，3龄及以上珍珠蚌不超过10 000只/hm^{2}为宜。混养鱼类以草鱼、鲂、鲤、鲫等杂食性鱼类和鲢、鳙等滤食性鱼类为宜。根据放养种类合理搭配比例、规格、数量，鲢、鳙放养量不宜过大，鱼年产量宜控制在7 500 kg/hm^2～11 250 kg/hm^2。

5.2 水质管理

5.2.1 水质要求

应符合表1的要求。

表1 养殖水体水质指标

项目	溶氧	氨氮	pH	钙元素	水色	透明度
指标要求	＞5mg/L	＜0.025 mg/L	7～9	≥18mg/L	黄绿色或褐绿色	25cm～40cm

5.2.2 水质调节

根据水质状况，施用生石灰等水质调节剂或采取补水等方法调节水质。用生石灰调节水质时宜每月1次，生长旺季每月增加1次，用量150 kg/hm^2～200 kg/hm^2，化水后全池均匀泼洒。补水调节水质时，宜根据水的蒸发量和流失量及时补水。

5.3 饲养管理

5.3.1 珍珠蚌

珍珠蚌吊养、吊养深度调节、设施检查、珍珠蚌检查及清除污物等饲养管理应符合SC/T 1109的要求。根据珍珠蚌不同生长阶段、个体差异情况及时分笼分级，适当降低饲养密度。

5.3.2 鱼类

巡塘检查、水质监测、饲料投喂等日常管理应符合相应的鱼类养殖技术规范。饲料质量应符合NY 5072的要求。

5.4 场地环境

应及时清理废弃浮球、网笼、珍珠蚌壳等养殖垃圾，保持场地环境整洁。

5.5 收获

5.5.1 珍珠蚌

无核珍珠育珠蚌的养殖周期宜为3年～5年，有核珍珠育珠蚌的养殖周期宜为2年～3年，宜在冬季低温时节采收。

5.5.2 鱼类

宜采用定置张网等方式捕捞，捕捞时不应破坏珍珠蚌养殖设施。收获后及时补充鱼类，保持蚌鱼混养比例平衡。

6 病害防治

6.1 蚌病防治

每7 d～10 d检查一次蚌的生长情况和健康状况，按照5.2.2的要求及时改良水质。加注新水时，宜用60目～80目筛绢网过滤进水，避免鳑鲏、甲壳类等敌害生物入池。养殖7年及以上的水域，宜进行轮作，停养珍珠蚌1年～2年。

发现病蚌时应及时将病蚌移出养殖水域，并对病蚌及时诊断，对症治疗。蚌病治疗用药应符合SC/T 1132的规定，病死蚌体应无害化处理。治疗方法参见附录A。

6.2 鱼病防治

应符合相应鱼类病害防治技术规范。

7 尾水处理与排放

7.1 设施

养殖场应配备养殖尾水处理设施，常用设施参见附录 B，水处理设施根据需要自行组合。

7.2 尾水处理与排放

尾水经处理后，达到 SC/T 9101 的要求，方可循环使用或排放。

8 生产记录

养殖单位和个人应填写养殖生产记录，记录至少应包括养殖种类、苗种来源及生长情况、饲料来源及投喂情况、水质监测、疫病防治及用药、尾水处理与排放等内容。生产记录应当保存至该批产品全部销售后 2 年以上。记录应保存在专用场所。

附 录 A
(资料性附录)
主要蚌病治疗方法

珍珠蚌常见病主要治疗方法见表 A.1。

表 A.1 主要蚌病治疗方法

序号	蚌病名称	蚌病症状	治疗方法
1	蚌瘟病	排水孔与进水孔纤毛收缩，鳃有轻度溃烂，外套膜有轻度剥落，肠道壁水肿，晶杆萎缩或消失	聚维酮碘溶液或漂白粉全池泼洒
2	烂鳃病	鳃丝肿大，发白或发黑糜烂，残缺不一，附有泥沙污物，有大量黏液；闭壳肌松弛，两壳张开后无力闭合	漂白粉挂袋水体消毒或全池泼洒
3	肠胃炎	胃肠道无食，有不同程度的水肿；有大量淡黄色黏液流出，间有腹水，斧足多处残缺糜烂。初期蚌壳微开，出水管喷水无力，严重时完全失去闭壳功能	二溴海因溶液全池泼洒
4	侧齿炎	蚌的双壳不能紧闭，侧齿四周组织发炎、糜烂，呈黑褐色	漂白粉挂袋水体消毒或全池泼洒
5	外套膜(边缘膜)溃疡	边缘膜会因溃疡而内缩，出现时断时续。植片手术时，消毒不严也会使外套膜溃烂	漂白粉挂袋水体消毒或全池泼洒
6	烂斧足病	斧足边缘有锯齿状缺刻和严重溃疡，组织缺乏弹性，呈肉红色，常有萎缩，并有大量黏液	漂白粉挂袋水体消毒或全池泼洒
7	水肿病	水体含钙不足所致。初期，蚌壳后端微开，喷水无力；病重时，外套膜与蚌壳间充水，腹缘后端张开，两壳不能紧闭，壳张开0.5 cm～1 cm	以石灰或钙肥来增加水质中的钙离子含量。用注射器抽出外套膜中积水，然后用硫酸新霉素溶液浸泡病蚌
8	水霉病	鳃、斧足等因寄生虫的侵袭或机械损伤等导致水霉菌寄生，可见灰白色棉絮状覆盖物	聚维酮碘溶液全池泼洒
9	蚌蛭病	水蛭吸附在鳃、外套膜或斧足上，体扁、多环节，作尺蠖状爬行，肉眼易见	保持池水 pH7～9，抑制水蛭生长繁殖
10	原虫病	为纤毛虫、斜管虫和车轮虫等，常寄生在蚌鳃上，呈白点状，鳃组织破坏引起感染、发炎、糜烂	硫酸铜溶液全池泼洒
11	线虫病	黏液浓厚微黄，多泡沫或沾染污泥，显微镜低倍镜下可检出寄生虫	中草药煎汁(乌桕∶贯众∶土荆芥∶苏梗∶苦楝树皮＝30∶16∶5∶3∶5)，全池泼洒

附　录　B
（资料性附录）
常用尾水处理设施

常用尾水处理设施见表 B.1。

表 B.1　常用尾水处理设施

序号	设施名称	技术要点
1	生态沟渠	宜占养殖面积的 1%～2%，由渠体、节制闸等组成，用于输送排出的养殖尾水，同时以生物系统为核心初步净化养殖尾水
2	沉淀池	宜占养殖面积的 1%～2%。做好清淤，保持水深 3 m～4 m
3	过滤坝	设置在沉淀池与曝气池之间，由空心砖为主体结构，宽度大于等于 1 m，长度大于等于 5 m，内铺设不同粒径的沙砾、陶粒、活性炭等填料，供厌氧微生物生长，进行生物脱氮和滤除水体中悬浮物
4	曝气池	宜占养殖面积的 1%左右。水深 2 m～3 m 为宜，增氧曝气气石以每平方米 1.5 个～2.0 个为宜
5	生物消纳池	宜占养殖面积的 2%～3%，通过挖深改造，提高蓄水功能。生物消纳池由水生植物和滤食性水产动物组成。池内植物面积占池塘水面面积的 30%～60%，池塘边缘种植挺水植物，1.0 m～2.0 m 水深内，种植沉水植物和浮叶植物；一般每 667 m^2 放养未插珠小蚌 50 kg～100 kg，鲢、鳙鱼类 30 尾～50 尾

ICS 65.150
B 51

中华人民共和国水产行业标准

SC/T 2092—2019

脊尾白虾　亲虾

Ridge tail shrimp—Broodstock

2019-08-01 发布　　2019-11-01 实施

中华人民共和国农业农村部　发布

前　言

本标准按照 GB/T 1.1—2009 给出的规则起草。

请注意本文件的某些内容可能涉及专利。本文件的发布机构不承担识别这些专利的责任。

本标准由农业农村部渔业渔政管理局提出。

本标准由全国水产标准化技术委员会海水养殖分技术委员会(SAC/TC 156/SC 2)归口。

本标准起草单位:中国水产科学研究院黄海水产研究所。

本标准主要起草人:李健、刘萍、李吉涛。

脊尾白虾　亲虾

1　范围

本标准规定了脊尾白虾(*Exopalaemon carinicauda*，Holthuis，1950)亲虾的质量要求、检验方法、检验规则和运输要求。

本标准适用于脊尾白虾亲虾的质量评定。

2　规范性引用文件

下列文件对于本文件的应用是必不可少的。凡是注日期的版本适用于本文件。凡是不注日期的引用文件，其最新版本(包括最新的修改单)适用于本文件。

GB/T 18654.2　养殖鱼类种质检验　第2部分：抽样方法

GB/T 25878　对虾传染性皮下及造血组织坏死病毒(IHHNV)检测　PCR法

GB/T 28630.2　白斑综合征(WSD)诊断规程　第2部分：套式PCR检测法

GB/T 35896　脊尾白虾

NY/T 5362　无公害食品　海水养殖产地环境条件

SC/T 1102　虾类性状测定

3　质量要求

3.1　来源

3.1.1　从自然海区捕获的或从人工养殖池塘中挑选的抱卵雌虾。

3.1.2　发生过疾病的虾池的剩余虾不得用作亲虾。

3.2　种质

符合GB/T 35896的要求。

3.3　外观

体型、体色正常，头胸甲、腹节、附肢及尾扇完好无伤，额角完整无折断，活动正常，反应灵敏，体质健壮。

3.4　规格

人工养殖亲虾体长≥5.5 cm，体重≥2.5 g；自然海区捕获的亲虾体长≥6 cm，体重≥3 g。

3.5　抱卵及卵巢的再次发育

亲虾腹部抱有黄色或黄绿色受精卵，抱卵量一般在600粒/尾～1 500粒/尾。卵呈椭圆形，黏在腹部游泳足上，受精卵发育同步，颜色一致，开始为橘黄色，随发育逐渐变为橘红色至红棕色，最后变成灰黑色。抱卵期间亲虾卵巢可再次发育，发育成熟后可再次交尾抱卵，2次抱卵间隔20 d～30 d，一般抱卵2次后淘汰。亲虾卵巢发育分期参见附录A。

3.6　疫病

白斑综合征和传染性皮下及造血组织坏死病不得检出。

4　检验方法

4.1　来源查证

查阅亲虾培育档案和繁殖生产记录。

4.2　种质

按GB/T 35896的规定执行。

4.3 外观

按3.3和3.5规定的质量要求,以肉眼检查所有亲虾的外观、抱卵和卵巢发育情况。

4.4 规格

按SC/T 1102的规定执行。

4.5 检疫

白斑综合征的检测方法按GB/T 28630.2的规定执行。传染性皮下及造血组织坏死病的检测方法按GB/T 25878的规定执行。

5 检验规则

5.1 抽样规则

抽样按5.2、5.3的规定进行,外观、规格、体重的检验采取抽样和目测相结合的方法。

5.2 组批

海捕亲虾以同一来源、同一时间捕获的为同一检验批。人工养殖亲虾以同一养殖池同一时间捕获的为同一检验批。人工选育的以同一批次为同一检验批。

5.3 抽样方法

按GB/T 18654.2的规定执行。

5.4 检验结果的判定

所有抽检亲虾应符合第3章的质量要求,如有不符合要求的亲虾,即判定同一检验批亲虾为不合格。

6 亲虾的运输

6.1 亲虾运输用水应符合NY/T 5362的要求。

6.2 亲虾应尽量做到随捕随运,缩短运输前的暂养时间。

6.3 亲虾运输方式可采用塑料袋充氧运输或活水车运输。运输过程中保持充气,应保持溶解氧含量在5 mg/L以上。

6.4 塑料袋充氧运输时,塑料袋中加入10 L～20 L海水,置50尾～80尾亲虾,充入氧气至25 L～30 L,扎紧。活水车运输采用60目圆形或方形运输虾笼,多层叠放,一般密度2 000尾/m^3～2 500尾/m^3。运输水温控制在15℃～20℃,运输时间可达10 h。

附 录 A
(资料性附录)
脊尾白虾性腺发育分期

A.1 第Ⅰ期

未发育期。雌虾卵巢纤细,无色。

A.2 第Ⅱ期

发育早期。卵巢开始发育,但发育较慢,呈穗状,颜色为乳白稍带黄色,卵粒不清楚,仅分布在头胸甲下的胃区。

A.3 第Ⅲ期

发育后期。卵巢发育较快。开始在胃区有一块形状不规则、呈淡黄绿色的性腺,几天之内就扩大到胃区和肝胰腺区的大部分。肉眼透过头胸甲隐约可见卵粒,卵巢外边缘有白色间带棕色的膜状物。

A.4 第Ⅳ期

成熟期。卵巢增大加厚,几乎布满了整个胃区、肝胰腺区和心区。卵巢呈棕黄色,间带淡绿色,卵粒清晰可见。第1至第4腹节的侧甲呈浅蓝色。此时即将蜕皮和产卵。

A.5 第Ⅴ期

产后恢复期。产卵后上述侧甲的色素消失。此期有2种情况,若在繁殖盛期每次产卵抱卵后,又很快恢复到性腺早期,并逐渐发育;若在繁殖后期,当水温降至18℃以下时,抱卵雌虾的性腺不再发育。随着水温的降低,性腺逐渐萎缩成囊管状。

ICS 65.150
B 51

中华人民共和国水产行业标准

SC/T 2093—2019

大泷六线鱼　亲鱼和苗种

Fat greenling—Brood stock, fry and fingerling

2019-08-01 发布　　2019-11-01 实施

中华人民共和国农业农村部　发布

前　言

本标准按照 GB/T 1.1—2009 给出的规则起草。

请注意本文件的某些内容可能涉及专利。本文件的发布机构不承担识别这些专利的责任。

本标准由农业农村部渔业渔政管理局提出。

本标准由全国水产标准化技术委员会海水养殖分技术委员会(SAC/TC 156/SC 2)归口。

本标准起草单位:浙江海洋大学、山东省海洋生物研究院、中国海洋大学、威海圣航水产科技有限公司、威海市文登区海和水产育苗有限公司、辽东学院。

本标准主要起草人:高天翔、徐胜勇、胡发文、宋娜、刘璐、郭文、宋宗诚、连昌、宋林。

大泷六线鱼　亲鱼和苗种

1　范围

本标准规定了大泷六线鱼（*Hexagrammos otakii* Jordan & Starks，1895）亲鱼与苗种的来源和质量要求、检验方法、检验规则、苗种计数方法和运输要求。

本标准适用于大泷六线鱼亲鱼和苗种的质量评定。

2　规范性引用文件

下列文件对于本文件的应用是必不可少的。凡是注日期的引用文件，仅注日期的版本适用于本文件。凡是不注日期的引用文件，其最新版本（包括所有修改单）适用于本文件。

GB/T 18654.2　养殖鱼类种质检验　第2部分：抽样方法

GB/T 18654.3　养殖鱼类种质检验　第3部分：性状测定

GB/T 18654.4　养殖鱼类种质检验　第4部分：年龄与生长的测定

GB/T 32758　海水鱼类鱼卵、苗种计数方法

NY/T 5070　无公害食品　水产品中渔药残留限量的要求

NY/T 5362　无公害食品　海水养殖产地环境条件

SC/T 2070　大泷六线鱼

SC/T 7201.1　鱼类细菌病检疫技术规程　第1部分：通用技术

SC/T 7214.1　鱼类爱德华氏菌检测方法　第1部分：迟缓爱德华氏菌

3　亲鱼

3.1　来源

3.1.1　捕自自然海域或苗种经人工培育而成的亲鱼。

3.1.2　由省级或省级以上的原良种场提供的亲鱼。

3.1.3　不应使用近亲繁殖的后代或者累代繁殖的个体作为亲鱼。

3.2　质量要求

3.2.1　种质

符合 SC/T 2070 的要求。

3.2.2　年龄

宜在2龄以上。

3.2.3　外观

体型、体色正常，鳍条、鳞被完整，活动正常，反应灵敏，体质健壮。

3.2.4　体长和体重

雄性体长≥200 mm，体重≥230 g；雌性体长≥200 mm，体重≥200 g。

3.2.5　繁殖期特征

雌性腹部膨大松软，生殖孔红肿突出，轻挤腹部即有鱼卵排出；雄性轻压腹部能流出乳白色精液，遇水即散。

4　苗种

4.1　来源

4.1.1　从自然海区捕获的苗种。

4.1.2 有苗种生产资质的繁育场或用符合 3.1 规定的亲鱼繁育的苗种。

4.2 质量要求

4.2.1 外观

鱼苗体色正常，大小整齐，游动自如，活力强，对外界刺激反应灵敏，摄食正常。

4.2.2 可数指标

全长合格率≥95％；体重合格率≥95％；伤残率≤3％；畸形率≤1％。

4.2.3 全长和体重

全长≥50.0 mm，体重≥2.0 g。

4.2.4 病害

不得检出迟缓爱德华氏菌等传染性疾病病原。

4.2.5 安全指标

不得检出国家规定的禁用渔用药物残留。

5 检验方法

5.1 亲鱼检验

5.1.1 来源查证

查阅亲鱼培育档案和繁殖生产记录。

5.1.2 种质

按 SC/T 2070 的规定执行。

5.1.3 年龄

可采用鳞片或耳石，按 GB/T 18654.4 的规定执行；原良种场提供的亲鱼可查验生产记录。

5.1.4 外观

在充足自然光下肉眼观察。

5.1.5 体长和体重

按照 GB/T 18654.3 的规定执行。

5.1.6 繁殖期特征

采用肉眼观察、手指轻压触摸和镜检生殖细胞相结合的方法。

5.2 苗种检验

5.2.1 外观

把苗种放入便于观察的容器中，加入适量海水，在充足自然光下用肉眼观察，逐项记录。

5.2.2 全长和体重

按 GB/T 18654.3 的规定测量全长和体重，统计全长合格率和体重合格率。

5.2.3 畸形率和伤残率

肉眼观察计数，统计畸形个体数和伤残个体数，计算畸形率和伤残率。

5.2.4 病害

迟缓爱德华氏菌按 SC/T 7201.1 和 SC/T 7214.1 的规定执行。

5.2.5 禁用药物

按 NY/T 5070 的规定执行。

6 检验规则

6.1 亲鱼检验规则

6.1.1 检验分类

6.1.1.1 出场检验

亲鱼销售交货或人工繁殖时逐尾进行检验。项目包括外观、年龄、体长和体重,繁殖期还包括繁殖期特征检验。

6.1.1.2 型式检验

型式检验项目为第 3 章规定的全部项目,在非繁殖期可免检亲鱼的繁殖期特征。有下列情况之一时,应进行型式检验:

a) 更换亲鱼或亲鱼数量变动较大时;
b) 养殖环境发生变化,可能影响到亲鱼质量时;
c) 正常生产满 2 年时;
d) 出场检验与上次型式检验有较大差异时;
e) 国家质量监督机构或行业主管部门提出要求时。

6.1.2 组批规则

一个销售批或同一催产批作为一个检验批。

6.1.3 抽样方法

出场检验的样品数为一个检验批,应全数进行检验;型式检验的抽样方法按 GB/T 18654.2 的规定执行。

6.1.4 判定规则

经检验,有不合格项的个体判为不合格亲鱼。

6.2 苗种检验规则

6.2.1 检验分类

6.2.1.1 出场检验

苗种在销售交货或出场时进行检验。检验项目为外观、可数指标和可量指标。

6.2.1.2 型式检验

型式检验项目为第 4 章规定的全部内容。有下列情况之一时,应进行型式检验:

a) 新建养殖场培育的苗种;
b) 养殖条件发生变化,可能影响到苗种质量时;
c) 正常生产满一年时;
d) 出场检验与上次型式检验有较大差异时;
e) 国家质量监督机构或行业主管部门提出型式检验要求时。

6.2.2 组批规则

一次交货或一个育苗池为一个检验批。

6.2.3 抽样方法

每批苗种随机取样应在 100 尾以上,观察外观、伤残率、畸形率。苗种可量指标、可数指标,每批取样应在 50 尾以上,重复 2 次,取平均值。

6.2.4 判定规则

经检验,如病害项或安全指标项不合格,则判定该批苗种为不合格,不得复检。其他项不合格,应对原检验批取样进行复检,以复检结果为准。

7 苗种计数方法

按照 GB/T 32758 的规定执行。

8 运输要求

8.1 亲鱼

亲鱼运输前应停食 2 d。运输用水应符合 NY/T 5362 的要求。宜采用活水车充氧运输。建议运输密度在 50 尾/m^3～80 尾/m^3。运输温度在 8℃～10℃,与出池点、放入点的温度差<1℃,盐度差<5。运输

时间控制在 8 h 以内为宜,夏季应采取降温措施。

8.2 苗种

苗种运输前应停食 1 d～2 d。运输用水应符合 NY/T 5362 的要求。宜采用塑料袋充氧装泡沫箱内运输,塑料袋直径 36 cm,高 64 cm,建议运输密度为 8 尾/L～12 尾/L。运输温度在 8℃～10℃,与出池点、放入点的温度差＜1℃,盐度差＜5。运输时间控制在 8 h 以内为宜,夏季应采取降温措施。

ICS 65.150
B 51

中华人民共和国水产行业标准

SC/T 2095—2019

大型藻类养殖容量评估技术规范 营养盐供需平衡法

Technical specification for seaweed aquaculture carrying capacity assesment—Based on nutrient budget method

2019-08-01 发布 2019-11-01 实施

中华人民共和国农业农村部 发布

前　言

本标准按照 GB/T 1.1—2009 和 GB/T 1.2—2002 给出的规则起草。

请注意本文件的某些内容可能涉及专利。本文件的发布机构不承担识别这些专利的责任。

本标准由农业农村部渔业渔政管理局提出。

本标准由全国水产标准化技术委员会海水养殖分技术委员会(SAC/TC 156/SC 2)归口。

本标准起草单位:中国水产科学研究院黄海水产研究所。

本标准主要起草人:张继红、张岩、刘毅、蔺凡、孙科、吴文广、王巍、牛亚丽。

大型藻类养殖容量评估技术规范 营养盐供需平衡法

1 范围

本标准规定了基于营养盐供需平衡的大型藻类养殖容量评估技术的术语和定义、计算公式、参数测定和质量控制。

本标准适用于近海大型藻类的养殖容量评估。

2 规范性引用文件

下列文件对于本文件的应用是必不可少的。凡是注日期的引用文件,仅注日期的版本适用于本文件。凡是不注日期的引用文件,其最新版本(包括所有的修改单)适用于本文件。

GB 3838 地表水环境质量标准

GB 17378.2 海洋监测规范 数据处理与分析质量控制

GB 17378.4 海洋监测规范 海水分析

GB 17378.5 海洋监测规范 沉积物分析

SC/T 9102.2 渔业生态环境监测规范 海洋

SC/T 9102.4 渔业生态环境监测规范 资料处理与报告编制

3 术语和定义

下列术语与定义适用于本文件。

3.1

养殖容量 mariculture carrying capacity

在特定的海域,养殖对象在不危害环境、保持生态系统相对稳定条件下的最大产量。

3.2

大型藻类 seaweed

藻类是原生生物界一类真核生物(有些也为原核生物,如蓝藻门的藻类)。主要水生,无维管束,能进行光合作用。大型藻类指属于红藻门、绿藻门和褐藻门等大型肉眼可显而易见的藻类。

3.3

营养盐输入量 nutrient input

输入到养殖系统中的营养盐总量,包括海水交换、陆地径流、沉积物-上覆水界面交换、大气湿沉降、动物排泄活动的输入途径。主要包括溶解性无机氮和无机磷。

3.4

营养盐消耗量 nutrient consumption

养殖区内浮游植物和大型海藻自然群体对营养盐的消耗利用量。

3.5

海水交换时间 sea water turnover time

养殖区内海水完全更新一次所需的时间。计算方法为:在假定研究海域内水体充分混合的前提下,根据水量守恒和指标物质守恒,利用实测到的养殖区内外及边界指标物质浓度差计算的湾内海水完全更新一次所需要的时间。

3.6

大型藻类养殖周期 culture cycle

某一养殖藻类从投放苗种养殖到商品规格进行采收所需的时间。

4 计算公式

4.1 大型藻类养殖容量(以氮为例)

按式(1)计算。

$$P_T = \frac{N_K}{K_1} \quad \cdots\cdots (1)$$

式中：

P_T ——大型藻类养殖容量,单位为吨(t)；

N_K——养殖期间可供养殖大型藻类生长的无机氮总量,营养盐输入量减去营养盐消耗量,单位为吨(t)；

K_1 ——大型藻类的峰值氮含量,单位为百分率(%)。

4.2 可供养殖大型藻类生长的营养盐

按式(2)计算。

$$N_K = Nc + Ns + N_L + N_R + N_D - N_P - N_A \quad \cdots\cdots (2)$$

式中：

N_C——养殖期间海水交换输入到养殖区内的无机氮,单位为吨(t)；

N_S——养殖期间大型藻类养殖期间沉积物-水界面交换的无机氮,单位为吨(t)；

N_L——养殖期间大型藻类养殖期间陆地径流输入的无机氮,单位为吨(t)；

N_R——养殖期间养殖区内动物排泄的无机氮,单位为吨(t)；

N_D——养殖期间大气湿沉降带来的无机氮,单位为吨(t)；

N_P——浮游植物生长所需要的无机氮,单位为吨(t)；

N_A——养殖期间大型藻类自然种群对无机氮吸收量,单位为吨(t)。

4.3 海水交换输入到养殖区内的无机氮

按式(3)计算。

$$N_C = \sum_{i=1}^{n} C_{Ni} \times S \times D \times \frac{T_i}{t} \times 10^{-9} \quad \cdots\cdots (3)$$

式中：

n ——次数；

C_{Ni}——养殖大型藻类生长期间第 i 时段养殖区外边界的平均无机氮浓度,单位为毫克每立方米(mg/m^3)；

S ——养殖面积,单位为平方米(m^2)；

D ——养殖区内平均水深,单位为米(m)；

T_i ——取样间隔,单位为天(d)；

t ——养殖大型藻类养殖生长期间,养殖生态系统海水完全交换 1 次所需时间,根据养殖大型藻类生长季节的大、小潮周期的平均值估算海水交换周期,单位为天 (d)。

4.4 陆地径流输入的无机氮

按式(4)计算。

$$N_L = \sum_{i=1}^{n} C_{Fi} \times Q_i \times T_i \times 10^{-9} \quad \cdots\cdots (4)$$

式中：

n ——次数,河口径流取样站位布设以及取样数量参照 ST/C 9102.2；

C_{Fi} ——陆地径流中无机氮浓度,单位为毫克每立方米(mg/m^3)；

Q_i ——陆地径流量,单位为立方米每天(m^3/d)。

4.5 上覆水-沉积物界面交换的无机氮

按式(5)计算。

$$N_S = \sum_{i=1}^{n} C_{Bi} \times T_i \times S \times 10^{-9} \quad \cdots\cdots (5)$$

式中：

C_{Bi}——海底沉积物中无机氮释放速率，单位为毫克每平方米每天[mg/(m² · d)]。

4.6 养殖区内动物排泄的无机氮

按式(6)计算。

$$N_R = \sum_{j=1}^{m} \sum_{i=1}^{n} DTN_{ij} \times M_{ij} \times T_i \times 24 \times 10^{-12} \quad \cdots\cdots (6)$$

式中：

DTN_{ij}——第 i 次调查中第 j 种养殖动物的溶解态氮排泄速率平均值，微克每小时每个[μg /(h · 个)]；

M_{ij}——第 i 次调查中第 j 种养殖动物的个体数量，单位为个；

m——种类数。

其中，养殖区内动物个体溶解态无机氮的排泄速率平均值，按式(7)计算。

$$DTN_{ij} = [(DTN_t - DTN_0 - \Delta DTN) \times V_{NR}] / t_{NR} \quad \cdots\cdots (7)$$

式中：

DTN_t——实验结束时实验水体中氮的浓度，单位为微克每升(μg/L)；

DTN_0——实验开始时实验水体中氮的浓度，单位为微克每升(μg/L)；

ΔDTN——空白对照水体中氮的浓度变化，单位为微克每升(μg/L)；

V_{NR}——实验水体体积，单位为升(L)；

t_{NR}——实验持续时间，单位为小时(h)。

4.7 大气湿沉降的无机氮

大气湿沉降带来的无机氮量有 2 种算法，分别见式(8)和式(9)。

算法 1：

$$N_D = S \times \sum_{i=1}^{n} [C_{ri} \times H_i] \times 10^{-9} \quad \cdots\cdots (8)$$

式中：

C_{ri}——每次降水中的无机氮浓度，单位为毫克每立方米(mg/m³)；

H_i——每次测量的降水量，单位为米(m)。

算法 2：

$$N_D = S \times C_r \times H \times 10^{-9} \quad \cdots\cdots (9)$$

式中：

C_r——养殖期间降水中无机氮的平均浓度，单位为毫克每立方米(mg/m³)；

H——养殖期间的总降水量，单位为米(m)。

4.8 浮游植物生长所需的无机氮

根据初级生产力及浮游植物体内总氮与有机碳含量之比，按式(10)计算出大型藻类生长期间浮游植物生长所需的无机氮总量。

$$N_P = K_o \times \sum_{i=1}^{n} P_i \times S \times T_i \times 10^{9} \quad \cdots\cdots (10)$$

式中：

K_o——养殖水域中浮游植物体内 N/C 比值；

P_i——不同时间养殖区浮游植物初级生产量，单位为毫克碳每立方米每天[mg C/(m² · d)]。

4.9 大型藻类自然种群对无机氮的吸收量

按式(11)计算。

$$N_A = \sum_{i=1}^{n} \sum_{j=1}^{m} K_{ij} \times (W_{ij} - W_{i-1,j}) \times S \times 10^{-9} \quad \cdots\cdots\cdots\cdots (11)$$

式中：

K_{ij} ——第 i 次调查时第 j 种大型藻类自然种群含氮量，单位为百分率(%)；

W_{ij} ——第 i 次调查时第 j 种大型藻类自然种群的生物量，单位为毫克每平方米(mg/m^2)；

$W_{i-1,j}$ ——从养殖大型海藻放苗时起第 i 次调查第 j 种大型藻类自然种群初始生物量，单位为毫克每平方米(mg/m^2)。

5 参数测定

5.1 取样站位设置以及样本数量

按照 SC / T 9102.2 的规定执行。

5.2 取样间隔

一次性收获的大型藻类，取样周期宜 30 d；多次收获的大型藻类，取样周期小于从每次放苗至每次收获的时间间隔。

5.3 水样无机氮测定

按照 SC/T 9102.2 中规定的方法进行。

5.4 沉积物氮含量测定

按照 GB 17378.5 的规定进行测量。

5.5 生物体内氮磷含量测定

利用元素分析仪进行测定。

5.6 动物排泄氮测定

按照文献记载的常用方法，如贝类的呼吸瓶法等。

5.7 水样中磷的测定

按照 GB 17378.4 中规定的方法进行。

5.8 陆地径流输入的无机氮含量的测定

按照 GB 3838 规定的方法进行测量。

5.9 初级生产力的测定

按照 SC/T 9102.2 规定的方法测量。

5.10 沉积物-上覆水界面无机氮释放速率的测定

测量方法见附录 A，或采用文献记载的方法。

5.11 海水交换时间的估算方法

见附录 B。

6 质量控制

6.1 应按照 SC/T 9102.2、SC/T 9102.4 及 GB 17378.2 的要求进行样本采集、数据处理和报告撰写。

6.2 生物样本随机取样时，样品数量＞50。

6.3 在每次取样时，根据养殖区内水域营养盐浓度的差异，需要进行营养盐相对限制的判定，营养盐相对限制的判定见附录 C。

附 录 A
（规范性附录）
无机氮释放速率测定

释放速率按式(A.1)计算。

$$r = \frac{\left| V(C_n - C_0) + \sum_{j=1}^{n} V_{j-1}(C_{j-1} - C_a) + \sum_{i=1}^{n} m_{(NH_3)i} \right|}{At} \quad \cdots\cdots\cdots\cdots\cdots\cdots (A.1)$$

式中：

r ——无机氮的释放速率，单位为毫克每平方米每天[mg/(m^2 · d)]；

V ——实验容器中上覆水的体积，单位为升(L)；

C_n、C_0、C_{j-1}——第 n 次、初始和 $j-1$ 次采样时的氮含量，单位为毫克每升(mg/L)；

C_a ——添加水样中氮的含量，单位为毫克每升(mg/L)；

V_{j-1} ——第 $j-1$ 次采样体积，单位为升(L)；

$m_{(NH_3)i}$ ——第 i 次采集水样时收集器中收集的氨氮量，在计算磷时不需要考虑此项，单位为毫克(mg)；

A ——实验容器中上覆水-沉积物接触面积，单位为平方米(m^2)；

t ——释放时间，单位为天(d)；

由于不考虑NH_3的水器界面交换，所以计算的铵态氮和总氮为表观释放速率。

附　录　B
（规范性附录）
水域交换时间的估算

在条件允许的情况下，应采取水动力模型和观测相结合的方法进行水域水交换时间的估测。当条件不允许时，可采用式（B.1）的方法估测。

$$T=\frac{D_1}{\Delta D_1} \quad \cdots\cdots (B.1)$$

式中：

T　——估算的水交换时间，单位为天（d）；

D_1　——养殖区内高潮水位时的水深，单位为米（m）；

ΔD_1——养殖区内的平均潮差，单位为米（m）。

附　录　C
（规范性附录）
营养盐相对限制的判定

C.1　在营养盐限制因子随季节转换而经常变动的区域，应针对每个季节的限制因子进行评估，计算符合实际环境状况的大型藻类养殖容量。

C.2　判断养殖容量评估海域的营养盐限制因子，可根据文献记载或海区的实测营养盐值来确定待评估海域的营养盐限制因子。

C.3　评估海域的营养盐限制因子宜选用以下方法：

a）Redfield 比值法，当氮、磷、硅比值偏离 16∶1∶16 时，该海区受相对含量低的营养盐限制；

b）Justić等提出的营养盐限制性元素评判标准，当 Si/N>1 且 N/P<10 时，N 是限制性元素；当 Si/P>22 且 N/P>22 时，则 P 是限制性元素；

c）Fisher 等提出营养盐半饱和常数评价标准：N=2 μmol /L、P=0.2 μmol /L、Si=2 μmol /L，来判断海区是否受到营养盐的限制。

ICS 65.150
B 51

中华人民共和国水产行业标准

SC/T 2096—2019

三疣梭子蟹人工繁育技术规范

Technical specification of artificial breeding for swimming crab

2019-08-01 发布　　　　2019-11-01 实施

中华人民共和国农业农村部 发布

前　言

本标准按照 GB/T 1.1—2009 给出的规则起草。

请注意本文件的某些内容可能涉及专利。本文件的发布机构不承担识别这些专利的责任。

本标准由农业农村部渔业渔政管理局提出。

本标准由全国水产标准化技术委员会海水养殖分技术委员会(SAC/TC 156/SC 2)归口。

本标准起草单位:中国水产科学研究院黄海水产研究所。

本标准主要起草人:刘萍、高保全、李健、陈萍。

三疣梭子蟹人工繁育技术规范

1 范围

本标准规定了三疣梭子蟹(*Portunus trituberculatus* Miers,1876)人工繁育的环境条件、亲蟹越冬和培育、繁育、苗种出池及运输和病害防治的技术要求。

本标准适用于三疣梭子蟹的人工繁育。

2 规范性引用文件

下列文件对于本文件的应用是必不可少的。凡是注日期的引用文件,仅注日期的版本适用于本文件。凡是不注日期的引用文件,其最新版本(包括所有的修改单)适用于本文件。

NY 5362 无公害食品 海水养殖产地环境条件

SC/T 1132 渔用药物使用规范

SC/T 2014 三疣梭子蟹 亲蟹

SC/T 2015 三疣梭子蟹 苗种

3 环境条件

应符合 NY 5362 的规定。

4 亲蟹越冬和培育

4.1 越冬设施

应包括越冬池、控温、调光、充气、水处理及进排水系统等设施。越冬池底面积以 30 m^2～40 m^2 为宜,水位以 0.8 m～1.2 m 为宜。池底铺沙 10 cm～15 cm,排水口处留 20%～30%空白池底作饵料台。

4.2 亲蟹选择

亲蟹的来源和质量应符合 SC/T 2014 的规定,亲蟹入池前用 0.3 g/m^3 的二溴海因药浴 15 min 或 1 g/m^3～2 g/m^3 的聚维酮碘药浴 15 min。

4.3 放养密度

亲蟹入池前应对培育池、沙、工具等进行严格地消毒。越冬池未抱卵亲蟹放养密度为 3 ind/m^2～5 ind/m^2,抱卵亲蟹放养密度为 2 ind/m^2～3 ind/m^2。

4.4 水质条件

自然水温降至 11℃～13℃时,亲蟹应移至室内越冬。越冬期间水温保持 9℃左右,日温差不超过±0.5℃;如果自然水温稳定在 9℃以上,则保持自然水温。

越冬池持续充气,水质指标要求见表 1。其中盐度日变化小于 3。

表 1 亲蟹越冬水质条件

项目	指标	项目	指标
盐度	20～33	溶解氧	≥5.0 mg/L
氨氮	≤0.5 mg/L	亚硝酸盐氮	≤0.1 mg/L
pH	7.8～8.6		

4.5 饵料投喂

越冬期间饵料以活沙蚕和贝类为宜。日投喂量为亲蟹体重的 3%～5%,根据具体摄食情况进行增减,以傍晚投饵为宜。

4.6 光照强度

以 500 lx 左右为宜。

4.7 强化培育

水温每日升高 0.5℃，至 18℃，稳定 3 d 后，再以同样的方式，逐渐升至 21℃，恒温培育；如果自然水温高于 21℃，则以自然水温进行亲蟹培育。随着水温逐步升高，日投饵量增加到体重的 10%～15%。

5 繁育

5.1 设施

包括培育池、进排水、滤水、加温和充气设备，培育池以室内水泥池为宜，底面积以 30 m^2 为宜，池深以 1.5 m～1.8 m 为宜，池壁标出水深刻度线。使用前，所有设施均应严格消毒。

5.2 育苗用水

用水应经过沉淀、过滤、消毒，过滤采取沙滤和网滤方式，向育苗用水中加入 120 g/m^3～150 g/m^3、含有效氯 8%～10%的次氯酸钠溶液消毒，12 h 后再加入硫代硫酸钠消除余氯，除氯后向水中充气。

5.3 亲蟹排幼

当亲蟹腹部卵块呈黑灰色，膜内无节幼体心跳达 170 次/min 左右捞出，装入 10 目网箱，吊入培育池。按满水体积计算，幼体密度控制在 3×10^4 ind/m^3～5×10^4 ind/m^3 为宜。

5.4 饵料与投喂

5.4.1 第Ⅰ期溞状幼体投喂褶皱臂尾轮虫，密度不少于 10 ind/mL。

5.4.2 第Ⅱ期至第Ⅲ期溞状幼体投喂卤虫无节幼体，日投喂 4 次～6 次，每次的投喂量为 1.5 ind/mL～3 ind/mL。

5.4.3 第Ⅳ期溞状幼体投喂卤虫无节幼体，日投喂 6 次～8 次，每次的投喂量为 2 ind/mL～3 ind/mL，在第 3d 适量投喂卤虫成体。

5.4.4 大眼幼体、Ⅰ期和Ⅱ期幼蟹主要投喂鲜活卤虫成体，每尾日投喂量分别是 10 ind、20 ind、30 ind。

5.5 日常管理

5.5.1 换水

亲蟹排幼时，育苗池水深一般为 50 cm～60 cm，前期每天添加 10 cm，后期日换水量 10%。

5.5.2 水质调控

亲蟹排幼时水温 20.0℃～23.0℃为宜，以后按 0.5℃/d 的升幅逐步提高育苗池水温，达(26±0.5)℃时恒温培育。在水中添加小球藻 2×10^6 ind/mL～3×10^6 ind/mL 或扁藻 2×10^4 ind/mL～3×10^4 ind/mL，使育苗水体呈黄绿色。

5.6 疾病防治

疾病防治按照附录 A 执行。

6 苗种出池及运输

Ⅰ期或Ⅱ期幼蟹出池。出池前 1 d，使水温逐步下降至室温。苗种质量应符合 SC/T 2015 的规定。运输方法用 18℃海水浸泡沥干的新稻糠为遮蔽物，每个 30 cm×50 cm 聚乙烯双层塑料袋放入苗种 250 g，与等量稻糠混合均匀，充氧后放入泡沫箱，泡沫箱放入 250 g～500 g 冰块。运输时间以不超过 6 h 为宜。

附 录 A
(规范性附录)
三疣梭子蟹亲蟹和苗种常见疾病防治

A.1 亲蟹常见疾病防治

A.1.1 固着类纤毛虫病防治

A.1.1.1 避免亲蟹创伤,彻底清沙消毒,保持良好水质,减少残饵。

A.1.1.2 定期用二溴海因全池均匀泼洒。

A.1.2 甲壳溃烂病防治

A.1.2.1 防治亲蟹创伤,发现病蟹及时清除。

A.1.2.2 定期用二溴海因、三氯异氰尿酸消毒剂消毒越冬用水。

A.1.3 乳化病防治

A.1.3.1 保持良好水质,避免亲蟹创伤。

A.1.3.2 定期用0.2 mg/L二氧化氯全池泼洒。

A.2 苗种疾病防治

A.2.1 才女虫病防治

A.2.1.1 育苗用水经过沙滤或300目沙滤袋。

A.2.1.2 15 mg/L~20 mg/L茶籽饼全池泼洒或倒池。

A.2.2 弧菌病防治

A.2.2.1 育苗用水经过0.2 mg/L二溴海因或0.5 mg/L二氧化氯全池消毒。

A.2.2.2 发病时采用外用水体消毒(0.3 mg/L~0.5 mg/L三氯异氰尿酸)与口服氟苯尼考(有效含量10%氟苯尼考,20 mg/L浸泡轮虫或卤虫)药饵相结合的方法。

A.3 药物使用

渔药的使用按SC/T 1132的规定执行。

ICS 65.150
B 51

中华人民共和国水产行业标准

SC/T 2097—2019

刺参人工繁育技术规范

Technical specifications of artificial breeding for sea cucumber

2019-08-01 发布 2019-11-01 实施

中华人民共和国农业农村部 发布

前　　言

本标准按照 GB/T 1.1—2009 给出的规则起草。

请注意本文件的某些内容可能涉及专利。本文件的发布机构不承担识别这些专利的责任。

本标准由农业农村部渔业渔政管理局提出。

本标准由全国水产标准化技术委员会海水养殖分技术委员会(SAC/TC 156/SC 2)归口。

本标准起草单位:中国水产科学研究院黄海水产研究所、山东东方海洋科技股份有限公司、大连棒棰岛海产股份有限公司、山东安源水产股份有限公司、乳山市海渊水产育苗养殖场、烟台水产研究所。

本标准主要起草人:谭杰、赵丽丽、刘崎、赵欣涛、王亮、王增东、孙慧玲、陈四清、张岩。

刺参人工繁育技术规范

1 范围

本标准规定了刺参[*Apostichopus japonicus* (Selenka,1867)]人工繁育的环境及设施、亲参培育、受精与孵化、浮游幼体培育、稚幼参培育和中间培育的技术和要求。

本标准适用于刺参的人工繁育。

2 规范性引用文件

下列文件对于本文件的应用是必不可少的。凡是注日期的引用文件,仅注日期的版本适用于本文件。凡是不注日期的引用文件,其最新版本(包括所有的修改单)适用于本文件。

GB/T 32756 刺参 亲参和苗种

NY 5072 无公害食品 渔用配合饲料安全限量

NY 5362 无公害食品 海水养殖产地环境条件

SC/T 2037 刺参配合饲料

3 术语和定义

下列术语和定义适用于本文件。

3.1

性腺指数 gonad index

性腺重对体壁重的百分比。

4 环境及设施

4.1 环境

应符合 NY 5362 的规定,应选择在无大量淡水注入的海区近岸,盐度 26～35,pH 以 7.5～8.6 为宜。

4.2 设施

4.2.1 育苗车间

一般为低拱屋顶结构,每个跨度为 10 m～30 m,长 30 m～70 m。育苗池可为长方形的水池,容积以 10 m^3～30 m^3为宜、池深以 1.0 m～1.5 m 为宜。每池于一端设 1 个～2 个进水管,另一端设 1 个排水管,池底从进水端到排水端有 1%～2%的坡度。

4.2.2 给排水系统

包括水泵、沉淀池、沙滤池和进排水管道系统。

4.2.3 充气系统

包括充气泵、输气管道和散气装置。

4.2.4 控温系统

根据情况采用锅炉、电热、地热、太阳能等升温。

4.2.5 其他设施

宜配备水质分析室、生物检查室等,有停电危险的育苗场还应自备发电设备。

5 亲参培育

5.1 亲参质量

应符合 GB/T 32756 的规定。

5.2 亲参来源

5.2.1 自然成熟亲参

当海水水温上升至15℃～17℃时，抽样检查性腺指数，当性腺指数达到或超过10%，开始采捕亲参。亲参入池水温应控制在15℃～18℃，与采捕海区水温的温差应控制在3℃以内。暂养密度以15 ind/m^3～30 ind/m^3为宜。

5.2.2 人工促熟亲参

培育密度以15 ind/m^3～30 ind/m^3为宜。每日升温0.5℃～1.0℃，逐步升到15℃～17℃后，恒温培育。

5.3 投喂

培育时间少于7 d，亲参一般不投喂饲料。培育时间长于7 d，应投喂饲料。配合饲料日投喂量控制在亲参体重的3%～5%为宜，混合2倍～5倍海泥投喂。所有配合饲料应符合SC/T 2037和NY 5072的规定。

5.4 日常管理

日换水量为水体的50%～100%，每3 d～5 d倒池一次，同时清除池内亲参粪便和其他污物。溶解氧≥5 mg/L，光照强度≤2 000 lx。

6 受精与孵化

6.1 人工刺激及受精

当发现部分亲参在水体表层沿池壁活动频繁，或者已出现少量雄参排精时，应做好采卵准备。可采取人工刺激的方式获得精、卵。人工刺激宜在傍晚进行，将亲参阴干45 min～60 min，流水刺激10 min～15 min，然后注入比原培育水温高3℃～5℃的过滤海水。发现雄参排精后即捞出，以避免精子过多。

6.2 孵化

受精卵密度≤10 ind/mL，水温18℃～25℃，应持续微量充气或搅动。

7 浮游幼体培育

7.1 选优布池

采用拖网或虹吸浓缩法选择上浮小耳幼体，选优网箱用孔径48 μm～75 μm尼龙筛绢制作。幼体布池密度以0.1 ind/mL～0.3 ind/mL为宜。

7.2 饵料投喂

饵料以牟氏角毛藻(*Chaetoceros muelleri*)、杜氏盐藻(*Dunaliella salina*)、小新月菱形藻(*Nitzschia closterium* f. *minutissima*)、三角褐指藻(*Phaeodactylum tricornutum*)为宜。日投饵2次～4次，小耳幼体日投喂量为2.5×10^4 cell/mL～3.0×10^4 cell/mL，中耳幼体3.0×10^4 cell/mL～3.5×10^4 cell/mL，大耳幼体3.5×10^4 cell/mL～4.0×10^4 cell/mL。也可采用面包酵母或海洋红酵母作为饵料，日投饵量为2.0×10^4 cell/mL～4.0×10^4 cell/mL。面包酵母或海洋红酵母可以单独投喂，也可以和单细胞藻类混合投喂。

7.3 日常管理

小耳幼体入池初期，培育水深0.5 m，以后每天加水10 cm～15 cm，待水位达到1.0 m后，开始每日换水1次，换水量为25%～50%，温差应小于1℃；培育期间持续微量充气。水温18℃～23℃，溶解氧≥5 mg/L，光照强度≤2 000 lx。

8 稚幼参培育

8.1 附着

在大耳幼体后期3个初级口触手出现至樽形幼体出现期间放置附着基。附着基材料可采用聚乙烯波纹板，附着基表面积与池底面积比例以15∶1～30∶1为宜。

8.2 饲料种类和投喂量

稚幼参饲料宜采用鼠尾藻粉、马尾藻粉、石莼粉、人工配合饲料和海泥。稚参阶段,藻粉或配合饲料与海泥的比例为1∶1～1∶4;幼参阶段,藻粉或配合饲料与海泥的比例为1∶4～1∶7。藻粉或配合饲料的投喂量为稚幼参体重的5%～10%,根据摄食情况适当调整。

8.3 日常管理

日换水量为50%～200%。持续微量充气,溶解氧≥5 mg/L。光照≤2 000 lx,光线应均匀。

9 中间培育

9.1 室内中间培育

9.1.1 环境

同4.1。

9.1.2 设施

同4.2。

9.1.3 附着基设置

附着基材料可采用聚乙烯波纹板、尼龙网片等,附着基表面积与池底面积比例以10∶1～20∶1为宜。

9.1.4 布苗

参苗规格 20×10^4 ind/kg～40×10^4 ind/kg,以 1×10^4 ind/m^3～3×10^4 ind/m^{3}的密度进行布苗。

9.1.5 饲料种类和投喂量

同8.2。

9.1.6 日常管理

日换水量为50%～200%,持续微量充气,溶解氧≥5 mg/L,光照强度≤2 000 lx,光线应均匀。根据水质、水温、苗种密度、病害等情况,3 d～15 d倒池一次。

9.1.7 分苗

当参苗个体之间大小差异明显,应用不同孔径的筛子将参苗分离,按不同规格分别进行培育,根据规格及时调整密度,各规格参苗培育密度见表1。

表1 不同规格稚幼参的培育密度

规　格 $\times10^4$ ind/kg	培育密度 ind/m^3
2～20	0.2×10^4～1.0×10^4
0.2～2	0.1×10^4～0.5×10^4
≤0.2	0.05×10^4～0.20×10^4

9.2 室外中间培育

9.2.1 环境条件

应符合NY 5362的规定。可选择池塘或内湾。池塘宜采用长方形,水深为1.5 m～3.0 m,应配有进排水系统。内湾低潮时水深应在3.0 m以上。

9.2.2 水质条件

应符合NY 5362的规定,盐度26～32,pH 7.5～8.6为宜,溶解氧≥5 mg/L。

9.2.3 设施

9.2.3.1 网箱

网箱由尼龙网或聚乙烯网制成。在池塘内,网箱规格一般为(2～4) m×(1～2) m×(1～2) m;在内湾,网箱规格一般为(4～5) m×(4～5) m×(2～5) m。

9.2.3.2 网箱设置

在池塘或内湾中设置浮筏,浮筏上放置网箱,多个网箱串联成一排,箱距0.5 m左右,排距3 m～10

m。池塘中设置的网箱总面积占池塘面积比例低于30%。网箱四边应高出水面10 cm～35 cm。网箱底距离池塘底或海底不低于0.5 m。

9.2.3.3 附着基

由波纹板、聚乙烯网片或尼龙网片制成。

9.2.3.4 附着基前期处理

附着基在0.05%～0.10%的NaOH或草酸溶液中浸泡1 d后，用清洁的海水冲洗干净。投放前10 d～15 d放入海水中。

9.2.3.5 附着基投放

波纹板、聚乙烯网片或尼龙网片连接成串后吊挂于网箱内。每1m^3水体投放附着基表面积≤5 m^2。

9.2.4 投苗

以3×10^3 ind/m^3～10×10^3 ind/m^3的密度投放1×10^5ind/kg～2×10^5ind/kg的参苗。

9.2.5 饲料投喂

根据摄食情况和网箱底部的残饵及粪便情况适量投喂配合饲料和海泥。饲料的日投喂量为参苗体重的0.5%～1.0%。

9.2.6 水质管理

溶解氧≥5 mg/L，池水透明度以40 cm～50 cm为宜。

9.2.7 日常监测

每天测量记录水温、盐度、透明度、pH等指标。观察参苗的摄食与生长情况。定期检查网箱有无破损。

9.2.8 更换网箱

根据参苗生长情况更换网箱，不同规格参苗所用网箱网衣规格见表2。

表2　不同规格参苗所用网箱网衣孔径

规　　格 $\times10^4$ ind/kg	网箱网衣孔径 μm
2～20	250
1～2	420
0.2～1	600
<0.2	2 400

9.2.9 分苗

当参苗个体之间大小差异明显，应用不同规格网目的筛子将参苗分离，按不同规格分别进行培育，根据规格及时调整密度，不同规格参苗培育密度见表3。

表3　不同规格参苗的培育密度

规　　格 $\times10^4$ ind/kg	培育密度 ind/m^3
>10	3 000～10 000
1～10	1 000～3 000
0.1～1	500～1 000
<0.1	100～500

ICS 65.150
B 51

中华人民共和国水产行业标准

SC/T 2098—2019

裙带菜人工繁育技术规范

Technical specification for artificial breeding of wakame

2019-08-01 发布　　2019-11-01 实施

中华人民共和国农业农村部　发布

前　　言

本标准按照 GB/T 1.1—2009 给出的规则起草。

请注意本文件的某些内容可能涉及专利。本文件的发布机构不承担识别这些专利的责任。

本标准由农业农村部渔业渔政管理局提出。

本标准由全国水产标准化技术委员会海水养殖分技术委员会(SAC/TC 156/SC 2)归口。

本标准起草单位:大连海宝渔业有限公司、中国科学院海洋研究所、大连海洋大学、大连经济技术开发区海顺水产养殖有限公司、大连海福星水产有限公司。

本标准主要起草人:张喜昌、逄少军、冷晓飞、刘明泰、单体锋、孙丕海、刘剑波、金长义、陈福军。

裙带菜人工繁育技术规范

1 范围

本标准给出了裙带菜(*Undaria pinnatifida* W. F. R. Suringar,1873)人工繁育的环境及设施、种藻和繁育的技术要点。

本标准适用于裙带菜半人工繁育和全人工繁育。

2 规范性引用文件

下列文件对于本文件的应用是必不可少的。凡是注日期的引用文件,仅注日期的版本适用于本文件。凡是不注日期的引用文件,其最新版本(包括所有的修改单)适用于本文件。

NY/T 5283 无公害食品 裙带菜养殖技术规范

NY 5362 无公害食品 海水养殖产地环境条件

SC/T 2061 裙带菜 种藻和苗种

3 环境及设施

3.1 场址选择

应选择在岩石或沙质底质海域的海滨区域,还应远离城市污水、工业污水排放口,附近没有大型河流入海。其他条件应符合 NY 5362 的规定。

3.2 设施

3.2.1 供水系统

包括水泵、沉淀池、沙滤罐(塔)和进排水管道系统。沉淀池总容积应达育苗水体的 50%。

3.2.2 育苗室

育苗室应能保温、防风雨、可调光,室内建长方形水泥池,规格以 6 m×3 m×1 m 为宜。育苗室屋顶铺设可透光材料,屋顶下设置可拉伸的黑色和白色遮阳帘各 1 层,墙壁窗口设有深色布帘。

4 种藻

4.1 来源和质量

种藻来源应符合 NY/T 5283 的规定,种藻质量应符合 SC/T 2061 的规定。

4.2 培育

在水流畅通、营养丰富的中高排海区培养种藻,每绳上留养 100 棵～150 棵,养殖水层 0.5 m。

5 繁育

5.1 半人工繁育

5.1.1 器材

按照 NY/T 5283 的规定执行。

5.1.2 采苗

5.1.2.1 采苗时间

按照 NY/T 5283 的规定执行。

5.1.2.2 孢子叶处理

孢子叶质量应符合 SC/T 2061 的规定。孢子叶阴干 0.5 h～2 h,应经常翻动,并抽取少量孢子叶进行滴水检查。当显微镜下(100 倍)一个视野中有 20 个以上活泼游孢子时,可开始采苗。孢子叶其他处理按

NY/T 5283 的规定执行。

5.1.2.3 操作

在采苗池首次注入 30 cm 深海水，采苗操作时间为 2 h～3 h，其他采苗操作按 NY/T 5283 的规定执行。

5.1.3 出池运输

尽量减少苗绳干露时间，运输中防风干、日晒、雨淋。

5.1.4 海区培育

5.1.4.1 海区选择

按照 NY/T 5283 的规定执行。

5.1.4.2 苗绳垂挂

苗绳运到筏区后，集中挂到浮筏上，浸没在海水中，然后再逐捆打开。将苗绳 4 折，两绳一吊系坠物垂挂于浮筏上，吊距 0.5 m，吊养在水面下 1.0 m～1.5 m。

5.1.4.3 日常管理

5.1.4.3.1 垂挂 10 d 后，将苗绳提至距水面 0.5 m～1.0 m 处。当海水温度升至 23℃时，把苗绳降至距水面 1.5 m～3.5 m 处。当海水温度下降到 23℃以下时，把苗绳提至距水面 1.0 m～1.5 m，1 周后将苗绳提至距水面 0.5 m～1.0 m 处。

5.1.4.3.2 在海水温度降至 23℃时，采用捶打和摆洗的方式清除苗绳上杂藻和贻贝等敌害生物，苗绳要捶打至本色露出，然后一次性摆洗干净。

5.1.4.3.3 当海水温度降至 22℃时，将苗绳每 2 根为 1 组平挂在浮筏上，间距 1 m。在幼苗规格和质量达到 SC/T 2061 的要求时，进行海区栽培。

5.2 全人工繁育

5.2.1 苗种帘

苗种帘框架为聚乙烯材质，长方形，规格宜为(75～80)cm×60 cm。苗种绳宜采用直径 2.0 mm 含少量聚乙烯丝的维尼纶绳。固定苗种帘框架，缠绕苗种绳，每帘苗种绳长 110 m～ 120 m 为宜。苗种帘需燎毛。在苗种帘上、下两侧，各绑一根维尼纶吊绳，长度 1 m。苗种帘用 10 mg/L 次氯酸钠溶液酌情浸泡，用淡水冲洗干净，晒干后可每 10 帘绑成一捆备用。

5.2.2 繁育用水

繁育用水宜经过 24 h 以上黑暗沉淀，沙滤后使用。沉淀池酌情洗刷。

5.2.3 采苗

5.2.3.1 采苗时间

6 月中旬至 7 月上旬，根据水温、种藻成熟情况和天气情况合理安排采苗时间，自然海区水温 16℃～18℃时为宜。

5.2.3.2 孢子叶处理

孢子叶用量按照 NY/T 5283 的规定执行，孢子叶其他处理同 5.1.2.2。

5.2.3.3 操作

5.2.3.3.1 采苗前在池内注入经沉淀处理的沙滤海水。

5.2.3.3.2 将阴干刺激的孢子叶装入 60 目筛绢袋内，放入池水中，不停搅拌。定期取池水在 100 倍显微镜下观察，当每视野有 100 个～200 个活泼的游孢子时，将网袋取出，随即将苗种帘平铺于池水中。

5.2.3.3.3 在采苗池不同部位放置载玻片，每 10 min 观察一次孢子附着情况，当 100 倍显微镜下每视野达到 60 个～120 个附着孢子时，将苗种帘移到其他育苗池中。

5.2.3.3.4 苗种帘挂在竹竿上，竖直排放，间距 15 cm～20 cm，苗种帘距水面 20 cm。

5.2.4 室内培育

5.2.4.1 培育条件

室内培育分为配子体生长阶段、配子体度夏阶段、配子体成熟阶段和幼孢子体生长阶段，各阶段培育要求见表1。

表1 裙带菜全人工繁育室内培育要求

培育阶段	水温	光照	流水	施肥	倒帘、刷帘、倒池
配子体生长阶段	23℃以下	1 500 lx～2 500 lx	每天流水1次，流水量100%	流水后施肥，$NaNO_3$：1 mg/L～2 mg /L，KH_2PO_4：0.2 mg /L～0.4 mg/L	2 d～3 d倒帘1次，度夏前刷帘、倒池
配子体度夏阶段	23℃以上	300 lx～500 lx	每天流水1次，流水量50%	流水后施肥，$NaNO_3$：1 mg/L～2 mg/L，KH_2PO_4：0.1 mg/L～0.2 mg/L	2 d～3 d倒帘1次，不刷帘、不倒池
配子体成熟阶段	23℃以下	2 500 lx～6 000 lx	每天流水1次，流水量50%	流水后施肥，$NaNO_3$：1 mg/L～2 mg/L，KH_2PO_4：0.2 mg/L～0.4 mg/L	2 d～3 d倒帘1次，杂藻多或配子体不健康时刷帘、倒池
幼孢子体生长阶段	22℃以下	3 000 lx～10 000 lx	每天流水1次，流水量100%	流水后施肥，$NaNO_3$：1 mg/L～2 mg/L，KH_2PO_4：0.2 mg/L～0.4 mg/L	2 d～3d倒帘1次，杂藻多时刷帘、倒池

5.2.4.2 日常管理

每天镜检配子体或幼孢子体生长和发育情况，包括配子体或幼孢子体细胞数量、形态、大小、密度及杂藻的数量等，根据镜检结果对光照强度、施肥量进行调整，并制订苗种帘洗刷方案。

5.2.5 出库

当自然海区水温降到22℃以下、幼孢子体平均长度达到200 μm以上时，幼苗出库。在苗种帘框架一端绑缚0.5 kg铁棍，剪断另一端苗种绳，并拆除其余苗种帘框架。将绑缚铁棍的苗种帘棍及苗种绳一起转移到海区进行幼苗暂养。运输中防风干、日晒、雨淋。

5.2.6 暂养

宜选择浮泥杂藻少、水流畅通、风浪小的海区横流浮筏暂养。在苗种帘两端各系1根吊绳垂挂于浮筏上，初挂位置在水面下1 m～3 m为宜，苗种帘间距0.5 m。随后根据幼苗生长情况适当调整水层，洗刷苗帘。

5.2.7 分苗

当幼苗长度达到1 cm时，把苗种绳剪成2.5 cm～3 cm小段，以35 cm～45 cm间距夹到苗绳上，再将苗绳平挂到浮筏上。

ICS 65.150
B 51

中华人民共和国水产行业标准

SC/T 2099—2019

牙鲆人工繁育技术规范

Technical specification of artificial breeding for bastard halibut

2019-08-01 发布　　2019-11-01 实施

中华人民共和国农业农村部　发布

前　言

本标准按照 GB/T 1.1—2009 给出的规则起草。

请注意本文件的某些内容可能涉及专利。本文件的发布机构不承担识别这些专利的责任。

本标准由农业农村部渔业渔政管理局提出。

本标准由全国水产标准化技术委员会海水养殖分技术委员会(SAC/TC 156/SC 2)归口。

本标准起草单位:中国水产科学研究院黄海水产研究所、威海圣航水产科技有限公司、威海市渔业技术推广站、威海市环翠区海洋与渔业研究所、山东省海洋资源与环境研究院。

本标准主要起草人:张岩、刘心田、谷杰泉、宋宗诚、岳新璐、姜海滨。

牙鲆人工繁育技术规范

1 范围

本标准规定了牙鲆(*Paralichthys olivaceus* Temminck&Schlegel,1846)人工繁育的环境及设施、亲鱼培育、产卵与孵化和仔稚鱼培育技术。

本标准适用于牙鲆的工厂化人工繁育。

2 规范性引用文件

下列文件对于本文件的应用是必不可少的。凡是注日期的引用文件,仅注日期的版本适用于本文件。凡是不注日期的引用文件,其最新版本(包括所有的修改单)适用于本文件。

GB/T 21441 牙鲆

GB/T 32758 海水鱼类鱼卵、苗种计数方法

GB/T 35903 牙鲆 亲鱼和苗种

NY 5362 无公害食品 海水养殖产地环境条件

SC/T 1132 渔药使用规范

3 环境及设施

3.1 环境

应选择临近海边,海区潮流通畅,临岸海水较深,不易受大潮侵袭,背风向阳,岩石或沙质底质的海滨区域,电力充足,通信、交通便利,养殖用水方便,有淡水水源。其他条件应符合NY 5362的规定。

3.2 设施

3.2.1 育苗车间

一般为低拱屋顶结构,每个跨度为9 m～18 m,长40 m～70 m,能保温、防风雨、可调光。育苗池为方形、圆形或椭圆形的水池,面积20 m^2～30 m^2为宜,池深0.8 m～1.2 m为宜,配备必要的加温、充气设施。每池设1个～2个进水管,排水以中心排水为宜,池底从周边到中心有4%～6%的坡度。

3.2.2 饵料车间

分动物饵料车间和植物饵料车间,植物饵料车间屋顶宜采用透光材料,透光率在70%以上,车间应设调光装置并应安装高效强光灯,北方还应设采暖设备。应分为保种室、一级培养室、二级培养室和三级培养室等几个独立的部分。培养池池深80 cm、面积2 m^2～10 m^2为宜,池壁应高出地面50 cm～100 cm。动物饵料车间设有轮虫培养池(池深1.5 m、面积15 m^2～30 m^2为宜)和卤虫孵化、分离、强化设备。

3.2.3 给排水系统

包括水泵、沉淀池、沙滤池和进排水管道系统。有条件的单位可采用预处理水系统。鼓励使用循环水培育,开展尾水处理,达标排放。

3.2.4 充气系统

包括充气泵(罗兹鼓风机等)液氧罐、输气管道和散气装置。

3.2.5 控温系统

北方地区应配备送暖系统,可根据情况采用电热、地热、太阳能等,达到节能环保的目的。

3.2.6 其他设施

宜配备水质分析室、生物检查室等,有停电危险的育苗场还应自备发电设备。

4 亲鱼培育

4.1 亲鱼来源和质量要求

亲鱼种质应符合 GB/T 21441 的规定,亲鱼来源和质量应符合 GB/T 35903 的规定执行。

4.2 亲鱼运输

野生亲鱼随捕随运,养殖亲鱼运输按照 GB/T 35903 的规定执行。

4.3 培育

亲鱼培育水深 60 cm~100 cm,放养密度为 2 kg/m^2~4 kg/m^2,雌雄比例 2∶1~1∶1,流水培养,每日排水 1 次~2 次,池水的日交换量为 6 倍以上,每 15 d 左右彻底清刷池壁一次或倒池一次;投喂全价人工配合饲料或软颗粒饲料,每天投喂 1 次~2 次,以饱食及稍有残饵为宜;冬季水温一般不低于 5℃,夏季不高于 25℃。

4.4 秋季产卵亲鱼的培育

4.4.1 控光

通常在计划采卵时间前 45 d 开始控光,直至采卵结束。通过人工光源照射调节光照时间,光照度应在 200 lx~500 lx,每 5 d 减少 2 h 的日光照时间,先从 12 h 缩减到 8 h,稳定 3 d,再以同样的方式增加光照时间,直至光照时间增加到 18 h 为止。

4.4.2 控温

调控初期以每日 0.5℃的速度将水温降至 10℃,稳定 3 d 后,以每日 0.5℃的速度将水温升至 15℃恒温培至亲鱼产卵结束。

4.4.3 日常管理

控温期间日水交换量 3 倍~5 倍,其他时间加大到 6 倍~8 倍,亲鱼性腺开始发育后以鲜鱼为主要饵料,宜多品种搭配,日投喂量为亲鱼体重的 2%~4%,每天投喂 1 次~2 次,投喂时宜添加复合维生素、微量元素及卵磷脂等。其他日常管理按照 4.3 的规定执行。

5 产卵与孵化

5.1 产卵

当雌鱼生殖腺已明显膨大,生殖孔红肿,用手触摸腹部有柔软感,轻挤腹部有卵子流出;雄鱼可挤出乳白色精液,此时可采取水流刺激,诱导亲鱼产卵排精,即在每次排水至最低点后,强水流加水进行流水刺激,牙鲆一般在夜间产卵,开始产卵第 10 d~30 d 后排卵量和受精率最高。

5.2 受精卵的收集、计数

牙鲆的卵为浮性卵,宜采用溢水孔或虹吸表层水的方法收集,或结合 80 目筛绢网捞取。受精卵的计数按照 GB/T 32758 的规定执行,牙鲆受精卵 1 200 粒/g~1 600 粒/g,1 000 粒/mL~1 200 粒/mL。

5.3 受精卵的运输

聚乙烯塑料袋装入容量 25%~40%的过滤同温海水,按 4×10^4 粒/L~6×10^4 粒/L 放入受精后 30 h~45 h 的受精卵,充氧后密封,放入泡沫箱或装入 2/3 海水的帆布桶/水槽中,气温超过 18℃时塑料袋周围可放置冰块或其他降温材料,汽车或飞机运输,运输时间 15 h~20 h。即将孵化的受精卵不宜长途运输。

5.4 孵化

5.4.1 孵化设备

采用网箱或水槽孵化,也可直接在育苗池中孵化。孵化网箱一般 0.5 m^3~1.0 m^3,深 0.6 m~1.0 m,用 80 目筛绢制成,孵化水槽容积一般 0.5 m^3~8 m^3,水深 0.8 m~1 m。

5.4.2 孵化密度

一般为 5×10^5 ind/m^3~10×10^5 ind/m^3。

5.4.3 孵化条件

水温以15℃为宜，pH 7.5～8.5，溶解氧6 mg/L以上。可采取换水或流水孵化，微充气。

5.4.4 日常管理

每天记录水温变化，在显微镜下观察胚胎发育情况并做好记录，每天将沉在底部的死卵吸出，控制进水速度防止卵膜破裂。

6 仔稚鱼培育

6.1 前期培育

6.1.1 培育条件

前期培育是指自仔鱼孵出起到变态营底栖生活以前的阶段，仔鱼孵化后12 h～24 h便可移入培育池中培养，培育密度以 1×10^4 尾/m^3～2×10^4 尾/m^3 为宜。培育水温宜为13℃～22℃，适宜水温16℃～19℃；pH宜为7.5～8.5，光照度宜为500 lx～2 000 lx，溶解氧以5 mg/L以上为宜，微充气。

6.1.2 饵料与投喂

仔鱼孵化后即向培育池投放 2×10^5 cell/mL～5×10^5 cell/mL的小球藻；孵出后第4 d开始投喂营养强化的轮虫，至25日龄为止，每天分2次～3次投喂，自13日龄开始投喂营养强化的卤虫无节幼体，至40日龄为止，当轮虫和卤虫无节幼体并喂时，应提前0.5 h投喂轮虫为宜；15日龄开始加投配合饲料，每次投喂轮虫、卤虫幼体前投喂。牙鲆前期培育饵料系列及投喂量见图1。

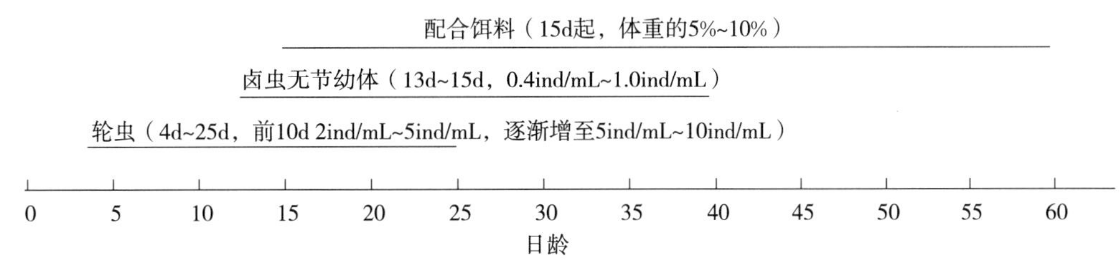

图1 牙鲆前期培育饵料系列

6.1.3 日常管理

前期每天加水10%～20%，开始投喂轮虫时开始换水，换水前期每天微流水换水10%～20%，后期增加至20%～40%，20 d后可通过分池疏苗或并池培育调整密度。

6.2 后期培育

6.2.1 培育条件

后期培育是指稚鱼变态营底栖生活后到全长30 mm～50 mm的阶段。全长15 mm左右时培育密度为 1×10^4 ind/m^2 左右，全长30 mm时密度为2 000 ind/m^2～3 000 ind/m^2，全长50 mm时密度为1 000 ind/m^2～2 000 ind/m^2，水温18℃～22℃，pH 7.5～8.5，光照度500 lx～2 000 lx，溶解氧6 mg/L以上为宜。

6.2.2 饵料与投喂

饵料有卤虫无节幼体、卤虫成体、桡足类、糠虾、鱼糜和配合饲料等，以配合饲料为主，以2种～3种饵料并用或使用优质配合饲料为宜，配合饲料投喂量为体重的5%～10%，每天2次～4次，并根据摄食情况和残饵量随时调整投饵量。投饵时应慢慢耐心投喂。

6.2.3 日常管理

每天换水率在200%以上，投喂生物饵料时，为减少饵料流失，白天可减少流水量，夜间加大换水量，平均3次/d～4次/d，培育期间每天吸底一次。

6.2.4 出池和运输

当鱼苗生长到全长50 mm以上时，即可出池，苗种运输按照GB/T 35903的规定执行。

6.3 病害防治

应遵循以防为主的原则，当病害发生必须使用渔药治疗时，应在水产执业兽医或有一定水产动物疾病防治经验的专业人员指导下确诊后使用。渔药使用应符合 SC/T 1132 的规定，提倡使用疫苗进行疾病的预防。具体疾病的防治可参见附录 A。

附　录　A
（资料性附录）
牙鲆育苗期间常见疾病与防治

A.1　传染性肠道白浊症

病原：鳗弧菌（*Vibrio abguillarum*）、坎氏弧菌（*V. cambellii*）、鱼肠道弧菌（*V. ichthyoonteri*）溶藻弧菌（*V. alginolyties*）等。

流行情况：多发生在孵化后 30 d 左右、处于变态的稚鱼，苗种培育水温高易发生该病。在水温 18℃～20℃营底栖生活后，患此病较少。一般是一旦发病，很快就会引起稚鱼死亡，3 d～5 d 时间全池鱼几乎全部死亡。

防治方法：在培养轮虫或卤虫时，要用活力强的小球藻。避免用太高的温度和过高密度培养轮虫、卤虫。此外，保持环境清洁及合适的放养密度等也很重要。

A.2　腹水病

病原：迟钝爱德华氏菌（*Edwardsiella tarda* ，*Et*）。

流行情况：发病时间为 5 月～10 月，每年 7 月～8 月，20℃以上的高温期为发病高峰期。夏季水温越高，发病期越长，秋、冬季的危害也越大。此病从南方到北方均有发生，但死亡率不是很高，一般在 10%左右。

防治方法：①保持良好水质、洁净的饵料、适当的放养密度以及适度的水温是预防此病的关键。②四环素每天每千克鱼体重用药 50 mg～70 mg，制成药饵，连续投喂 1 周。

A.3　纤毛虫病

病原：由原生动物盾纤类纤毛虫（*Scuticociliatid ciliate*）寄生引起。

流行情况：该病多发生在 2 cm～5 cm 的稚鱼，日死亡率在 0.5%～1%。水温低于 15℃～16℃发病严重，水温在 25℃以上该病发生率急剧减少。

防治方法：①育苗用水经 2 次沙滤可有效减少寄生虫从外部水源带入。②投喂优质饵料，保持一定的投饵节奏，提高换水率，及时清扫池底，维持适当的养殖密度。③及时捞出患病鱼，进行隔离。④换池、选别时尽量不使鱼体受伤。⑤及时发现及时治疗，一般是采用淡水浴和过氧化氢药浴，只在体表寄生时用淡水浴，在用过氧化氢处理时，必须是隔天连续 3 次用 300 mg/L 过氧化氢处理 1 h。

A.4　刺激隐核虫病

病原：刺激隐核虫（*Ichthyophirus marinus*）。

流行情况：每年 7 月～10 月，当水温在 20℃以上时是该病的发病高峰期。

防治方法：①加大换水量、改善水环境。②加强营养，增强抵抗力。③低盐度（8～10）海水浸泡 3 h，间隔 3 d，连续 4 次，可以在 7 d～10 d 内杀死刺激隐核虫包囊。④用市售 30%过氧化氢 100 mg/L～150 mg/L药浴，每天浸浴 1 次，每次 1 h～2 h，连续 4 d～6 d。每次药浴后需清扫池底或将鱼转移到新池，以防脱落的虫体再次附着。⑤用醋酸铜 0.1 mg/L～0.2 mg/L 或用硫酸铜 2 mg/L～3 mg/L 全池泼洒，每天 1 次，连续 4 d～6 d，及时清扫池底，加大换水量。

ICS 67.120.30
X 20

中华人民共和国水产行业标准

SC/T 3053—2019

水产品及其制品中虾青素含量的测定 高效液相色谱法

Determination of astaxanthin in fish and fishery products by high performance liquid chromatography method

2019-08-01 发布　　2019-11-01 实施

中华人民共和国农业农村部　发布

前　　言

本标准按照 GB/T 1.1—2009 给出的规则起草。

请注意本文件的某些内容可能涉及专利。本文件的发布机构不承担识别这些专利的责任。

本标准由农业农村部渔业渔政管理局提出。

本标准由全国水产标准化技术委员会加工分技术委员会(SAC/TC 156/SC 3)归口。

本标准起草单位:中国水产科学研究院黄海水产研究所、辽渔南极磷虾科技发展有限公司、山东鲁华海洋生物科技有限公司。

本标准主要起草人:孙伟红、邢丽红、王联珠、冷凯良、丛心缘、刘冬梅、范宁宁、付树林、李兆新、李风玲、郭莹莹、朱文嘉、彭吉星。

水产品及其制品中虾青素含量的测定　高效液相色谱法

1　范围

本标准规定了水产品及其制品中虾青素含量的高效液相色谱测定方法的原理、使用的试剂及仪器、测定步骤、结果计算方法、方法灵敏度、准确度和精密度。

本标准适用于鱼类、甲壳类及虾粉、磷虾油等制品中虾青素含量的测定。

2　规范性引用文件

下列文件对于本文件的应用是必不可少的。凡是注日期的引用文件，仅注日期的版本适用于本文件。凡是不注日期的引用文件，其最新版本(包括所有的修改单)适用于本文件。

GB/T 6682　分析实验室用水规格和试验方法

GB/T 30891　水产品抽样规范

3　原理

样品中待测物采用丙酮或二氯甲烷-甲醇混合溶液提取，经碱皂化，使其中的虾青素酯转化成游离态的虾青素，液相色谱分离，紫外检测器测定，外标法定量。

4　试剂

4.1　除另有说明外，所用试剂均为分析纯，水为 GB/T 6682 规定的一级水。

4.2　丙酮(CH_3COCH_3)：色谱纯。

4.3　二氯甲烷(CH_2Cl_2)：色谱纯。

4.4　甲醇(CH_3OH)：色谱纯。

4.5　叔丁基甲醚[$CH_3OC(CH_3)_3$]：色谱纯。

4.6　磷酸(H_3PO_4)：优级纯。

4.7　氢氧化钠(NaOH)：优级纯。

4.8　2，6-二叔丁基对甲酚($C_{15}H_{24}O$)：化学纯。

4.9　碘(I_2)。

4.10　硫代硫酸钠($Na_2S_2O_3 \cdot 5H_2O$)。

4.11　无水碳酸钠(Na_2CO_3)。

4.12　无水硫酸镁($MgSO_4$)：650℃灼烧 4 h，在干燥器内冷却至室温，储于密封瓶中备用。

4.13　1%磷酸溶液(V/V)：量取 10 mL 磷酸和 990 mL 水，混匀后备用。

4.14　二氯甲烷-甲醇溶液：量取 250 mL 二氯甲烷和 750 mL 甲醇，加入 0.5 g 2，6-二叔丁基对甲酚，混匀后备用。

4.15　0.02 mol/L 氢氧化钠甲醇溶液：称取 0.4 g 氢氧化钠，用甲醇溶解并稀释至 500 mL，混匀后备用。

4.16　0.6 mol/L 磷酸甲醇溶液(V/V)：量取磷酸 600 μL，用甲醇稀释至 10 mL。

4.17　0.01 g/mL 碘-二氯甲烷溶液：称取 0.1 g 碘，用二氯甲烷溶解并稀释至 10 mL，混匀后备用。

4.18　0.1 mol/L 硫代硫酸钠溶液：称取 1.3 g 硫代硫酸钠，加入 0.01 g 无水碳酸钠，溶于 50 mL 水中，缓缓煮沸 10 min，冷却后备用。

4.19　全反式虾青素标准品：纯度≥95%。

4.20　全反式虾青素标准储备溶液：准确称取全反式虾青素标准品约 10 mg，用丙酮溶解并定容于 500

mL 容量瓶中，此溶液浓度为 20 μg/mL，充氮密封，置于－18℃冰箱中避光保存，有效期 1 个月。

4.21 虾青素几何异构体的制备：准确吸取全反式虾青素标准储备液（4.20）适量，用丙酮稀释配成 10 μg/mL的标准溶液，移取 2 mL 标准溶液于 10 mL 具塞试管中，加入 3 mL 二氯甲烷，混匀，加入 50 μL 0.01 g/mL 碘-二氯甲烷溶液（4.17），充分涡旋，密封置于自然光下反应 15 min，然后加入1 mL 0.1 mol/L硫代硫酸钠溶液（4.18）充分振荡以脱除多余的碘后，静置分层取下相，氮气吹干后加入 1 mL 丙酮溶解，现用现配。

4.22 N-丙基乙二胺（PSA）填料：粒径 40 μm～60 μm。

5 仪器

5.1 高效液相色谱仪：配紫外检测器。

5.2 分析天平：感量 0.01 g。

5.3 分析天平：感量 0.000 1 g。

5.4 分析天平：感量 0.000 01 g。

5.5 超声波清洗仪。

5.6 离心机：转速 8 000 r/min。

5.7 涡旋混合器。

5.8 氮吹仪。

6 测定步骤

6.1 试样制备

取代表性试样，按 GB/T 30891 的规定执行。

6.2 提取

6.2.1 鱼类、甲壳类

称取试样 2 g(准确到 0.01 g)于 50 mL 离心管中，加入 4 g 无水 $MgSO_4$，再加入 10 mL 丙酮，充分涡旋，15℃以下超声波提取 15 min，8 000 r/min 离心 5 min，收集上清液于 50 mL 离心管中，残渣中加入 10 mL丙酮重复以上过程，合并提取液，混匀。

6.2.2 虾粉

称取试样 1 g～2 g(准确到 0.01 g)于 50 mL 离心管中，加入 20 mL 丙酮，15℃以下超声波提取 15 min，8 000 r/min 离心 5 min，收集上清液于 50 mL 离心管中，残渣中加入 10 mL 丙酮重复以上过程，合并提取液，混匀。

6.2.3 磷虾油

称取磷虾油 0.2 g～0.5 g(准确到 0.001 g)于 50 mL 离心管中，加入 20 mL 二氯甲烷-甲醇溶液（4.14），涡旋混匀，15℃以下超声波提取 20 min，8 000 r/min 离心 5 min。

注：虾青素含量高于 100 mg/kg 的南极磷虾油的称样量不大于 0.2 g。

6.3 皂化和净化

准确移取 2 mL 样品提取液于 10 mL 具塞试管中，加入 2.9 mL 0.02 mol/L NaOH 甲醇溶液（4.15），涡旋混合，充氮密封，在 4℃～5℃冰箱中反应过夜 12 h～16 h。然后在试样溶液中加入 0.1 mL 0.6 mol/L 磷酸甲醇溶液（4.16）中和剩余的碱，再加入 100 mg PSA 填料，涡旋混合，静置 5 min，过 0.2 μm微孔滤膜后，待测。

6.4 测定

6.4.1 色谱条件

a) 色谱柱：C_{30}色谱柱，250 mm×4.6 mm，5 μm，或相当者；

b) 柱温：25℃；

c) 流速：1.0 mL/min。

d) 检测波长：474 nm。

e) 流动相：A 为甲醇，B 为叔丁基甲基醚，C 为 1%磷酸溶液；梯度洗脱程序见表 1。

表 1 流动相梯度洗脱程序

时间，min	A，%	B，%	C，%
0	81	15	4
15	66	30	4
23	16	80	4
27	16	80	4
30	81	15	4
35	81	15	4

6.4.2 标准曲线绘制

准确移取适量全反式虾青素标准储备溶液（4.20）用试样定容溶剂稀释成浓度分别为 0.1 μg/mL、0.5 μg/mL、1.0 μg/mL、2.0 μg/mL、5.0 μg/mL、10.0 μg/mL 的标准工作液，现用现配。

6.4.3 液相色谱测定

6.4.3.1 定性方法

分别注入 20 μL 全反式虾青素标准工作液（6.4.2）、虾青素几何异构体（4.21）和试样溶液（6.3），按 6.4.1 列出的色谱条件进行液相色谱分析测定，根据虾青素几何异构体色谱图中 13-顺式虾青素、全反式虾青素和 9-顺式虾青素 3 种虾青素同分异构体组分的保留时间定性。色谱图参见附录 A。

6.4.3.2 定量方法

根据试样溶液中虾青素的含量情况，选定峰面积相近的全反式虾青素的标准工作液单点定量或多点校准定量，试样测定结果以 3 种虾青素同分异构体的总和计，外标法定量，同时标准工作液和样液的响应值均应在仪器检测的线性范围之内。

7 结果计算

试样中虾青素的含量（X）按式(1)计算，保留 3 位有效数字。

$$X=\frac{(1.3\times A_{13\text{-cis}}+A_{\text{trans}}+1.1\times A_{9\text{-cis}})\times C_s\times V}{A_s\times m}\times f \quad \cdots\cdots\cdots\cdots (1)$$

式中：

X ——样品中虾青素的含量，单位为毫克每千克(mg/kg)；

1.3 ——13-顺式虾青素对全反式虾青素的校正因子；

$A_{13\text{-cis}}$ ——试样溶液中 13-顺式虾青素的峰面积；

A_{trans} ——试样溶液中全反式虾青素的峰面积；

1.1 ——9-顺式虾青素对全反式虾青素的校正因子；

$A_{9\text{-cis}}$ ——试样溶液中 9-顺式虾青素的峰面积；

C_s ——标准工作液中全反式虾青素的含量，单位为微克每毫升(μg/mL)；

V ——试样溶液体积，单位为毫升(mL)；

A_s ——全反式虾青素标准工作液的峰面积；

m ——样品质量，单位为克(g)；

f ——稀释倍数。

8 方法定量限、回收率和精密度

8.1 定量限

鱼类、甲壳类中虾青素的定量限为 2.5 mg/kg，虾粉中虾青素的定量限为 5 mg/kg，磷虾油中虾青素的定量限为 10 mg/kg。

8.2 回收率

本方法添加浓度为 2.5 mg/kg～100 mg/kg 时,回收率为 90%～110%。

8.3 精密度

本方法的批内变异系数≤10%,批间变异系数≤10%。

附　录　A
（资料性附录）
色　谱　图

A.1　异构化的标准溶液色谱图

见图 A.1。

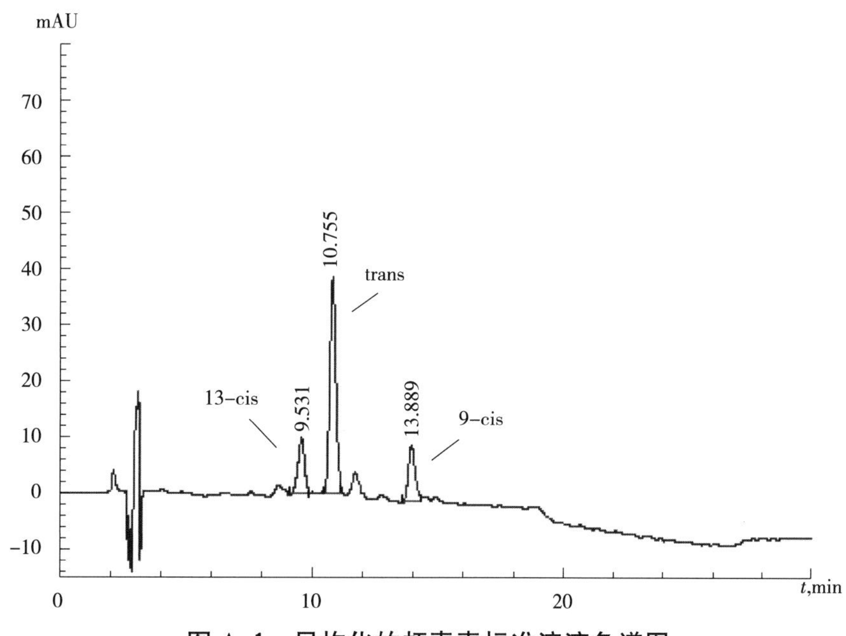

图 A.1　异构化的虾青素标准溶液色谱图

A.2　全反式虾青素标准溶液色谱图（1 μg/mL）

见图 A.2。

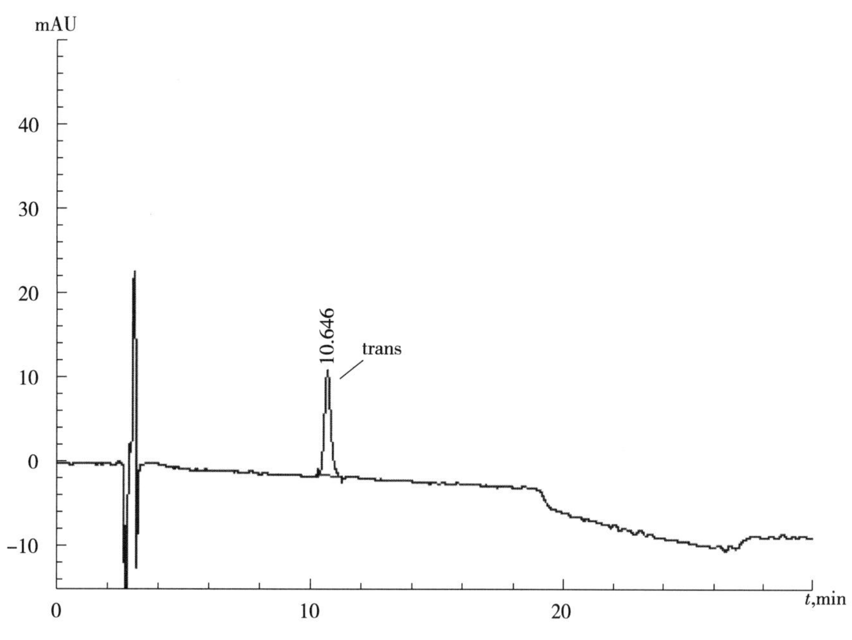

图 A.2　全反式虾青素标准溶液色谱图（1 μg/mL）

A.3 南极磷虾样品色谱图

见图 A.3。

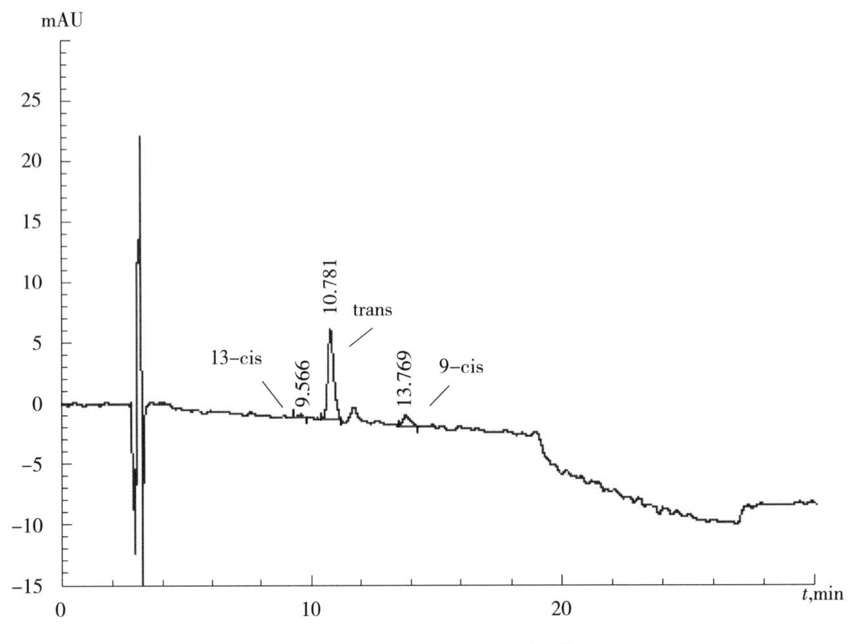

图 A.3 南极磷虾样品色谱图

A.4 南极磷虾加标样品色谱图(添加水平 2.5 mg/kg)

见图 A.4。

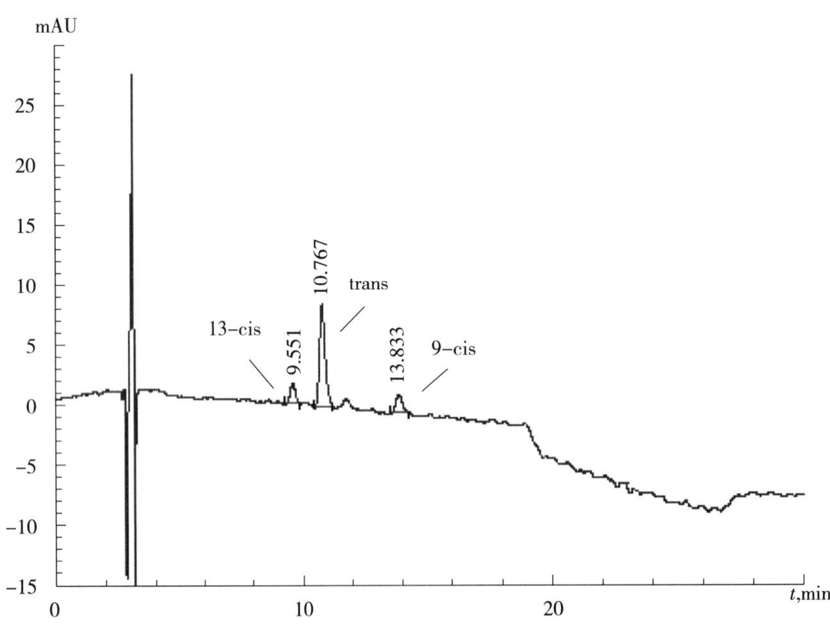

图 A.4 南极磷虾加标样品色谱图(添加水平 2.5 mg/kg)

A.5 南极磷虾粉样品色谱图

见图 A.5。

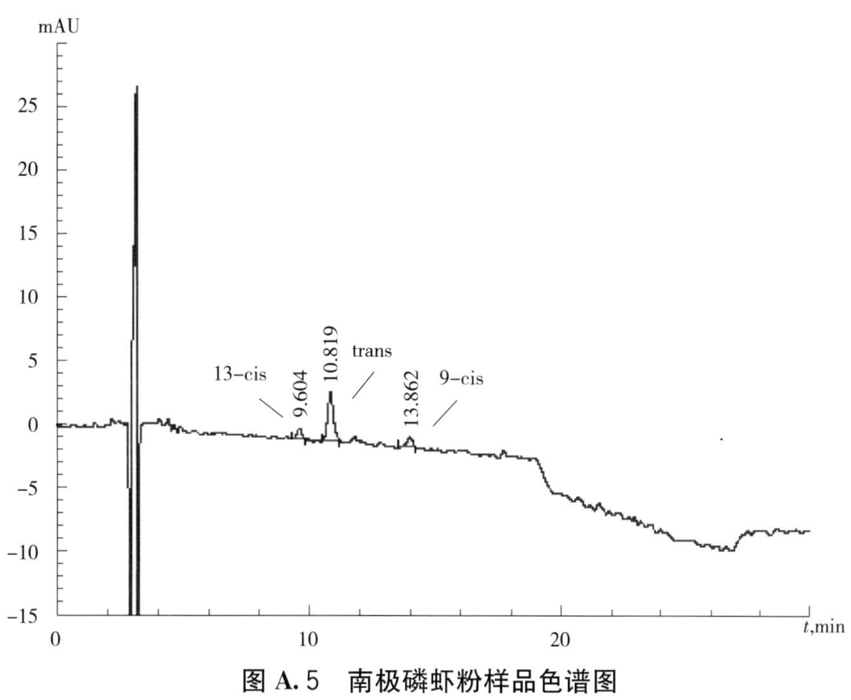

图 A.5 南极磷虾粉样品色谱图

A.6 南极磷虾粉加标样品色谱图(添加水平 5 mg/kg)

见图 A.6。

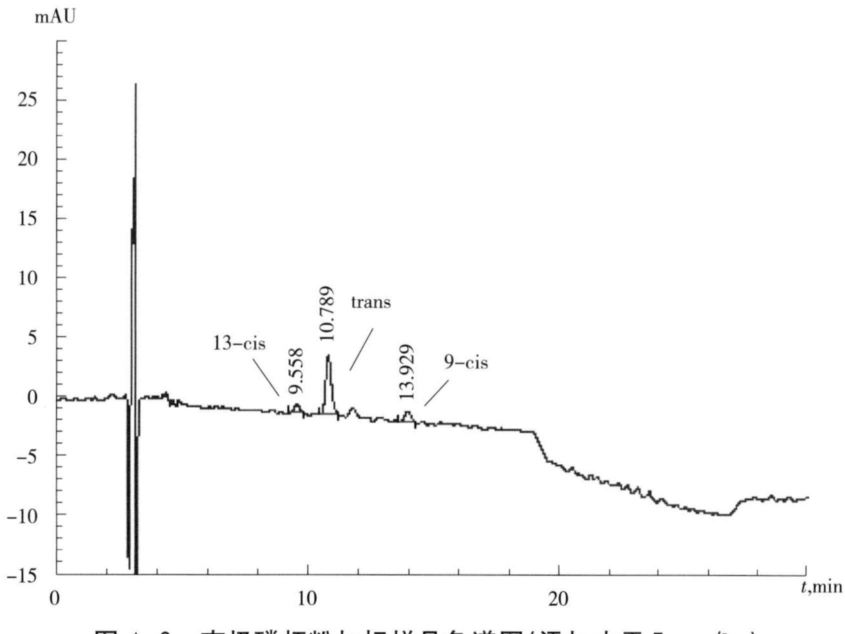

图 A.6 南极磷虾粉加标样品色谱图(添加水平 5 mg/kg)

A.7 南极磷虾油样品色谱图

见图 A.7。

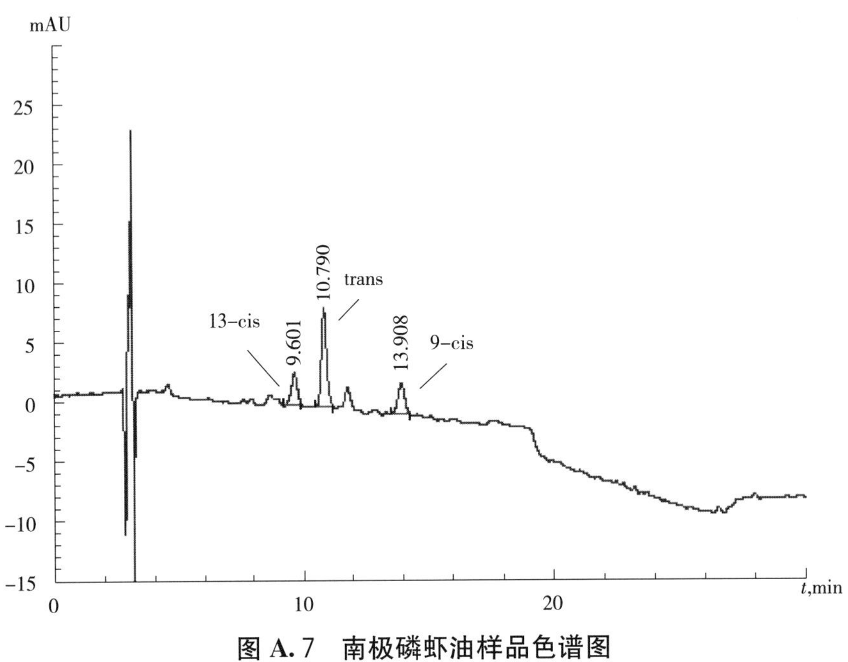

图 A.7 南极磷虾油样品色谱图

A.8 南极磷虾油加标样品色谱图(添加水平 10 mg/kg)

见图 A.8。

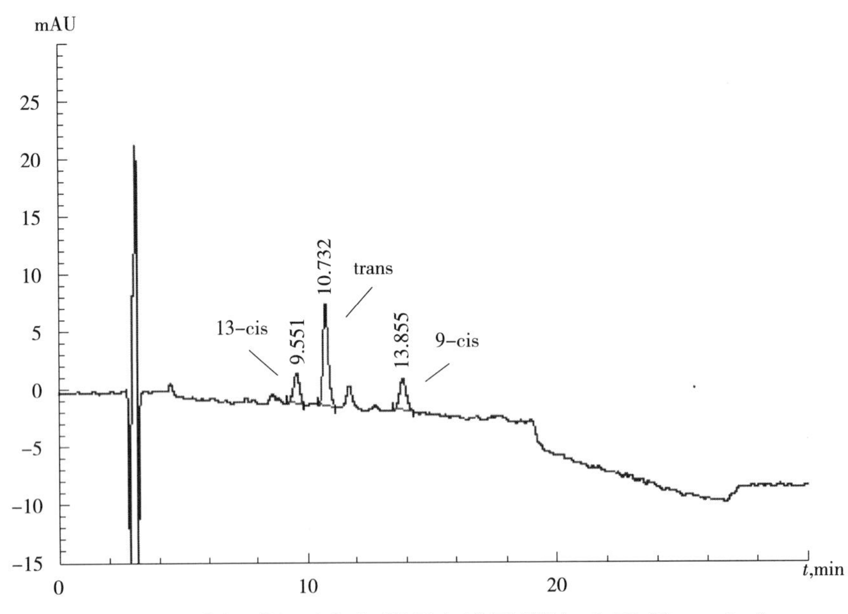

图 A.8 南极磷虾油加标样品色谱图(添加水平 10 mg/kg)

ICS 67.120.30
X 20

中华人民共和国水产行业标准

SC/T 3110—2019
代替 SC/T 3110—1996

冻 虾 仁

Frozen peeled shrimp or prawn

2019-08-01 发布 2019-11-01 实施

中华人民共和国农业农村部 发布

前　言

本标准按照 GB/T 1.1—2009 给出的规则起草。

本标准代替 SC/T 3110—1996《冻虾仁》。与 SC/T 3110—1996 相比，除编辑性修改外主要技术变化如下：

——修改了术语和定义；

——修改了产品感官要求和品质缺陷数；

——增加了挥发性盐基氮和安全指标的规定。

请注意本文件的某些内容可能涉及专利。本文件的发布机构不承担识别这些专利的责任。

本标准由农业农村部渔业渔政管理局提出。

本标准由全国水产标准化技术委员会水产品加工分技术委员会(SAC/TC 156/SC 3)归口。

本标准起草单位：中国水产科学研究院黄海水产研究所、广东虹宝水产开发股份有限公司、湛江国联水产开发股份有限公司、湛江恒兴水产科技有限公司、浙江天和水产股份有限公司、国家水产品质量监督检验中心。

本标准主要起草人：王联珠、郭莹莹、朱文嘉、田全海、曾凤仙、陈康健、余利康、江艳华、姚琳、张磊、赵艳芳、左红和、周道志、陈升、吴金红。

本标准所代替标准的历次版本发布情况为：

——SC/T 3110—1996。

冻 虾 仁

1 范围

本标准规定了冻虾仁产品的术语和定义、产品分类、要求、试验方法、检验规则、标签、标志、包装、运输和储存。

本标准适用于以对虾科(Penaeidae)、长额虾科(Pandalidae)、褐虾科(Crangonidae)、长臂虾科(Palaemonidae)、管鞭虾科(Solenoceridae)为原料,经分选、去壳、冷冻等工艺得到的产品。以其他品种虾为原料加工的冻虾仁可参照执行。

2 规范性引用文件

下列文件对于本文件的应用是必不可少的。凡是注日期的引用文件,仅注日期的版本适用于本文件。凡是不注日期的引用文件,其最新版本(包括所有的修改单)适用于本文件。

GB/T 191 包装储运图示标志

GB 2733 食品安全国家标准 鲜、冻动物性水产品

GB 2760 食品安全国家标准 食品添加剂使用标准

GB 5009.228 食品安全国家标准 食品中挥发性盐基氮的测定

GB/T 5461 食用盐

GB 5749 生活饮用水卫生标准

GB 7718 食品安全国家标准 预包装食品标签通则

GB/T 30891 水产品抽样规范

GB/T 30889 冻虾

GB/T 36193 水产品加工术语

JJF 1070 定量包装商品净含量计量检验规则

3 术语和定义

GB/T 36193、GB/T 30889 界定的以及下列术语和定义适用于本文件。

3.1

虾仁 peeled shrimp or prawn

将虾去头,去除全部甲壳、附肢及尾扇,去除或不去除肠腺得到的产品。

注:改写 GB/T 36193—2018,定义 4.22。

3.2

凤尾虾 peeled and tail-on shrimp or prawn

将虾去头,去除腹部甲壳及附肢,保留末节甲壳及尾扇,去除或不去除肠腺得到的产品。

[GB/T 36193—2018,定义 4.22.1]

3.3

蝴蝶虾 butterfly shrimp or prawn

将虾去头,去除腹部甲壳及附肢,保留末节甲壳及尾扇,去肠腺,从背部切开,保持腹部肌肉连接,摊平呈蝴蝶状的产品。

[GB/T 36193—2018,定义 4.22.2]

3.4

虾球　shrimp or prawn ball

保留2节以上虾体的虾仁。

3.5

破损虾仁　broken shrimp or prawn meat

仅保留小于2节虾体的残缺虾仁或去壳时虾体被撕损，且撕损的口子超过虾体厚度的1/3的撕损虾仁。

3.6

干耗　dehydration

冷冻水产品在冻藏过程中由于蒸发失去水分，表面出现异常的白色或黄色，并渗透到表层以下，影响水产品外观和品质的现象。

［GB/T 36193—2018，定义6.21］

3.7

外来杂质　foreign material

除包装材料外，样品中存在的、非虾体自身、可轻易辨别的物质。

注：改写GB/T 30889—2014，定义3.2。

3.8

变色　discolouration

产品中25％以上的虾体出现变色，表现为个体表面积10％以上的部分出现严重影响外观、组织和口感的明显变黄或变红。

注：改写GB/T 30889—2014，定义3.4。

4　产品分类

4.1　根据产品形态，分为虾仁、凤尾虾、蝴蝶虾、虾球等。

4.2　根据是否去肠腺，分为去肠虾仁和不去肠虾仁2种。

5　要求

5.1　原辅材料

5.1.1　虾

原料为鲜虾或冻虾，品质应符合GB 2733、GB/T 30889的规定。

5.1.2　食用盐

应符合GB/T 5461的规定。

5.2　加工用水

加工用水应为饮用水或清洁海水。饮用水应符合GB 5749的规定，清洁海水应符合GB 5749中微生物、污染物的规定，且不含异物。

5.3　食品添加剂

加工中使用的食品添加剂品种及用量应符合GB 2760的规定。

5.4　规格

产品规格按个体大小划分，单位净含量所含虾仁只数应与标示规格一致。每一规格个体大小基本均匀，混入的小一级规格的个体不得超过10％。

5.5　感官要求

5.5.1　冻品外观

见表1。

表 1 冻品外观

冻品名称	冻品外观
块冻品	冻块应平整不破碎，冰被清洁并均匀盖过虾体，无干耗、软化现象；有要求时虾体应排列整齐
单冻品	虾仁个体完整，个体间易分离，粘连部分不超过 15%；包冰衣产品的冰衣完好，透明光亮，无融化现象

5.5.2 解冻后感官要求

应符合表 2 的规定。

表 2 解冻后感官要求

项 目	要 求
形 态	个体形态完整，呈自然弯曲状、蝴蝶状或凤尾状，带尾的虾仁尾扇基本完整，个体大小较均匀
色 泽	具有虾仁固有的色泽
气 味	具有虾仁固有的气味，无异味
组 织	肉质紧密，组织饱满有弹性
水煮试验	水煮后，具有虾仁正常的鲜味，肌肉组织细腻，滋味鲜美
杂 质	无正常视力可见的外来杂质

5.5.3 虾仁品质缺陷数

根据每 500 g 虾仁样品中出现的缺陷情况判定，品质缺陷数应符合表 3 的规定。

表 3 虾仁品质缺陷数

缺陷名称	计量方式	一级品，%	二级品，%
干耗、变色	计数	≤3	≤8
破损虾仁	称重	≤9	≤14
去壳不净[a]	称重	≤5	≤8
去肠不净[b]	称重	≤5	≤8
混入甲壳、附肢和虾须	计数	≤3	≤8
上述 5 项缺陷不得同时存在，即不允许 5 项缺陷均有，但又都未超过规定的情况存在。			
[a] 蝴蝶虾、凤尾虾除外。 [b] 针对去肠腺虾仁。			

5.6 理化指标

理化指标的规定见表 4。

表 4 理化指标

项 目	指 标
冻品中心温度，℃	≤−18
挥发性盐基氮，mg/100 g	应符合 GB 2733 的规定

5.7 安全指标

应符合 GB 2733 的规定。

5.8 净含量

预包装产品的净含量应符合 JJF 1070 的规定。

6 试验方法

6.1 感官

6.1.1 常规方法

在光线充足、无异味的环境中，将试样倒在洁净的白色搪瓷盘或不锈钢工作台上，按 5.5 的规定逐项检验，并通过计数或称重方式记录品质缺陷数。

6.1.2 解冻

将样品打开包装，放入塑料筐或金属筐中，再放入水池或其他容器中，用导管将低于 25℃的饮用水通入容器的底部，调整水流方向为从下至上流动，直到表面的冰衣、冰被全部融化，但内部仍为冻结状态为止；块冻产品在解冻过程中要翻转几次，至个体间能分开，但内部仍为冻结状态为止。

6.1.3 水煮试验

先将 1 L 饮用水置入洁净的容器中煮沸，再放入解冻后的试样 100 g～200 g，盖好盖子，煮沸 1 min 后停止加热，开盖即嗅蒸汽气味，品尝其口味。

6.2 规格

6.2.1 当产品包装的标签上标明规格时，应测定其规格。

6.2.2 取已解冻样品约 100 g，计数虾仁的数量，以虾仁的数量除以重量，折算为单位重量虾仁的数量；对混入的小规格虾仁挑出后称重。

6.3 冻品中心温度

块冻产品用钻头钻至冻块几何中心部位，取出钻头，立即插入温度计，待温度计指示温度不再下降时，读数；单冻产品可将温度计插入包装的中心位置，待温度计指示的温度不再下降时，读数。

6.4 挥发性盐基氮

取解冻后样品，按 GB 5009.228 的规定执行。

6.5 安全指标

取解冻后样品，按 GB 2733 的规定执行。

6.6 净含量

按 JJF 1070 的规定执行。

7 检验规则

7.1 组批规则与抽样方法

7.1.1 组批规则

在原料及生产条件基本相同的情况下，同一天或同一班组生产的相同品种、等级或规格的产品为一个检验批。按批号抽样。

7.1.2 抽样方法

按 GB/T 30891 的规定执行。

7.2 检验分类

7.2.1 出厂检验

每批产品应进行出厂检验。出厂检验由生产单位质量检验部门执行，检验项目为感官、净含量、冻品中心温度、产品规格及标签。检验合格签发检验合格证，产品凭检验合格证出厂。

7.2.2 型式检验

有下列情况之一时应进行型式检验，检验项目为本标准中规定的全部项目：

a） 停产 6 个月以上，恢复生产时；

b） 原料产地变化或改变生产工艺，可能影响产品质量时；

c） 国家行政主管机构提出进行型式检验要求时；

d） 出厂检验与上次型式检验有较大差异时；

e） 正常生产时，每年至少 2 次的周期性检验；

f） 对质量有争议，需要仲裁时。

7.3 判定规则

所有指标全部符合本标准规定时，判该批产品合格。

8 标签、标志、包装、运输、储存

8.1 标签、标志

8.1.1 预包装产品标签

预包装产品标签应符合 GB 7718 的规定。同时还应符合以下规定：

a) 标签上的产品名称应注明虾的种类；

b) 产品名称附近应有产品性状的描述，所用术语应能恰当地反映产品性状，避免消费者混淆或被误导；

c) 标签上应注明原料虾是养殖的还是捕捞的，以及产地的说明；

d) 如果产品用海水镀冰衣，则应予以说明。

8.1.2 非零售包装的标签应标明产品名称、批号、制造或分装厂商、地址以及储藏条件。

8.1.3 运输包装的标志应符合 GB/T 191 的规定。

8.1.4 实施可追溯的产品应有可追溯标识。

8.2 包装

8.2.1 包装材料

所用塑料袋、纸盒、瓦楞纸箱等包装材料应洁净、坚固、无毒、无异味，符合相关食品安全标准的规定。

8.2.2 包装要求

产品应密封包装后装入纸箱。箱中产品应排列整齐，并放入产品合格证。包装应牢固、防潮、不易破损。

8.3 运输

8.3.1 应在冷冻条件下运输，并保持产品温度低于－15℃，运输过程中应避免挤压与碰撞。

8.3.2 运输工具应清洁，无异味，防止日晒、虫害、有害物质的污染，不应靠近或接触有腐蚀性的物质，不应与气味浓郁物品混运。

8.4 储存

8.4.1 应储存在清洁、卫生、无异味、有防鼠防虫设备的冷库中，冷库应能保持产品温度低于－18℃。

8.4.2 不同品种、规格、等级、批次的产品应分垛存放，标识清楚，并与墙壁、地面、天花板保持适当距离，堆放高度以纸箱受压不变形为宜。

ICS 67.120.30
X 20

中华人民共和国水产行业标准

SC/T 3124—2019

鲜、冻养殖河豚鱼

Fresh or frozen cultured puffer fish

2019-08-01 发布　　2019-11-01 实施

中华人民共和国农业农村部 发布

前　言

本标准按照 GB/T 1.1—2009 给出的规则起草。

请注意本文件的某些内容可能涉及专利。本文件的发布机构不承担识别这些专利的责任。

本标准由农业农村部渔业渔政管理局提出。

本标准由全国水产标准化技术委员会水产品加工分技术委员会(SAC/TC 156/SC 3)归口。

本标准起草单位:中国水产科学研究院黄海水产研究所、江苏中洋生态鱼类股份有限公司、大连天正实业有限公司、大连富谷集团有限公司、福建省水产研究所、国家水产品质量监督检验中心。

本标准主要起草人:王联珠、朱文嘉、郭莹莹、郭萌萌、朱永祥、袁旭、吕伟、刘智禹、王婧媛、左红和、徐道、林羽。

鲜、冻养殖河豚鱼

1 范围

本标准规定了鲜、冻养殖河豚鱼的要求、试验方法、检验规则、标签、标志、包装、运输和储存。

本标准适用于以养殖的红鳍东方鲀(*Takifugu rubripes*)、暗纹东方鲀(*Takifugu fasciatus*)为原料,经放血宰杀、去鳃、去内脏、去眼球、清洗、分割或不分割、包装、冷藏或冻结等工艺制成的鲜、冻养殖河豚鱼。

2 规范性引用文件

下列文件对于本文件的应用是必不可少的。凡是注日期的引用文件,仅注日期的版本适用于本文件。凡是不注日期的引用文件,其最新版本(包括所有的修改单)适用于本文件。

GB/T 191 包装储运图示标志

GB 2733 食品安全国家标准 鲜、冻动物性水产品

GB 5009.206 食品安全国家标准 水产品中河豚毒素的测定

GB 5009.228 食品安全国家标准 食品中挥发性盐基氮的测定

GB 5749 生活饮用水卫生标准

GB 7718 食品安全国家标准 预包装食品标签通则

GB/T 27520 暗纹东方鲀

GB/T 30891 水产品抽样规范

JJF 1070 定量包装商品净含量计量检验规则

SC 2018 红鳍东方鲀

3 要求

3.1 原料要求

3.1.1 红鳍东方鲀品种应符合 SC 2018 的规定,暗纹东方鲀品种应符合 GB/T 27520 的规定。

3.1.2 原料鱼应是来自经行业主管部门备案的河豚鱼源基地的活鱼,并附有养殖基地证明和质量检验证书。

3.1.3 原料鱼应符合 GB 2733 的规定。

3.2 加工用水

加工用水应为饮用水或清洁海水。饮用水应符合 GB 5749 的规定,清洁海水应达到 GB 5749 中的微生物、有害污染物的要求。

3.3 感官要求

3.3.1 鲜品

应符合表 1 的规定。

表 1 感官要求

项 目	要 求
色 泽	表皮具有红鳍东方鲀或暗纹东方鲀固有的斑纹和色泽;肌肉具有鱼肉自然色泽
气 味	具有河豚鱼固有气味,无异味
组织形态	肌肉组织紧密,有弹性
杂 质	无正常视力可见外来杂质
蒸煮试验	蒸煮后,具有河豚鱼正常的鲜味,肌肉组织细腻,滋味鲜美

3.3.2 冻品

冷冻产品外包装完整，应保持冻结、无干耗现象。冻品解冻后的感官要求应符合表1的规定。

3.4 理化指标

应符合表2的规定。

表2 理化指标

项目	指标
冻品中心温度，℃	≤−18
挥发性盐基氮，mg/100 g	应符合 GB 2733 的规定

3.5 河豚毒素

河豚毒素含量应不超过 2.2 mg/kg。

3.6 污染物和兽药残留

应符合 GB 2733 的规定。

3.7 净含量

预包装产品的净含量应符合 JJF 1070 的规定。

4 试验方法

4.1 感官检验

4.1.1 鲜品检验

在光线充足，无异味或其他干扰的环境下，将样品置于清洁的白色搪瓷盘或不锈钢工作台上进行感官检验，按 3.3.1 的要求逐项进行检验；气味评定时，剪开或用刀切开鱼体的若干处，嗅其气味。

4.1.2 冻品外观检验

在光线充足、无异味、清洁卫生的环境中，将试样置于白色搪瓷盘或不锈钢工作台上，按 3.3.2 的要求逐项进行检验。

4.1.3 解冻

4.1.3.1 将带包装的样品，置于解冻容器内，由容器的底部通入流动的自来水。

4.1.3.2 解冻后鱼体应控制在 0℃～4℃。判断产品是否完全解冻可通过不时轻微挤压薄膜袋，挤压时不得破坏鱼的质地，当无硬芯或冰晶时，即可认为产品已经完全解冻。

4.1.4 蒸煮试验

取 100 g 鱼肉，清水冲洗后，切成约 2 cm×2 cm 的鱼块，备用；在容器中加入 500 mL 饮用水，煮沸，放入切好的鱼块，加盖，蒸煮 5 min～10 min，揭盖后嗅其气味，品尝滋味。

4.2 冻品中心温度

取与温度计直径相符且经预冷的钻头钻至冻品的几何中心部位，取出钻头立即插入温度计，等温度计指示温度不再下降时，读数。

4.3 挥发性盐基氮

按 GB 5009.228 的规定执行。

4.4 河豚毒素

按 GB 5009.206 的规定执行。

4.5 污染物和兽药残留

按 GB 2733 的规定执行。

4.6 净含量

按 JJF 1070 的规定执行。

5 检验规则

5.1 组批规则与抽样方法

5.1.1 组批规则

在原料及生产条件基本相同情况下，同一天或同一班组生产的产品为一批。按批号抽样。

5.1.2 抽样方法

按 GB/T 30891 的规定执行。

5.2 出厂检验

每批产品应进行出厂检验。出厂检验由生产单位质量检验部门执行，检验项目为感官、冻品中心温度、挥发性盐基氮、净含量，检验合格签发检验合格证，产品凭检验合格证入库或出厂。

5.3 型式检验

5.3.1 型式检验项目为本标准中规定的全部项目。

5.3.2 有下列情况之一时，应进行型式检验：

a) 停产 6 个月以上，恢复生产时；

b) 原料产地、供应商发生改变或更新主要生产设备时；

c) 供需双方对产品质量有争议，请第三方进行仲裁时；

d) 国家质量监督管理部门提出进行型式检验要求时；

e) 出厂检验与上次型式检验有较大差异时；

f) 正常生产时，每年一次的周期性检验。

5.4 判定规则

所有指标全部符合本标准规定时，判该批产品合格。

6 标签、标志、包装、运输、储存

6.1 标签、标志

6.1.1 产品标签应符合 GB 7718 的规定，包装上附带可追溯二维码，并标明原料品种、产品名称、执行标准、原料基地及加工企业名称和备案号、加工日期、保质期、保存条件、检验合格信息等。

6.1.2 包装储运图示标志应符合 GB/T 191 的规定。

6.2 包装

6.2.1 包装材料

所用包装材料与容器应坚固、洁净、无毒、无异味、便于冲洗，符合相关食品安全标准规定。

6.2.2 包装要求

应按同一种类、同一等级、同一规格包装，不应混装。箱中产品应排列整齐，并应使用统一式样的产品检验合格证明。

6.3 运输

6.3.1 运输应采用冷藏或保温车(船)，鲜品应保持鱼体温度为 0℃～4℃，冻品应保持产品温度低于 −15℃。运输过程中应避免挤压与碰撞。

6.3.2 运输工具应清洁，无异味，防止日晒、虫害、有害物质的污染，不应靠近或接触腐蚀性物质，不应与气味浓郁物品混运。

6.4 储存

6.4.1 储存库内应保持清洁、整齐，符合食品卫生要求。不同品种、规格、等级、批次的产品应分垛存放，标识清楚，并与墙壁、地面、天花板保持适当的距离，堆放高度以纸箱受压不变形为宜。

6.4.2 鲜品应冷藏储存，储存温度为 0℃～4℃。冻品应冷冻储存，储存温度为 −18℃以下。

ICS 67.120.30
X 20

中华人民共和国水产行业标准

SC/T 3211—2019
代替 SC/T 3211—2002

盐 渍 裙 带 菜

Salted wakame

2019-08-01 发布　　2019-11-01 实施

中华人民共和国农业农村部　发布

前　言

本标准按照 GB/T 1.1—2009 给出的规则起草。

本标准代替 SC/T 3211—2002《盐渍裙带菜》。与 SC/T 3211—2002 相比，除编辑性修改外主要技术变化如下：

——修改了感官要求；

——修改了理化指标中的水分、氯化物、附盐指标；

——增加了污染物限量要求。

请注意本文件的某些内容可能涉及专利。本文件的发布机构不承担识别这些专利的责任。

本标准由农业农村部渔业渔政管理局提出。

本标准由全国水产标准化技术委员会水产品加工分技术委员会(SAC/TC 156/SC 3)归口。

本标准起草单位：大连海洋大学、山东海之宝海洋科技有限公司、旅顺柏岚子养殖场、大连经济技术开发区亿海水产品有限公司、青岛明月海藻集团有限公司。

本标准主要起草人：汪秋宽、何云海、刘舒、任丹丹、宋悦凡、武龙、刘晓勇、丛海花、周慧、崔亦斌、刘诗国、张玉莹、王晓梅。

本标准所代替标准的历次版本发布情况为：

——SC/T 3211—1987、SC/T 3211—2002。

盐 渍 裙 带 菜

1 范围

本标准规定了盐渍裙带菜的术语和定义、要求、试验方法、检验规则、标签、标志、包装、运输和储存。

本标准适用于以鲜裙带菜(*Undaria pinnatifida*)为原料,经烫漂、冷却、盐渍等工序加工而成的产品。

2 规范性引用文件

下列文件对于本文件的应用是必不可少的。凡是注日期的引用文件,仅注日期的版本适用于本文件。凡是不注日期的引用文件,其最新版本(包括所有的修改单)适用于本文件。

GB/T 191 包装储运图示标志

GB 5009.3 食品安全国家标准 食品中水分的测定

GB 5009.44 食品安全国家标准 食品中氯化物的测定

GB/T 5461 食用盐

GB 5749 生活饮用水卫生标准

GB 7718 食品安全国家标准 预包装食品标签通则

GB 19643 食品安全国家标准 藻类及其制品

GB/T 30891 水产品抽样规范

JJF 1070 定量包装商品净含量计量检验规则

3 术语和定义

下列术语和定义适用于本文件。

3.1

枯叶 withered leaf

裙带菜老化后,失去藻体固有色泽呈现黄褐色、灰褐色的叶片。

3.2

暗斑 dark spot

由于病害、附泥、光照不匀等因素使藻体表面出现不明显的深褐色斑点。

3.3

毛刺 white hair on the surface of leaf while aging

菜体老化到一定程度后,自菜体表面毛窠中生长出的白色丝状体。

3.4

红叶 red leaf

由于养殖或加工工艺等存在问题,导致藻体失去固有色泽呈现深红色的叶片。

3.5

花斑 piebald

由于病害、虫蚀、日光直照等环境因素使藻体失去固有颜色而形成的白色、黄色或红色斑点。

3.6

茎 stem

叶片中部由柄部延伸而来的中肋部分,参见附录 A。

3.7

茎叶　leaf bud

在茎下端生长的梳齿形小叶。

3.8

半叶　half leaf

由边茎连接着的半边叶片。

3.9

边茎　stem to be remained in leaf

在叶片上的残留茎。

3.10

裂叶　cleft leaf

茎叶撕裂分离后的叶片部分。

3.11

附盐　attached salt

在裙带菜茎叶表面结晶出的可以抖落的盐粒。

4　要求

4.1　原料

应符合 GB 19643 的规定。

4.2　食用盐

应符合 GB/T 5461 的规定。

4.3　生产用水

加工用水应为饮用水或清洁海水。饮用水应符合 GB 5749 的规定，清洁海水的微生物指标应达到饮用水的要求。

4.4　感官要求

应符合表 1 的规定。

表 1　感官要求

项目	盐渍裙带菜叶		盐渍裙带菜茎	
	优级品	合格品	优级品	合格品
外观	叶面平整，无枯叶、暗斑、明显毛刺、红叶、花斑，允许带有剪除花斑孔洞的裙带菜叶	叶面较平整，有轻微枯叶、暗斑、毛刺、红叶、花斑，允许带有剪除花斑孔洞的裙带菜叶	茎条整齐，无边叶、茎叶	茎条宽度不限，无边叶、茎叶
菜体规格	半叶完整(包括边茎长 10 cm，裂叶长 20 cm 以上的选修折断菜)，边茎宽≤0.2 cm	长度≥2.5 cm；边茎宽≤0.2 cm	长度≥40 cm	长度≥20 cm
色泽	均匀绿色	绿色、绿褐色、黄绿色或 3 种颜色同时存在	均匀绿色	绿色、绿褐色、黄绿色或 3 种颜色同时存在
气味	具有固有气味，无异味		无异味	
质地	有弹性	较有弹性	脆嫩	较脆嫩，无硬纤维质
杂质	无明显泥沙等正常视力可见外来杂质			

4.5　理化指标

应符合表 2 的规定。

表 2 理化指标

项 目	盐渍裙带菜叶		盐渍裙带菜茎	
	优级品	合格品	优级品	合格品
水分,g/100 g	≤60		≤67	
氯化物(以 Cl^- 计),g/100 g	11.5～13.5			
附盐,g/100 g	≤2.0		≤4.0	

4.6 污染物指标

应符合 GB 19643 的规定。

4.7 净含量

应符合 JJF 1070 的规定。

5 试验方法

5.1 感官检验

在光线充足、无异味的环境中,将样品摊于白色搪瓷盘中,查看菜体规格、色泽、边茎宽度、有无花斑、枯叶、红叶、暗斑、明显毛刺、杂质等;将样品平铺展开,用最小量程为 1 mm 的直尺或软尺测量菜体规格、边茎宽度;用两手轻拉裂叶检查叶片的弹性;嗅闻产品气味。

5.2 理化检验

5.2.1 附盐

开箱后,取 500 g～1 000 g(m_1,精确至 0.1 g)的菜,放至室温后,抖动去除裙带菜表面附着的盐粒,至抖不下来为止,再称裙带菜重量(m_2,精确至 0.1 g),并按式(1)计算。

$$X = (m_1 - m_2) / m_1 \times 100 \qquad (1)$$

式中:

X ——附盐的含量,单位为克每百克(g/100 g);

m_1——成品菜质量,单位为克(g);

m_2——去除附盐后成品菜质量,单位为克(g)。

计算结果以重复性条件下获得的 3 次独立测定结果的算术平均值表示,保留 2 位有效数字。

5.2.2 水分

取测定附盐后的样品,按 GB 5009.3 的规定执行。

5.2.3 氯化物

取测定附盐后的样品,按 GB 5009.44 的规定执行。

5.2.4 污染物

取测定附盐后的样品,按 GB 19643 的规定执行。

5.2.5 净含量

按 JJF 1070 的规定执行。

6 检验规则

6.1 组批

以同一批原料、同一班次生产的产品为一批。

6.2 抽样

按 GB/T 30891 的规定执行。

6.3 检验分类

6.3.1 出厂检验

每批产品应进行出厂检验。出厂检验由生产单位质量部门执行,检验项目为感官要求、理化指标及净含量。检验合格签发合格证,产品凭合格证出入库或出厂。

6.3.2 型式检验

有下列情况之一时应进行型式检验,检验项目为本标准中规定的全部项目:

a) 停产 6 个月以上,恢复生产时;

b) 原料产地变化或改变生产工艺,可能影响产品质量时;

c) 国家行政主管机构提出进行型式检验要求时;

d) 出厂检验与上次型式检验有大差异时;

e) 正常生产时,每年至少 1 次的周期性检查;

f) 对质量有争议,需要仲裁时。

6.4 判定规则

检验项目全部符合本标准规定时,判定为合格。

7 标签、标志、包装、运输和储存

7.1 标签、标志

7.1.1 预包装产品的标签应符合 GB 7718 的规定。非预包装产品标签内容包括产品名称、商标、净含量、产品标准、生产者或经销者名称、地址、生产日期、保质期、储存要求等。

7.1.2 外包装的运输包装上的标志应符合 GB/T 191 的规定,标志内容包括产品名称、商标、等级、净含量、生产者的名称、地址、生产日期等。

7.2 包装

7.2.1 内包装用食品用聚乙烯塑料袋,外包装用钙塑箱或瓦楞纸箱。所用包装材料应洁净、坚固、无毒、无异味,符合相关食品安全标准的规定。

7.2.2 应按同一等级、同一规格包装,不应混装。产品应包装后装入纸箱,并放入产品合格证。包装应牢固、防潮、不易破损。

7.3 运输

运输工具应清洁、卫生,本产品在运输过程中,运输温度宜控制在－5℃以下。在运输过程中应防雨、防晒、防高温、轻放、不得倒置和超高放置,不得与有腐蚀性和有毒有害的物质混运。

7.4 储存

7.4.1 应储存在温度不高于－5℃的冷库中。储存库应清洁、卫生、无异味,有防鼠防虫设施,并防止有害物质污染和其他损害。

7.4.2 不同品种、规格、批次的产品应分别堆垛,堆垛时宜用垫板垫起,与地面距离不少于 10 cm,与墙壁距离不少于 30 cm,堆放高度以纸箱受压不变形为宜。

附　录　A
（资料性附录）
裙带菜藻体的外部形态图（照片处理）

裙带菜藻体的外部形态见图 A.1。

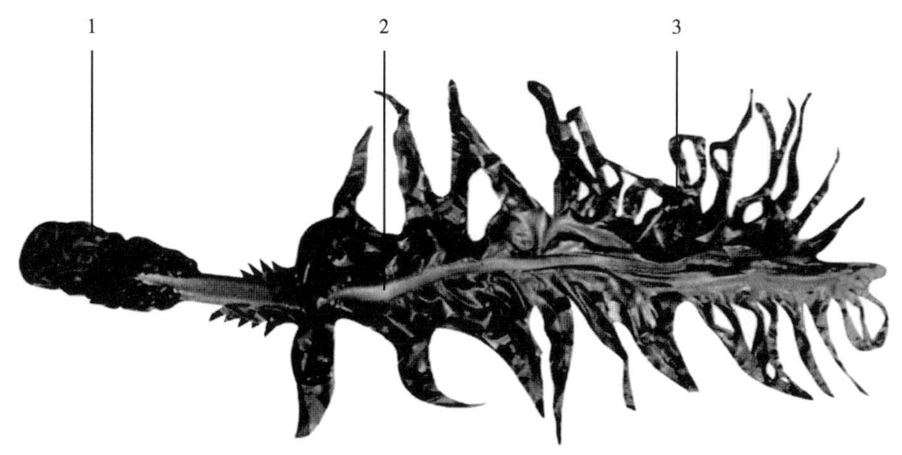

说明：
1——孢子叶；
2——茎；
3——叶。

图 A.1　裙带菜藻体的外部形态

ICS 67.120.30
X 20

中华人民共和国水产行业标准

SC/T 3213—2019
代替 SC/T 3213—2002

干裙带菜叶

Dried cut wakame

2019-08-01 发布　　2019-11-01 实施

中华人民共和国农业农村部　发布

前　言

本标准按照 GB/T 1.1—2009 给出的规则起草。

本标准代替 SC/T 3213—2002《干裙带菜叶》。与 SC/T 3213—2002 相比，除了编辑性修改外主要技术变化如下：

——修改了感官要求；

——修改了理化指标中的氯化物指标；

——删除了微生物指标；

——增加了污染物限量。

请注意本文件的某些内容可能涉及专利。本文件的发布机构不承担识别这些专利的责任。

本标准由农业农村部渔业渔政管理局提出。

本标准由全国水产标准化技术委员会水产品加工分技术委员会(SAC/TC 156/SC 3)归口。

本标准起草单位：大连海洋大学、旅顺柏岚子养殖场、大连经济技术开发区亿海水产品有限公司。

本标准主要起草人：汪秋宽、何云海、刘舒、任丹丹、宋悦凡、武龙、丛海花、周慧、崔亦斌、刘诗国。

本标准所代替标准的历次版本发布情况为：

——SC/T 3213—2002。

干 裙 带 菜 叶

1 范围

本标准规定了干裙带菜叶的术语和定义、要求、试验方法、检验规则、标签、标志、包装、运输和储存。

本标准适用于以鲜裙带菜(*Undaria pinnatifida*)为原料,经烫漂、冷却、盐渍、脱盐、清洗、脱水、叶茎分离、切割、烘干等工序加工而成的产品,或以盐渍裙带菜叶为原料,经脱盐、清洗、脱水、切割、烘干等工序加工而成的产品。

2 规范性引用文件

下列文件对于本文件的应用是必不可少的。凡是注日期的引用文件,仅注日期的版本适用于本文件。凡是不注日期的引用文件,其最新版本(包括所有的修改单)适用于本文件。

GB/T 191 包装储运图示标志

GB 5009.3 食品安全国家标准 食品中水分的测定

GB 5009.44 食品安全国家标准 食品中氯化物的测定

GB/T 5461 食用盐

GB 5749 生活饮用水卫生标准

GB 7718 食品安全国家标准 预包装食品标签通则

GB 19643 食品安全国家标准 藻类及其制品

GB/T 30891 水产品抽样规范

JJF 1070 定量包装商品净含量计量检验规则

SC/T 3211 盐渍裙带菜

3 术语和定义

SC/T 3211 界定的以及下列术语和定义适用于本文件。为了便于使用,以下重复列出了 SC/T 3211 中的一些术语和定义。

3.1

裙带菜叶 wakame

裙带菜中肋(茎)两侧的叶片部分。

3.2

枯叶 withered leaf

裙带菜叶老化后,失去其固有色泽呈现黄褐色、灰褐色的叶片。

3.3

花斑 piebald

由于病害、虫蚀、日光直照等环境因素使裙带菜叶失去固有颜色而形成的白色、黄色或红色斑点。

3.4

暗斑 dark spot

由于病害、附泥、光照不匀等因素使裙带菜叶表面出现不明显的深褐色斑点。

3.5

毛刺 white hair on the surface of leaf while aging

裙带菜叶老化到一定程度后,自裙带菜叶表面毛窠中生长出的白色丝状体。

4 要求

4.1 原料

原料为鲜裙带菜或盐渍裙带菜叶，质量应符合 GB 19643 或 SC/T 3211 的规定。

4.2 食用盐

应符合 GB/T 5461 的规定。

4.3 加工用水

应为饮用水或清洁海水。饮用水应符合 GB 5749 的规定，清洁海水的微生物指标应达到饮用水的要求。

4.4 感官要求

应符合表 1 的规定。

表 1 感官要求

项目	优级品	合格品
外观	无枯叶、花斑、暗斑、盐屑、明显毛刺	有轻微枯叶、花斑、暗斑、毛刺，无盐屑
色泽	墨绿色	绿色、绿褐色、绿黄色或 3 种颜色同时存在
气味	具有固有气味，无异味	
杂质	无泥沙、铁屑、塑料丝、杂藻等正常视力可见外来杂质	

4.5 理化指标

应符合表 2 的规定。

表 2 理化指标

项　　目	指　　标
水分，g/100 g	≤10
氯化物(以 Cl^- 计)，g/100 g	≤14

4.6 污染物指标

应符合 GB 19643 的规定。

4.7 净含量

应符合 JJF 1070 的规定。

5 试验方法

5.1 感官检验

在光线充足、无异味的环境中，将样品摊于白色搪瓷盘中，查看干裙带菜叶的色泽及有无杂质和盐屑；嗅闻气味。用适量水浸泡裙带菜叶，待叶片展开后，查看枯叶、花斑、暗斑、毛刺情况。

5.2 水分

按 GB 5009.3 的规定执行。

5.3 氯化物

按 GB 5009.44 的规定执行。

5.4 污染物

按 GB 19643 的规定执行。

5.5 净含量

按 JJF 1070 的规定执行。

6 检验规则

6.1 组批

以同一批原料、同一种工艺、同一班次生产的产品为一批。

6.2 抽样

按 GB/T 30891 的规定执行。

6.3 检验分类

6.3.1 出厂检验

每批产品应进行出厂检验。出厂检验由生产单位质量部门执行。检验项目为感官要求、理化指标和净含量。检验合格签发合格证,产品凭合格证出入库或出厂。

6.3.2 型式检验

有下列情况之一时应进行型式检验,检验项目为本标准规定的全部项目:

a) 停产 6 个月以上,恢复生产时;

b) 原料产地变化或改变生产工艺,可能影响产品质量时;

c) 国家行政主管机构提出进行型式检验要求时;

d) 出厂检验与上次型式检验有大差异时;

e) 正常生产时,每年至少 1 次的周期性检查;

f) 对质量有争议,需要仲裁时。

6.4 判定规则

检验项目全部符合本标准规定时,判定为合格。

7 标签、标志、包装、运输和储存

7.1 标签、标志

7.1.1 预包装的标签应符合 GB 7718 的规定。标签内容包括产品名称、商标、净含量、产品标准、生产者或经销者的名称、地址、生产日期、保质期等。

7.1.2 外包装的运输包装上的标志应符合 GB/T 191 的规定。标志内容包括产品名称、商标、等级、净含量、生产者的名称、地址、生产日期等。

7.2 包装

7.2.1 内包装用食品用聚乙烯塑料袋,外包装用钙塑箱或瓦楞纸箱。所用包装材料应洁净、坚固、无毒、无异味,符合相关食品安全标准的规定。

7.2.2 应按同一等级、同一规格包装,不应混装。产品应密封包装后装入纸箱,并放入产品合格证。包装应牢固、防潮、不易破损。

7.3 运输

运输工具应清洁、卫生,在运输过程中,应防雨、防晒、防潮、不得靠近或接触有毒、有害物质。

7.4 储存

7.4.1 产品应储存在干燥、通风、阴凉的库房内,不同等级、批次的产品应分别堆垛,堆垛时宜用垫板垫起,与地面距离不少于 20 cm,与墙壁距离不少于 20 cm,堆放高度以纸箱受压不变形为宜,注意垛底和中间的通风。

7.4.2 储存环境应符合卫生要求,清洁、无毒、无异味、无污染,应防止虫害和有害物质的污染及其他损害。

ICS 65.150
B 56

中华人民共和国水产行业标准

SC/T 4046—2019

渔用超高分子量聚乙烯网线通用技术条件

General technical requirement for ultra high molecular weight polyethylene netting twine

2019-08-01 发布 2019-11-01 实施

中华人民共和国农业农村部 发布

前　言

本标准按照 GB/T 1.1—2009 给出的规则起草。

请注意本文件的某些内容可能涉及专利。本文件的发布机构不承担识别这些专利的责任。

本标准由农业农村部渔业渔政管理局提出。

本标准由全国水产标准化技术委员会渔具及渔具材料分技术委员会(SAC/TC 156/SC 4)归口。

本标准起草单位:三沙美济渔业开发有限公司、中国水产科学研究院东海水产研究所、帝斯曼(中国)有限公司、北京同益中新材料科技股份有限公司、山东爱地高分子材料有限公司、海安中余渔具有限公司、浙江千禧龙纤特种纤维股份有限公司、山东莱威新材料有限公司、鲁普耐特集团有限公司、青岛奥海海洋工程研究院有限公司、山东鲁普科技有限公司、山东环球渔具股份有限公司、湛江市经纬网厂、杭州长翼纺织机械有限公司、中国水产科学研究院黄海水产研究所、上海海洋大学、中国水产科学研究院渔业机械仪器研究所、农业农村部绳索网具产品质量监督检验测试中心。

本标准主要起草人:石建高、孟祥君、李大松、贺鹏、钟文珠、任意、姚湘江、沈明、张春文、刘福利、傅岳琴、瞿鹰、赵绍德、周浩、曹文英、周文博。

渔用超高分子量聚乙烯网线通用技术条件

1 范围

本标准规定了渔用超高分子量聚乙烯网线的术语和定义、标记、要求、试验方法、检验规则以及标志、包装、运输及储存要求。

本标准适用于下列渔用超高分子量聚乙烯网线：

——综合线密度范围为600 tex～5 000 tex的、不添加线芯的渔用超高分子量聚乙烯编织线；

——综合线密度范围为300 tex～5 000 tex的渔用3股超高分子量聚乙烯捻线。

2 规范性引用文件

下列文件对于本文件的应用是必不可少的。凡是注日期的引用文件，仅注日期的版本适用于本文件。凡是不注日期的引用文件，其最新版本(包括所有的修改单)适用于本文件。

GB/T 3939.1 主要渔具材料命名与标记 网线

GB/T 6965 渔具材料试验基本条件 预加张力

GB/T 8170 数值修约规则与极限数值的表示和判定

SC/T 4022 渔网 网线断裂强力和结节断裂强力的测定

SC/T 4023 渔网 网线伸长率的测定

SC/T 4039—2018 合成纤维渔网线试验方法

SC/T 5001 渔具材料基本名词术语

SC/T 5014 渔具材料试验基本条件 标准大气

3 术语和定义

SC/T 5001和SC/T 4039界定的以及下列术语和定义适用本文件。为了便于使用，以下重复列出了SC/T 5001和SC/T 4039中的一些术语和定义。

3.1

网线 netting twine;fishing twine

可直接用于编织网片的线型材料。

注：网线简称线。网线应具备下列基本物理和机械性能：一定的粗度、强力、良好的柔挺性、弹性和结构稳定性，粗细均匀，光滑耐磨。

[SC/T 5001—2014，定义2.6]

3.2

多纱少纱线 uneven twine

线股中出现多余或缺少单纱根数的网线。

3.3

油污线 dirty twine

沾有油、污、色、锈等斑渍的网线。

3.4

起毛线 disfigure twine

表面由于摩擦或其他原因引起结构破坏松散、表面粗糙的网线。

3.5

小辫子线 plaited twine

线股局部扭曲，呈小辫子状，并凸出捻线表面的网线。

3.6

背股线　coarse twine

因线股粗细不匀或加捻时张力不同,或捻度不一致等原因造成线股扭曲处最高点不在一直线上的网线。

3.7

超高分子量聚乙烯网线　ultra high molecular weight polyethylene(UHMWPE) netting twine

以超高分子量聚乙烯纤维制成的网线。

注1:超高分子量聚乙烯(简称UHMWPE)网线一般分为编织线和捻线2种类型。

注2:改写SC/T 5001—2014,定义2.6.2。

3.8

3股UHMWPE捻线　3-strand UHMWPE twisted netting twine

以3根UHMWPE线股用加捻方法制成的网线。

3.9

UHMWPE编(织)线　UHMWPE braided netting twine

以UHMWPE线股相互交叉穿插编织而成的网线。

注:UHMWPE编(织)线分为无芯编(织)线和有芯编(织)线2种类型,无芯编(织)线一般简称编(织)线。

3.10

综合线密度(ρ_z)　resultant linear density

网线的线密度。单位以tex表示,并在数值前加字母R。

注:改写SC/T 5001—2014,定义2.7.4。

3.11

断裂强力　strength;breaking load;breaking force;maximum force

材料被拉伸至断裂时所能承受的最大负荷。

注:断裂强力亦称强力,单位一般以N表示。

[SC/T 4039—2018,定义3.2]

3.12

单线结强力　overhand knot strength

网线打单线结后,在打结处的断裂强力。

[SC/T 4039—2018,定义3.7]

3.13

断裂伸长率　percentage of breaking elongation;elongation at break

网线被拉伸到断裂时所产生的伸长值对其原长度的百分数。

[SC/T 4039—2018,定义3.8]

4　标记

4.1　UHMWPE编织线标记

UHMWPE编织线标记按GB/T 3939.1的规定,包含下列内容:

a)　产品名称;

b)　UHMWPE纤维的线密度,单位为特克斯(tex);

c)　线股中的单纱根数;

d)　综合线密度,单位为特克斯(tex);标记时在综合线密度的数值前,应写上"R";

e)　标准号。

示例1:

按SC/T 4046的规定生产,以3根线密度为33 tex的UHMWPE纤维加工成线股,再以此线股编织而成的综合线密度为2 250 tex的编(织)线UHMWPE编织线标记为:

UHMWPE-33tex×3×16 R2250tex SC/T 4046

在渔具制图、生产、运输等中，编(织)线 UHMWPE 编织线可采用简便标记，应按次序包括a)～c) 项或 a)、d)两项，可相应省略其他项。

示例 2：

按 SC/T 4046 的规定生产，以 3 根线密度为 33 tex 的 UHMWPE 纤维加工成线股，再以此线股编织而成的综合线密度为 2 250 tex 的编(织)线 UHMWPE 编织线简便标记为：

UHMWPE-33tex×3×16

或 UHMWPE-R2250tex

4.2 3 股 UHMWPE 捻线标记

3 股 UHMWPE 捻线标记按 GB/T 3939.1 的规定，包含下列内容：

a) 产品名称；

b) UHMWPE 纤维的线密度，单位为特克斯(tex)；

c) 初捻后线股的单纱根数；

d) 复捻后复捻线的股数；当成品为单捻线，可省略 d)项和 e)项；

e) 复合捻后复合捻线的股数；当成品的最终捻向为 Z 捻时，可省略 e)项；

f) 综合线密度，单位为特克斯(tex)；标记时在综合线密度的数值前，应写上“R”；

g) 成品的最终捻向，用“S”或“Z”表示；当成品的最终捻向为 Z 捻时，可省略 g)项；

h) 标准号。

示例 1：

按 SC/T 4046 的规定生产，以 6 根线密度为 111 tex 的 UHMWPE 纤维初捻成线股，再以此线股加捻而成的综合线密度为 2 210 tex、最终捻向为 Z 的 3 股 UHMWPE 捻线标记为：

UHMWPE-111tex×6×3 R2210ztex Z SC/T 4046

在渔具制图、生产、运输等中，3 股 UHMWPE 捻线可采用简便标记，应按次序包括 a)～e) 项或 a)、f)两项，可相应省略其他项。

示例 2：

按 SC/T 4046 的规定生产，以 6 根线密度为 111 tex 的 UHMWPE 纤维初捻成线股，再以此线股加捻而成的综合线密度为 2 210 tex、最终捻向为 Z 的 3 股 UHMWPE 捻线简便标记为：

UHMWPE-111tex×6×3

或 UHMWPE-R2210ztex

5 要求

5.1 外观质量

应符合表 1 的规定。

表 1 外观质量

单位为绞(轴、卷、筒)

UHMWPE 编织线		3 股 UHMWPE 捻线	
项目	要求	项目	要求
多纱少纱线	不允许	多纱少纱线	不允许
		小辫子线	不允许
油污线	数量占总量的比例不大于 0.5%	油污线	数量占总量的比例不大于 0.5%
		起毛线	数量占总量的比例不大于 0.5%
起毛线	数量占总量的比例不大于 0.5%	背股线	数量占总量的比例不大于 0.5%

5.2 物理性能

5.2.1 UHMWPE 编织线物理性能指标

应符合表 2 的规定。

表 2 UHMWPE 编织线物理性能指标

序号	规 格	综合线密度,tex	断裂强力,N	单线结强力,N	断裂伸长率,%
1	33tex×1×16	610	780	400	6～15
2	33tex×2×16	1 430	1 800	940	6～15
3	33tex×3×16	2 250	2 800	1 480	6～15
4	33tex×4×16	2 780	3 500	1 820	6～15
5	33tex×5×16	3 070	3 800	2 010	6～15
6	33tex×6×16	3 690	4 600	2 420	6～15
7	33tex×7×16	4 300	5 400	2 850	6～15
8	33tex×8×16	4 820	6 000	3 150	6～15
偏差范围	—	±10	—	—	—

表 2 中未列出其他规格的编织线的综合线密度、断裂强力、单线结强力可按式(1)计算。

$$x = x_0 \times \frac{\rho}{33} \quad \cdots\cdots (1)$$

式中：

x —— 代表所求规格编织线的综合线密度、断裂强力、单线结强力；

x_0—— 33 tex 纤维构成编织线的综合线密度、断裂强力、单线结强力。

ρ —— 代表所求规格网片用纤维的线密度,单位为特克斯(tex)。

5.2.2 3 股 UHMWPE 捻线物理性能指标

应符合表 3 的规定。

表 3 3 股 UHMWPE 捻线物理性能指标

序号	规 格	公称直径	综合线密度,tex	断裂强力,N	单线结强力,N	断裂伸长率,%
1	111tex×1×3	0.90	340	400	190	4～12
2	111tex×2×3	1.18	680	650	350	4～12
3	111tex×3×3	1.40	1 000	1 000	480	4～12
4	111tex×4×3	1.60	1 380	1 330	600	4～12
5	111tex×5×3	1.80	1 780	1 600	730	4～12
6	111tex×6×3	2.00	2 210	1 900	860	6～12
7	111tex×7×3	2.25	2 600	2 100	1 000	6～12
8	111tex×8×3	2.48	2 990	2 500	1 130	6～12
9	111tex×9×3	2.68	3 370	2 860	1 240	6～12
10	111tex×10×3	2.85	3 800	3 160	1 360	6～12
11	111tex×11×3	3.20	4 150	3 620	1 530	6～12
12	111tex×12×3	3.50	4 530	4 310	1 820	6～12
13	111tex×13×3	3.80	4 900	5 060	2 140	6～12
偏差范围	—	—	±10	—	—	—
注:公称直径是使用毫米表示的近似直径,不作为捻线考核指标。						

以线密度为 111 tex 的 UHMWPE 纤维加工,且表中未列出规格捻线的综合线密度、断裂强力、单线结强力可按式(2)计算。

$$y = y_1 + (y_2 - y_1) \times (n - n_1)/(n_2 - n_1) \quad \cdots\cdots (2)$$

式中：

y —— 代表所求规格捻线的综合线密度、断裂强力、单线结强力；

y_1、y_2—— 分别代表相邻两规格捻线的综合线密度、断裂强力和单线结强力，且 $y_1 < y_2$；

n —— 所求规格的捻线股数；

n_1、n_2—— 为相邻两规格捻线的股数，且 $n_1 < n_2$。

以其他线密度的 UHMWPE 纤维加工，且表中未列出规格捻线的综合线密度、断裂强力、单线结强力按式(3)计算。

$$y = y_0 \times \frac{\rho}{111} \quad \cdots\cdots (3)$$

式中：

y ——代表所求规格捻线的综合线密度、断裂强力、单线结强力；

y_0——111 tex 纤维构成捻线的综合线密度、断裂强力、单线结强力。

6 试验方法

6.1 外观

在自然光或实验室白色灯光下逐绞(轴、卷、筒)进行检验。

6.2 物理性能

6.2.1 环境条件

应符合 SC/T 5014 的规定。

6.2.2 预加张力

应符合 GB/T 6965 的规定。

6.2.3 直径测量

按 SC/T 4039—2018 中 5.2 的规定执行。

6.2.4 综合线密度测定

按 SC/T 4039—2018 中 5.3 的规定执行。

6.2.5 断裂强力、断裂伸长率和单线结强力的测定

6.2.5.1 断裂强力的测定

按 SC/T 4022 的规定执行。

6.2.5.2 断裂伸长率的测定

按 SC/T 4023 的规定执行。

6.2.5.3 单线结强力的测定

按 SC/T 4039—2018 中 5.5.5 的规定执行。

6.2.6 试验次数

按表 4 的规定执行。

表 4 样品试验次数

项　目	公称直径[a]	综合线密度	断裂强力	单线结强力	断裂伸长率
每批样品数	10	10	10	10	10
单位样品测试次数	1	1	3	3	3
总次数	10	10	30	30	30
[a] 公称直径是使用毫米表示的、3 股 UHMWPE 捻线成品的近似直径。					

6.2.7 数值修约

试验结果按 GB/T 8170 的规定进行修约，具体要求见表 5。

表 5 试验结果数据处理

项目				
公称直径[a]	综合线密度	断裂强力	单线结强力	断裂伸长率
2 位小数	3 位有效数字	3 位有效数字	3 位有效数字	整数
[a] 公称直径是使用毫米表示的、3 股 UHMWPE 捻线成品的近似直径。				

7 检验规则

7.1 组批和抽样

7.1.1 相同工艺制造的同一原料、同一规格的网线为一批，但每批重量不超过 2 t。

7.1.2 同批网线产品中随机抽样不得少于 5 袋(箱、包、盒)。从抽样袋(箱、包、盒)中任取试样 10 绞(卷、轴、筒)，按技术要求进行检验。

7.2 检验分类

7.2.1 出厂检验

7.2.1.1 每批产品需经厂检验部门进行出厂检验，合格后并附有合格证明方可出厂。

7.2.1.2 出厂检验项目为 5.1、5.2 中的综合线密度、断裂强力和单线结强力。

7.2.2 型式检验

7.2.2.1 型式检验每半年至少进行一次，有下列情况之一时亦应进行型式检验：

a) 新产品试制定型鉴定或老产品转厂生产时；

b) 原材料或生产工艺有重大改变，可能影响产品性能时；

c) 其他提出型式检验要求时。

7.2.2.2 型式检验项目为第 5 章中直径外的其他项目。

7.3 判定规则

按下列规则进行判定：

a) 产品按批检验(直径不作为检验项目)，每批产品中需抽取 10 绞(卷、轴、筒)样品进行检验，并对单绞(卷、轴、筒)样品进行判定；在每绞(卷、轴、筒)样品检验结果中，若检验项目全部合格，则判该绞(卷、轴、筒)样品合格；在每绞(卷、轴、筒)批产品中，若物理性能中有一个项目或外观质量中有两个项目不符合要求时，则判该绞(卷、轴、筒)样品为不合格；

b) 在每批检验结果中，若 10 绞(卷、轴、筒)以上样品全部合格，则判该批产品合格；

c) 在每批检验结果中，若有 1 绞(卷、轴、筒)～2 绞(卷、轴、筒)样品不合格时，则应加倍抽样复测；若复测结果中仍有样品不合格，则判该批产品为不合格；

d) 在每批检验结果中，若有 3 绞(卷、轴、筒)以上样品不合格时，则判该批产品为不合格；若复检结果中全部合格，则判该批次样品为合格。

8 标志、包装、运输和储存

8.1 标志

产品应附有合格证，以标明产品名称、规格、生产企业名称和地址、执行标准、生产日期或批号、净重量及检验标志。

8.2 包装

每袋(箱、包、盒)应是同规格、同颜色产品，每袋(箱、包、盒)净重量以 20 kg～30 kg 为宜。产品可采用纸箱、布包、纸盒、塑料筐或编织袋等进行包装，确保产品在运输与储存中不受损伤。

8.3 运输

产品在运输和装卸过程中，切勿拖曳、钩挂和猛烈撞击，避免损坏包装和产品。

8.4 储存

产品应储存在远离热源、清洁干燥、无阳光直射、无化学品污染的库房内。产品储存期为1年(从生产日起)。超过1年,必须经复验合格后,方可出厂。

ICS 65.150
B 56

中华人民共和国水产行业标准

SC/T 4047—2019

海水养殖用扇贝笼通用技术要求

General technical requirement for scallop cage

2019-08-01 发布　　2019-11-01 实施

中华人民共和国农业农村部　发布

前　　言

本标准按照 GB/T 1.1—2009 给出的规则起草。

请注意本文件的某些内容可能涉及专利。本文件的发布机构不承担识别这些专利的责任。

本标准由农业农村部渔业渔政管理局提出。

本标准由全国水产标准化技术委员会渔具及渔具材料分技术委员会(SAC/TC 156/SC 4)归口。

本标准起草单位:三沙美济渔业开发有限公司、中国水产科学研究院东海水产研究所、海安中余渔具有限公司、鲁普耐特集团有限公司、青岛奥海海洋工程研究院有限公司、湛江市经纬网厂、山东鲁普科技有限公司、山东好运通网具科技股份有限公司、山东环球渔具股份有限公司、中国水产科学研究院渔业机械仪器研究所、农业农村部绳索网具产品质量监督检验测试中心、上海海洋大学。

本标准主要起草人:石建高、孟祥君、瞿鹰、钟文珠、张春文、沈明、邱延平、赵绍德、曹文英、张元锐、周浩、陈晓雪、朱晋宝、周文博。

海水养殖用扇贝笼通用技术要求

1 范围

本标准规定了海水养殖用扇贝笼的术语和定义、标记、要求、试验、检验规则以及标志、标签、包装、运输及储存要求。

本标准适用于以高密度聚乙烯塑料盘制成，并以塑料盘对笼具均匀分层的圆柱形海水养殖用扇贝笼。以其他材料塑料盘制成的扇贝笼可参照执行。

2 规范性引用文件

下列文件对于本文件的应用是必不可少的。凡是注日期的引用文件，仅注日期的版本适用于本文件。凡是不注日期的引用文件，其最新版本（包括所有的修改单）适用于本文件。

GB/T 3939.2 主要渔具材料命名与标记 网片

GB/T 4925 渔网 合成纤维网片强力与断裂伸长率试验方法

GB 4806.6—2016 食品接触用塑料树脂

GB 4806.7—2016 食品接触用塑料材料及制品

GB/T 18673 渔用机织网片

GB/T 21292 渔网 网目断裂强力的测定

SC/T 4001 渔具基本术语

SC/T 4005 主要渔具制作 网片缝合与装配

SC/T 4022 渔网 网线断裂强力和结节断裂强力的测定

SC/T 4066 渔用聚酰胺经编网片通用技术要求

SC/T 5001 渔具材料基本术语

SC/T 5006 聚酰胺网线

SC/T 5007 聚乙烯网线

3 术语和定义

SC/T 4001 和 SC/T 5001 界定的以及下列术语和定义适用于本文件。

3.1

扇贝笼 scallop cage

以网片和塑料盘等材料制成、用于养殖扇贝，并以塑料盘分层的笼具。

3.2

圆柱形扇贝笼 cylindrical scallop cage

以网片和塑料盘等材料制成、用于养殖扇贝，并以塑料盘分层的圆柱形笼具。

3.3

扇贝笼塑料盘 plastic tray of scallop cage

以塑料制成、用于笼具隔层与扇贝栖息，且内置于扇贝笼内的盘状镂空平板。

3.4

扇贝笼外罩网 housing netting of scallop cage

罩在扇贝笼塑料盘外部，并用作笼身的网片。

3.5

扇贝笼层高　storey height of scallop cage

扇贝笼垂直吊挂时,相邻两个塑料盘面之间的距离。

3.6

扇贝笼层数　storey of scallop cage

扇贝笼按塑料盘结构分层的数量。

3.7

扇贝笼直径　diameter of scallop cage

扇贝笼垂直吊挂时,以一水平面与圆柱形笼身中塑料盘处相切所得圆面的直径。

3.8

笼口收拢线　closing twine of scallop cage opening

用于收拢扇贝笼中笼口位置外罩网用网线。

3.9

笼底边收拢线　closing twine of scallop cage bottom

用于收拢扇贝笼中笼底位置外罩网用网线。

3.10

扇贝笼侧边口　lateral opening of scallop cage

位于扇贝笼侧边,从笼口至笼底之间的用于取放扇贝的通道口。

4 标记

4.1 完整标记

应包含下列内容:

a) 扇贝笼形状:圆柱形扇贝笼使用 SBLYZ 表示,其他扇贝笼使用 SBLQT 表示;

b) 扇贝笼尺寸:圆柱形扇贝笼使用“直径×层高×层数”表示,其他扇贝笼使用“笼具外形最大宽度×笼具外形最大长度”表示,单位为毫米(mm);

c) 扇贝笼外罩网规格:按 GB/T 3939.2 的规定,外罩网规格应包含网片材料代号、织网用纤维线密度、网片(名义)股数、网目长度和结型代号。

d) 标准号。

海水养殖用扇贝笼完整标记的规格型号表示方法如下:

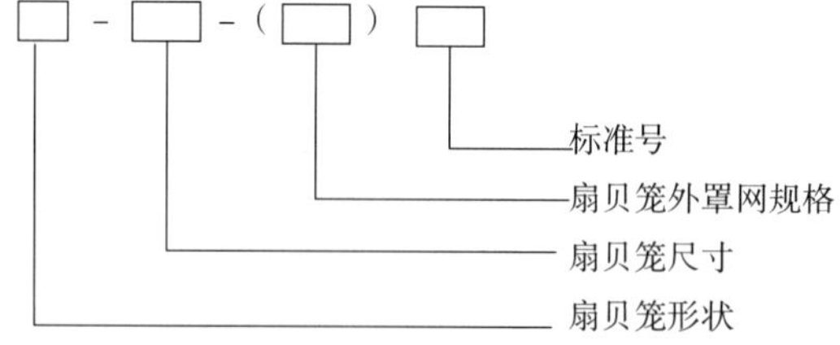

示例:

直径 280 mm、层高 75 mm,且以聚乙烯网片(规格 PE-36tex×10×3-20mm SJ)制作外罩网的 12 层圆柱形海水养殖用扇贝笼标记为:

SBLYZ-280mm×75mm×12-(PE-36tex×10×3-20mm SJ) SC/T 4047

4.2 简便标记

在扇贝笼制图、生产、运输等中,可采用扇贝笼简便标记。扇贝笼简便标记应包含下列内容:

a) 扇贝笼形状:圆柱形扇贝笼使用 SBLYZ 表示,其他扇贝笼使用 SBLQT 表示;

b) 扇贝笼尺寸:圆柱形扇贝笼使用“直径×层高×层数”表示,其他扇贝笼使用“笼具外形最大宽度×笼具外形最大长度”表示,单位为毫米(mm)。

海水养殖用扇贝笼简便标记的规格型号表示方法如下：

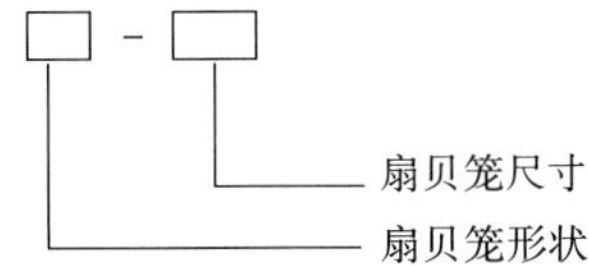

示例：

直径 280 mm、层高 75 mm，且以聚乙烯网片（规格 PE-36tex×10×3-20mm SJ）制作外罩网的 12 层圆柱形海水养殖用扇贝笼简便标记为：

SBLYZ-280mm×75mm×12

5 要求

5.1 扇贝笼尺寸偏差率

应符合表 1 的规定。

表 1 扇贝笼尺寸偏差率

项　　目	尺寸偏差率，%
扇贝笼直径	±5
扇贝笼层高	±5

5.2 塑料盘

5.2.1 塑料盘材料

原材料和产品分别符合 GB 4806.7、GB 4806.6 的规定，应满足无毒无害要求。

5.2.2 塑料盘尺寸偏差率

扇贝笼塑料盘直径、厚度及其配套圆孔直径的尺寸偏差率应符合表 2 的规定。

表 2 扇贝笼塑料盘要求

项　　目	尺寸偏差率，%
塑料盘直径	±5
塑料盘厚度	±3
塑料盘边缘网片装配用圆孔直径	±3
塑料盘盘面滤水用圆孔直径	±3

5.3 外罩网材料

应符合表 3 的规定。

表 3 扇贝笼外罩网材料

名　　称		要　求	项　　目
扇贝笼外罩网用网片	聚乙烯单线单死结型网片	GB/T 18673	网目长度偏差率、网目断裂强力或网片纵向断裂强力
	聚乙烯经编型网片		
	聚酰胺单线单死结型复丝网片		
	聚酰胺单丝双死结型网片		
	聚酰胺经编型网片	SC/T 4066	网目长度偏差率、网目断裂强力
笼口收拢线、笼底边收拢线、缝合线和绕缝线	聚乙烯网线	SC/T 5007	断裂强力
	聚酰胺网线	SC/T 5006	

5.4 加工与装配

5.4.1 加工

扇贝笼的加工要求如下：

a） 塑料盘边缘均布网片装配用圆孔，盘面分布滤水用圆孔；

b） 外罩网用长方形网片的剪裁及其边缘处理。

5.4.2 装配

扇贝笼的装配要求如下：

a） 将外罩网下端部的网目穿上笼底边收拢线后收拢扎紧；

b） 以一只塑料盘作为笼底，通过缝合线将外罩网的下端网衣与塑料盘连接，使外罩网的下端网衣均匀固定在笼底上；

c） 将塑料盘按扇贝笼层高、层数要求装配在外罩网内；外罩网在塑料盘上作环形安装后，所有塑料盘（作为笼底的塑料盘除外）的同一位置上留 3 cm～4 cm 距离不缝合外罩网，以使笼体上形成一个侧边开口（当扇贝从侧边开口放入后，对外罩网的 2 个长边进行绕缝抽紧；当扇贝需从侧边开口取出时，将外罩网的 2 个长边间缝合线拍出或松脱）；

d） 当扇贝需从侧边开口取出时，将外罩网的 2 个长边间缝合线抽出或松脱；

e） 外罩网与塑料盘缝合后要求在笼具的顶部预留 40 cm 左右的外罩网，外罩网的上端部穿上笼口收拢线（用于生产中封口处理），这就获得一个以塑料盘对笼具均匀分层的扇贝笼；

f） 外罩网装配应符合 SC/T 4005 的规定。

6 试验

6.1 扇贝笼尺寸偏差率

6.1.1 测量扇贝笼直径、层高，每个试样重复测试 2 次，取其算术平均值。

6.1.2 扇贝笼尺寸偏差率按式(1)计算。

$$\Delta x = \frac{x - x'}{x'} \times 100 \quad \cdots\cdots (1)$$

式中：

Δx ——扇贝笼尺寸偏差率，单位为百分率（%）；

x ——扇贝笼实测尺寸，单位为毫米（mm）；

x' ——扇贝笼公称尺寸，单位为毫米（mm）。

6.2 塑料盘

6.2.1 塑料盘材料

按 GB 4806.7、GB 4806.6 的规定进行检验。

6.2.2 塑料盘尺寸偏差率

6.2.2.1 测量扇贝笼塑料盘直径、厚度及其配套圆孔直径，每个试样重复测试 2 次，取其算术平均值。

6.2.2.2 塑料盘尺寸偏差率按式(2)计算。

$$\Delta y = \frac{y - y'}{y'} \times 100 \quad \cdots\cdots (2)$$

式中：

Δy ——塑料盘尺寸偏差率，单位为百分率（%）；

y ——塑料盘的实测尺寸，单位为毫米（mm）；

y' ——塑料盘的公称尺寸，单位为毫米（mm）。

6.3 外罩网材料

按表 4 的规定进行检验。

表 4 外罩网材料检验方法

名称		项目	单位样品次数	试验方法
扇贝笼外罩网用网片	聚乙烯网片 聚乙烯经编网片 聚酰胺复丝网片 聚酰胺单丝网片	网目长度偏差率	5	GB/T 18673
		网目断裂强力	10	GB/T 21292
		网片纵向断裂强力	10	GB/T 4925
	聚酰胺经编网片	网目长度偏差率	5	SC/T 4066
		网目断裂强力	10	GB/T 21292
笼口收拢线、笼底边收拢线、缝合线和绕缝线	聚乙烯网线	断裂强力	5	SC/T 4022
	聚酰胺网线			

6.4 加工与装配

6.4.1 加工

在自然光线下,通过工具进行检验。

6.4.2 装配

在自然光线下,通过目测和工具进行检验。

7 检验规则

7.1 出厂检验

7.1.1 每批产品需经厂检验部门进行出厂检验,合格后并附有合格证方可出厂。

7.1.2 出厂检验项目为5.1、5.3、5.4中规定内容。

7.2 型式检验

7.2.1 检验周期和检验项目

7.2.1.1 在正常生产情况下,每年至少应进行一次型式检验。有下列情况之一时,亦应进行型式检验:

a) 产品试制定型鉴定时或老产品转厂生产时;

b) 原材料和工艺有重大改变,可能影响产品性能时;

c) 质量技术管理部门提出型式检验要求时。

7.2.1.2 型式检验项目为第5章规定的全部项目。

7.2.2 抽样

7.2.2.1 在相同工艺条件下,按3个月生产同一品种、同一规格的扇贝笼为一批。

7.2.2.2 从每批扇贝笼中随机抽取两只作为样品进行检验。

7.2.2.3 在抽样时,扇贝笼尺寸偏差率(5.1)、塑料盘尺寸偏差率(5.2)和装配要求(5.4)项目可以在现场检验,再在抽取的样品上截取足够实验室检验的试样带回实验室进行其他项目检验。

7.3 判定

检验结果按下列要求判定:

a) 若所有样品的全部检验项目符合第5章的要求时,则判该批产品合格;

b) 若有1个样品中有任意一个项目不符合第5章的要求时,则判该批产品不合格。

8 标志、标签、包装、运输及储存

8.1 标志、标签

每个扇贝笼应附有产品合格证明作为标签,标签上至少应包含下列内容:

a) 合格产品的声明;

b) 产品名称;

c） 产品标记；

d） 生产企业名称与详细地址；

e） 生产批号或生产日期；

f） 执行标准。

8.2 包装

扇贝笼宜用绳索和编织袋等合适材料捆扎或包装，外包装上应标明所包装材料名称、规格及数量。

8.3 运输

产品在运输过程中应避免抛摔、拖曳、磕碰、摩擦、油污和化学品的污染，切勿用锋利工具钩挂。

8.4 储存

扇贝笼应存放在清洁、干燥的库房内，远离热源 3 m 以上；室外存放应有适当的遮盖，避免阳光照射、风吹雨淋和化学腐蚀。若扇贝笼（从生产之日起）储存期超过 1 年，则应经复检合格后方可出厂。

ICS 65.150
B 56

中华人民共和国水产行业标准

SC/T 4048.1—2019

深水网箱通用技术要求
第1部分:框架系统

**General technical requirement for offshore cage—
Part 1: Frame system**

2019-08-01 发布　　　　2019-11-01 实施

中华人民共和国农业农村部　发布

前　言

SC/T 4048《深水网箱通用技术要求》拟分为如下部分：

——第1部分：框架系统；

——第2部分：网衣；

——第3部分：锚泊系统；

…………

本部分为SC/T 4048.1的第1部分。

本部分按照GB/T 1.1—2009给出的规则起草。

请注意本文件的某些内容可能涉及专利。本文件的发布机构不承担识别这些专利的责任。

本部分由农业农村部渔业渔政管理局提出。

本部分由全国水产标准化技术委员会渔具及渔具材料分技术委员会(SAC/TC 156/SC 4)归口。

本部分起草单位：中国水产科学研究院东海水产研究所、东莞市南风塑料管材有限公司、海安中余渔具有限公司、大连理工大学、大连天正实业有限公司、中国水产科学研究院黄海水产研究所、中国船舶重工集团公司第七〇一研究所、山东鲁普科技有限公司、湛江经纬网厂、浙江海洋大学、山东莱威新材料有限公司、三沙蓝海海洋工程有限公司、青岛奥海海洋工程研究院有限公司、中天海洋系统有限公司、鲁普耐特集团有限公司、上海海洋大学。

本部分主要起草人：石建高、赵云鹏、刘圣聪、关长涛、祝海勇、贺兵、桂福坤、沈明、张春文、余雯雯、任意、孟祥君、赵绍德、李熠、曹文英、刘永利、陈晓雪、周文博。

深水网箱通用技术要求　第1部分:框架系统

1　范围

本部分规定了深水网箱框架系统的术语和定义、标记、要求、试验方法、检验规则、标志、标签、包装、运输及储存要求。

本部分适用于水深大于等于15 m的深水网箱用高密度聚乙烯框架系统或金属框架系统。

2　规范性引用文件

下列文件对于本文件的应用是必不可少的。凡是注日期的引用文件,仅注日期的版本适用于本文件。凡是不注日期的引用文件,其最新版本(包括所有的修改单)适用于本文件。

GB/T 228　金属材料　室温拉伸试验方法

GB/T 8162　结构用无缝钢管

GB/T 17395　无缝钢管尺寸、外形、重量及允许偏差

NB/T 31006　海上风电场钢结构防腐蚀技术标准

SC/T 4025　养殖网箱浮架　高密度聚乙烯管

SC/T 4045　水产养殖网箱浮筒通用技术要求

SC/T 5001　渔具材料基本术语

SC/T 6049　水产养殖网箱名词术语

3　术语和定义

SC/T 4025、SC/T 4045、SC/T 5001、SC/T 6049和NB/T 31006界定的以及下列术语和定义适用于本文件。为了便于使用,以下重复列出了SC/T 4025、SC/T 6049和NB/T 31006中的一些术语和定义。

3.1

深水网箱　offshore cage;deep water cage

放置在开放性水域,水深在15 m以上的大型网箱。

注:改写SC/T 6049—2011,定义3.1.1。

3.2

浮管　floating pipe

由聚乙烯材料制成的中空圆形管材。

[SC/T 4025—2016,定义3.1]

3.3

支架　bracket

用于连接网箱浮管与扶手管的支撑架。

注:改写SC/T4025—2016,定义3.2。

3.4

扶手管　handrail pipe

用来结缚防跳网和供操作人员扶手的管子。

3.5

限位块　limit block

焊接在浮管上,限制支架底座水平滑动的装置。

3.6

销钉　pin

支架底座与立柱连接的固定件。

3.7

框架　frame

浮架　floating frame

支撑网箱整体使网箱箱体张开并保持一定形状,并可作为操作平台进行相关养殖操作的构件。

3.8

箱体　cage body;net bag

亦称网体、网袋,由网衣构成的蓄养水产动物的空间。

[SC/T 6049—2011,定义 4.1]

3.9

网箱周长　cage circumference

HDPE 网箱框架内侧主浮管的中心线长度或金属框架网箱的内框尺寸。

3.10

涂料保护　coating protection

在物体表面能形成具有保护、装饰或特殊功能(如绝缘、防腐、标志等)的固态涂膜的方法。

[NB/T 31006—2011,定义 3.4]

3.11

热喷涂金属保护　thermal spraying metal protection

利用热源将金属材料熔化、半熔化或软化,并以一定速度喷射到基体表面形成涂层的方法。

[NB/T 31006—2011,定义 3.5]

3.12

聚合物涂覆防腐保护　polymer coating anticorrosion protection

利用聚合物涂覆和缠绕等工艺对金属结构件表面形成固态防腐保护层的方法。

4　标记

4.1　完整标记

深水网箱框架系统标记包含下列内容,若为 HDPE 框架深水网箱,则其标记中不包含 f)、g)项:

a)　网箱框架材质:高密度聚乙烯框架、金属框架和其他框架分别用 HDPE、M、O 代号表示;

b)　网箱作业方式:浮式网箱、升降式网箱、沉式网箱、其他作业方式网箱分别用 F、SS、S 和 OMO 代号表示;

c)　网箱形状:圆形网箱、方形网箱和其他形状网箱分别使用 C、S 和 OS 代号表示;

d)　网箱框架尺寸:使用“框架周长”或“框架长度×框架宽度” 等框架主体尺寸表示,单位为米(m);

e)　网箱框架用主浮管或主梁管规格:以 HDPE 框架主浮管用 HDPE 管材或金属框架主梁管用无缝钢管的公称外径/公称壁厚表示,单位为毫米(mm);

f)　网箱框架配套浮筒名称:泡沫浮筒、滚塑浮筒、填充型滚塑浮筒、空心型滚塑浮筒和其他浮筒的名称分别用 FM-FLOAT、RM-FLOAT、FT-RM-FLOAT、HT-RM-FLOAT 和 OTHER-FLOAT 代号表示;

g)　网箱框架配套浮筒外形尺寸:圆柱形浮筒使用“外径×长度”,桶形或罐形浮筒使用“最大外形直径(或宽度)×长度”,长方体形或正方体形浮筒使用“长度×宽度×厚度(或高度)”表示,其他形状浮筒使用浮筒外形的最大主体尺寸表示,单位为毫米(mm);

h)　本部分编号。

4.2　简便标记

在网箱制图、生产、运输、设计、贸易和技术交流中，可采用简便标记。简便标记按次序至少应包括4.1中的a)、e)两项，可省略4.1中的其他项。

4.3 标记顺序

深水网箱框架系统应按下列顺序标记：

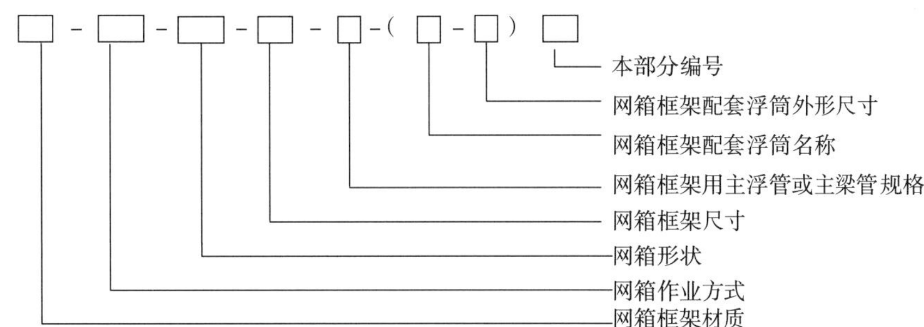

示例1：

框架周长50.0 m、主浮管用HDPE管材规格为公称外径280 mm/公称壁厚16.6 mm的浮式圆形深水网箱用HDPE框架系统的标记为：

HDPE-F-C-50.0m-280mm /16.6mm　SC/T 4048.1

示例2：

框架长度12.0 m×宽度8.0 m、主梁管用无缝钢管规格公称外径76 mm/公称壁厚6.0 mm、框架配套用圆柱形聚苯乙烯泡沫浮筒外径480 mm×长度780 mm的浮式长方形深水网箱用金属框架系统的标记为：

M-F-S-12.0 m×8.0 m-76 mm/6.0 mm-(FM-FLOAT-Φ480mm×780mm) SC/T 4048.1

示例3：

框架周长50.0 m、主浮管用HDPE管材规格为公称外径280 mm/公称壁厚16.6 mm的浮式圆形深水网箱用HDPE框架系统的简便标记为：

HDPE-50.0 m

示例4：

框架长度12.0 m×宽度8.0 m、主梁管用无缝钢管规格公称外径76 mm/公称壁厚6.0 mm、框架配套用圆柱形聚苯乙烯泡沫浮筒外径480 mm×长度780 mm的浮式长方形深水网箱用金属框架系统的简便标记为：

M-12.0 m×8.0 m

5 要求

5.1 深水网箱尺寸偏差率

5.1.1 框架

应符合表1的规定。

表1　框架尺寸偏差率

项　　目	深水网箱框架尺寸偏差，%
HDPE框架深水网箱周长、长度和宽度[a]	±1.0
金属框架深水网箱周长、长度和宽度[b]	±1.0
[a] HDPE框架深水网箱周长、长度和宽度均指网箱内侧主浮管的中心线长度。 [b] 金属框架深水网箱周长、长度和宽度均指金属框架的内框尺寸。	

5.1.2 浮筒

应符合表2的规定。

表2　浮筒尺寸偏差率

项　　目	浮筒尺寸偏差率，%
外径[a]	±2.0
长度、宽度、厚度或高度[b]	±2.0
[a] 外径指圆柱形浮筒的直径、桶形或罐形浮筒的最大外径。 [b] 长度、宽度、厚度或高度指浮筒最大外形的长度、宽度和厚度或高度。	

5.2 深水网箱框架系统材料

5.2.1 HDPE 框架

应符合 SC/T 4025 的规定。

5.2.2 金属框架

金属框架系统用无缝钢管应符合表 3 的规定；金属框架系统用浮筒应符合 SC/T 4045 的规定。

表 3 无缝钢管要求

名 称	要 求	项 目
无缝钢管	GB/T 17395	外径和壁厚
	GB/T 8162	外径和壁厚允许偏差
	不低于 GB/T 8162 中牌号 45 的无缝钢管	拉伸强度、断后伸长率

5.3 深水网箱框架系统装配要求

5.3.1 HDPE 框架

按 SC/T 4025 的规定执行。

5.3.2 金属框架

金属框架系统由金属框架与浮筒组合安装而成，金属框架装配过程和装配要求如下：

a) 按照网箱设计技术要求完成框架主管或支撑管用无缝钢管的切割下料、切口、弯管、组焊、管端封口、除油抛丸除锈、防腐涂层喷涂等装配前处理工序，框架上的焊接口应匀称无裂缝；
b) 无缝钢管可采用但不限于增加热喷涂金属保护、涂料保护、聚合物涂覆防腐保护等防腐蚀措施；如果框架装配需要连接件、连接铸件及 U 形螺栓等零部件，则需对上述零部件进行防腐蚀措施处理，且零部件质量需符合相关产品标准或合同规定；
c) 金属框架系统装配时宜用柔性合成纤维绳索将浮筒均匀固定在金属框架上；
d) 浮筒固定安装时应注意金属框架表面防腐涂层的保护，避免对涂层的损伤；
e) 先将网箱箱体侧纲上端与金属框架连接固定，然后再用柔性合成纤维绳索将箱体上纲捆扎在金属框架上，捆扎间距以 20 cm～50 cm 为宜。

6 试验方法

6.1 深水网箱尺寸偏差率

6.1.1 框架

6.1.1.1 测量箱框架尺寸(如框架周长、长度和宽度)，每个试样重复测试 2 次，取其算术平均值，单位为米(m)，数据取一位小数。

6.1.1.2 箱框架尺寸偏差率按式(1)计算。

$$\Delta x = \frac{x - x_1}{x_1} \times 100 \qquad (1)$$

式中：

Δx ——箱框架尺寸偏差率，单位为百分率(%)；

x ——框架实测尺寸，单位为米(m)；

x_1 ——框架公称尺寸，单位为米(m)。

6.1.2 浮筒

6.1.2.1 测量浮筒外径、长度等浮筒主体尺寸，每个试样重复测试 2 次，取其算术平均值，单位为毫米(mm)，数据取整数。

6.1.2.2 浮筒尺寸偏差率按式(2)计算。

$$\Delta y = \frac{y - y'}{y'} \times 100 \qquad (2)$$

式中：

Δy ——浮筒尺寸偏差率，单位为百分率(%)；

y ——浮筒实测尺寸，单位为毫米(mm)；

y' ——浮筒公称尺寸，单位为毫米(mm)。

6.2 深水网箱框架系统材料

6.2.1 HDPE 框架

按 SC/T 4025 的规定进行检验。

6.2.2 金属框架

无缝钢管按表 4 的规定进行检验；浮筒按 SC/T 4045 的规定进行检验。

表 4 无缝钢管检验方法

名　称	项　　目	取样数量	试验方法
无缝钢管	外径和壁厚允许偏差	在 2 根钢管上各取 1 个试样	GB/T 8162
	拉伸强度、断后伸长率	在 2 根钢管上各取 1 个试样	GB/T 228

6.3 深水网箱框架系统装配要求

6.3.1 HDPE 框架

在自然光线下，通过目测或卷尺等工具进行 HDPE 框架装配要求、HDPE 框架与网箱箱体间连接要求检验。

6.3.2 金属框架

在自然光线下，通过目测或卷尺进行金属框架装配、浮筒装配、框架与箱体间的连接要求检验。

7 检验规则

7.1 出厂检验

7.1.1 每批产品需经厂检验部门进行出厂检验，合格后并附有合格证方可出厂。

7.1.2 出厂检验项目为深水网箱尺寸偏差率以及材料符合相关标准的证明。

7.2 型式检验

7.2.1 检验周期和检验项目

7.2.1.1 型式检验每半年至少进行一次，有下列情况之一时亦应进行型式检验：

a) 产品试制定型鉴定时或老产品转厂生产时；

b) 原材料和工艺有重大改变，可能影响产品性能时；

c) 质量技术管理部门提出型式检验要求时。

d) 产品全部装配完毕时。

7.2.1.2 型式检验项目为第 5 章的全部项目。

7.2.2 抽样

7.2.2.1 在相同工艺条件下，按 3 个月生产同一品种、同一规格的深水网箱框架系统为一批。

7.2.2.2 当每批深水网箱框架系统产量不少于 50 台(套)时，从每批深水网箱框架系统中随机抽取不少于 4%的深水网箱框架系统作为样品进行检验；当每批深水网箱框架系统产量小于 50 台(套)时，从每批深水网箱框架系统中随机抽取 2 台(套)网箱框架系统作为样品进行检验。

7.2.2.3 在抽样时，深水网箱尺寸偏差率(5.1)和框架系统装配要求(5.3)可以在现场检验。

7.2.3 判定

7.2.3.1 在检验结果中，若所有样品的全部检验项目符合第 5 章的要求时，则判该批产品合格。

7.2.3.2 在检验结果中，若有一个项目不符合第 5 章的要求时，则判该批产品为不合格。

8 标志、标签、包装、运输及储存

8.1 标志、标签

每个深水网箱框架系统应附有产品合格证明作为标签，标签上至少应包含下列内容：

a） 产品名称；

b） 产品规格；

c） 生产企业名称与地址；

d） 检验合格证；

e） 生产批号或生产日期；

f） 执行标准。

8.2 包装

深水网箱框架系统材料应用防磨、防切割和防雨淋等性能的材料包装或捆扎，外包装上应标明材料名称、规格及数量。

8.3 运输

产品在运输过程中应避免抛摔、拖曳、磕碰、摩擦、油污和化学品的污染，切勿用锋利工具钩挂。

8.4 储存

深水网箱框架系统材料应存放在清洁、干燥的库房内，远离热源 3 m 以上；室外存放应避免阳光照射、风吹雨淋和化学腐蚀的场所。若深水网箱框架系统材料（从生产之日起）储存期超过 2 年，则应经复检，合格后方可出厂。

ICS 65.150
B 56

中华人民共和国水产行业标准

SC/T 4049—2019

超高分子量聚乙烯网片　绞捻型

Ultra-high molecular weight polyethylene netting—Twisting type

2019-08-01 发布　　2019-11-01 实施

中华人民共和国农业农村部　发布

前　言

本标准按照 GB/T 1.1—2009 给出的规则起草。

请注意本文件的某些内容可能涉及专利。本文件的发布机构不承担识别这些专利的责任。

本标准由农业农村部渔业渔政管理局提出。

本标准由全国水产标准化技术委员会渔具及渔具材料分技术委员会(SAC/TC 156/SC 4)归口。

本标准起草单位:山东好运通网具科技股份有限公司、中国水产科学研究院东海水产研究所、帝斯曼(中国)有限公司、北京同益中新材料科技股份有限公司、山东爱地高分子材料有限公司、浙江千禧龙纤特种纤维股份有限公司、鲁普耐特集团有限公司、山东莱威新材料有限公司、海安中余渔具有限公司、青岛奥海海洋工程研究院有限公司、山东鲁普科技有限公司、三沙美济渔业开发有限公司、农业农村部绳索网具产品质量监督检验测试中心。

本标准主要起草人:石建高、张元锐、李大松、贺鹏、张孝先、姚湘江、任意、殷广伟、单吉腾、沈明、赵绍德、曹文英、孟祥君。

超高分子量聚乙烯网片　绞捻型

1　范围

本标准规定了超高分子量聚乙烯绞捻网片的术语和定义、标记、要求、试验方法、检验规则、标志、标签、包装、运输及储存。

本标准适用于网目长度不大于150 mm、目脚直径不大于3.0 mm且名义股数112股以下的超高分子量聚乙烯绞捻网片。

2　规范性引用文件

下列文件对于本文件的应用是必不可少的。凡是注日期的引用文件，仅注日期的版本适用于本文件。凡是不注日期的引用文件，其最新版本(包括所有的修改单)适用于本文件。

GB/T 3939.2　主要渔具材料命名与标记　网片

GB/T 4146.1　纺织品　化学纤维　第一部分:属名

GB/T 4925　渔网　合成纤维网片强力与断裂伸长率试验方法

GB/T 6964　渔网网目尺寸测量方法

GB/T 6965　渔具材料试验基本条件　预加张力

GB/T 18673　渔用机织网片

SC/T 5001　渔具材料基本术语

SC/T 5031　聚乙烯网片　绞捻型

3　术语和定义

GB/T 4146.1、GB/T 18673、SC/T 5001和SC/T 5031界定的以及下列术语和定义适用于本文件。为了便于使用，以下重复列出了GB/T 4146.1、GB/T 18673、SC/T 5001和SC/T 5031中的一些术语和定义。

3.1

超高分子量聚乙烯纤维　ultra high molecular weight polyethylene fiber

分子量为100万～500万的线性聚乙烯所制得的纤维。

注1:超高分子量聚乙烯(ultra high molecular weight polyethylene)简称UHMWPE。

注2:改写GB/T 4146.1—2009,定义3.28。

3.2

绞捻　twisting;twisted knotless

由两根相邻网线的各线股作相互交叉并捻合而成的编织工艺。

注:改写SC/T 5001—2014,定义2.13.3。

3.3

单纱数　number of yarns of twisting netting

每个目脚中的单纱数量。

3.4

名义股数　nominal ply

每个目脚截面中单纱根数之和。

注:改写SC/T 5001—2014,定义2.13.11。

3.5

断裂强力　twisting netting breaking strength

在规定条件下，进行拉伸试验过程中，宽度为 4.5 目的矩形网片试样被拉断记录的最大力。

3.6

破目　broken mesh

网片内相邻的线股或目脚断裂形成的孔洞。

注：改写 GB/T 18673—2008，定义 3.1。

3.7

缺纱　incompleted yarn

构成网片目脚的线股数少于规定的单纱数。

3.8

修补率　repair rate

网片上修补的目数与网目目数的比率。

注：改写 SC/T 5031—2014，定义 3.5。

3.9

起毛　disfigure

由于摩擦或其他原因引起结构破坏松散、网片表面粗糙的现象。

4　标记

4.1　完整标记

完整标记应包含下列内容：

a)　材料代号：超高分子量聚乙烯使用 UHMWPE 表示；

b)　网线规格：以"单纱线密度×名义股数"表示；

c)　网目长度：单位为毫米(mm)；

d)　网片尺寸：以"横向目数×纵向目数或长度"表示；

e)　网片结型代号：绞捻型以"JN"表示；

f)　网目形状：菱形、方形和其他形状分别以 D、S、O 表示；

g)　标准号。

UHMWPE 绞捻网片的规格型号，按 GB/T 3939.2 的规定完整标记表示方法如下：

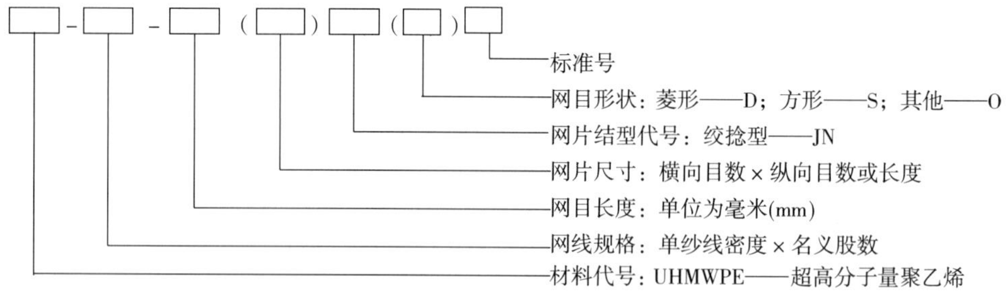

示例：

按 SC/T 4049 标准生产，以线密度为 22 texUHMWPE 纤维制作、名义股数为 48 股、网目长度为 40 mm、横向目数 100、纵向目数 100.5 的菱形网目 UHMWPE 绞捻网片标记为：

UHMWPE-22tex×48-40mm(100T×100.5N)JN(D) SC/T 4049

4.2　简便标记

在网片制图、生产、运输等中，可采用网片简便标记。网片简便标记应包含下列内容：

a)　材料代号：超高分子量聚乙烯使用 UHMWPE 表示；

b)　网线规格：以"单纱线密度×名义股数"表示；

c)　网目长度：单位为毫米(mm)。

UHMWPE 绞捻网片的规格型号，按 GB/T 3939.2 的规定简便标记表示方法如下：

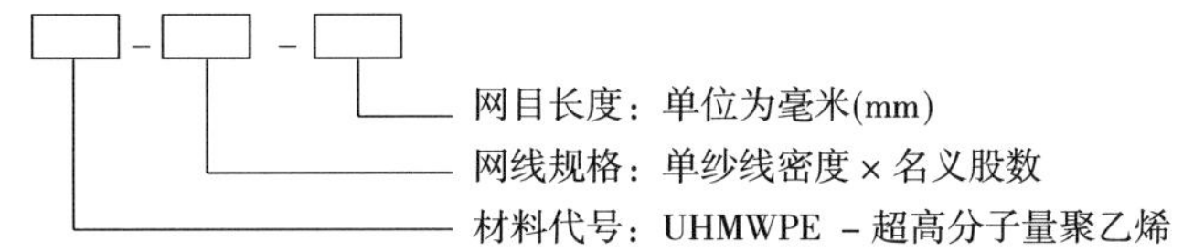

示例：

按 SC/T 4049 标准生产，以线密度为 22 texUHMWPE 纤维制作、名义股数为 48 股、网目长度为 40 mm、横向目数 100、纵向目数 100.5 的菱形网目 UHMWPE 绞捻网片简便标记为：

UHMWPE-22tex×48-40mm

5 要求

5.1 外观质量

应符合表 1 的规定。每处修补长度以网目闭合时长度累计。

表 1 外观质量

序 号	项 目	要 求
1	破目	不允许
2	缺纱	10 股(含)以下不允许
		10 股以上≤2 股单纱
3	修补率	≤0.15%
4	每处修补长度	≤2m
5	起毛	未起毛

5.2 网目长度及偏差率

网目长度及偏差率应符合表 2 的规定。

表 2 网目长度及其偏差率

网目长度 $2a$，mm	要 求，%	
	未定型	定型
$2a$≤10	±7.5	±5.5
10<$2a$≤20	±7.0	±5.0
20<$2a$≤45	±6.5	±4.5
45<$2a$≤80	±6.0	±4.0
80<$2a$≤120	±5.8	±3.8
$2a$>120	±5.5	±3.5

5.3 网片纵向断裂强力

网片纵向断裂强力及其变异系数应符合表 3 的规定，其中，网片纵向断裂强力为网片干态断裂强力。以其他线密度纤维加工、名义股数范围位于 16～112 之间的网片纵向断裂强力按式(1)计算。

表 3 网片纵向断裂强力及其变异系数

序号	规 格	网片纵向断裂强力 N	变异系数 %
1	22tex×16	720	10.0
2	22tex×32	1 430	10.0
3	22tex×48	2 150	10.0
4	22tex×64	2 870	10.0
5	22tex×72	3 230	10.0
6	22tex×80	3 590	10.0
7	22tex×88	3 950	10.0
8	22tex×96	4 310	10.0
9	22tex×104	4 670	10.0
10	22tex×112	5 030	10.0

$$F = F_0 \times \frac{\rho}{22} \quad \cdots\cdots (1)$$

式中：

F ——所求规格网片的纵向断裂强力，单位为牛(N)；

F_0——22tex 纤维构成网片的纵向断裂强力，单位为牛(N)；

ρ ——所求规格网片用纤维的线密度，单位为特克斯(tex)。

以其他线密度纤维加工、名义股数范围小于 16 的网片纵向断裂强力按式(2)计算。

$$F = 45 \times \frac{\rho}{22} \times n \quad \cdots\cdots (2)$$

式中：

n ——所求规格网片的名义股数。

6 试验方法

6.1 外观质量

应在自然光线下，通过目测进行检验。

6.2 网目长度及偏差率

6.2.1 网目长度

按 GB/T 6964 和 GB/T 6965 的规定进行检验。

6.2.2 偏差率

按式(3)计算。

$$\Delta 2a = \frac{2a - 2a_0}{2a_0} \times 100 \quad \cdots\cdots (3)$$

式中：

$\Delta 2a$ ——网目长度偏差率，单位为百分率(%)；

$2a$ ——网片的实测网目长度，单位为毫米(mm)；

$2a_0$ ——网片的公称网目长度，单位为毫米(mm)。

6.3 网片纵向断裂强力

仪器、测试要求、取样和试样处理按 GB/T 4925 的规定执行。网片纵向断裂强力按 GB/T 4925 的规定执行。

7 检验规则

7.1 出厂检验

7.1.1 每批产品需经厂检验部门进行出厂检验，合格后并附有合格证方可出厂。

7.1.2 出厂检验项目为外观质量、网片纵向断裂强力。

7.1.3 判定规则

绞捻网片的检验结果，按以下规则进行判定：

a) 若所有样品的检验项目符合第 5 章中的要求，则判该批产品合格；

b) 若有 1 个(或 1 个以上)样品的网片纵向断裂强力不符合第 5 章相应要求时，则判该批产品不合格；

c) 若有 2 个(或 2 个以上)样品外观质量不符合第 5 章相应要求时，则判该批产品不合格；若有 1 个样品外观质量不符合第 5 章相应要求时，应在该批产品中加倍抽样进行复检，若复检结果仍不符合要求，则判该批产品不合格。

7.2 型式检验

7.2.1 型式检验每半年至少进行一次，有下列情况之一时亦应进行型式检验：

a) 新产品试制定型鉴定时或老产品转厂生产时；

b) 原材料和工艺有重大改变，可能影响产品性能时；

c) 质量技术监督部门提出型式检验要求时；

d) 其他提出型式检验要求时。

7.2.2 型式检验项目为第5章的全部项目。

7.2.3 抽样

7.2.3.1 产品按批量抽样，在相同工艺条件下，同一品种、同一规格的100片UHMWPE绞捻网片为一批，不足100片亦为一批。

7.2.3.2 从每批UHMWPE绞捻网片中随机抽取5片作为样品进行检验。

7.2.4 判定规则

绞捻网片的检验结果，按以下规定进行判定：

a) 若所有样品的检验项目符合第5章中的要求，则判该批产品合格；

b) 若有1个(或1个以上)样品的网片纵向断裂强力不符合第5章相应要求时，则判该批产品不合格；

c) 除网片纵向断裂强力以外的检验项目，若有2个(或2个以上)样品不符合第5章相应要求时，则判该批产品不合格；若有1个样品不符合第5章相应要求时，应在该批产品中加倍抽样进行复检，若复检结果仍不符合要求，则判该批产品不合格。

8 标志、标签、包装、运输及储存

8.1 标志、标签

每片网片应附有产品合格证明作为标签，合格证明上应标明产品的标记、商标、生产企业名称与详细地址、生产日期、检验标志和执行标准编号。

8.2 包装

产品应捆扎牢固，便于运输。

8.3 运输

产品在运输时应避免拖曳摩擦，切勿用锋利工具钩挂。

8.4 储存

产品应储存在远离热源、无阳光直射、通风干燥、无腐蚀性化学物质的场所。产品储存期超过1年，必须经复检后方可出厂。

ICS 65.150
B 56

中华人民共和国水产行业标准

SC/T 4050.1—2019

拖网渔具通用技术要求　第1部分:网衣

General technical requirement of trawl—Part 1: Netting

2019-08-01 发布　　2019-11-01 实施

中华人民共和国农业农村部　发布

前　言

SC/T 4050《拖网渔具通用技术要求》拟分为如下部分：

——第1部分：网衣；

——第2部分：浮子；

——第3部分：沉子；

——第4部分：纲索；

——第5部分：网板；

…………

本部分为SC/T 4050的第1部分。

本部分按照GB/T 1.1—2009给出的规则起草。

请注意本文件的某些内容可能涉及专利。本文件的发布机构不承担识别这些专利的责任。

本部分由农业农村部渔业渔政管理局提出。

本部分由全国水产标准化技术委员会渔具及渔具材料分技术委员会(SAC/TC 156/SC 4)归口。

本部分起草单位：上海海洋大学、中国水产科学研究院东海水产研究所、海安中余渔具有限公司、鲁普耐特集团有限公司、青岛奥海海洋工程研究院有限公司、山东鲁普科技有限公司、山东莱威新材料有限公司、湛江市经纬网厂、浙江千禧龙纤特种纤维股份有限公司、江苏金枪网业有限公司、晋江培基渔网有限公司、仙桃市鑫农绳网科技有限公司、山东环球渔具股份有限公司、农业农村部绳索网具产品质量监督检验测试中心、浙江海洋大学。

本部分主要起草人：张健、石建高、孙满昌、沈明、任意、张春文、姚湘江、赵绍德、周浩、从桂懋、陈俊仁、曹文英、陈志祥、宋伟华、周文博。

拖网渔具通用技术要求　第1部分:网衣

1　范围

本部分规定了拖网渔具网衣的术语和定义、分类和标记、要求、检验方法、检验规则、标志、标签、包装、运输及储存要求。

本部分适用于经定型处理后的拖网渔具用聚乙烯单丝单线单死结型网片、聚酰胺复丝单线单死结型网片、聚乙烯单丝经编网片、超高分子量聚乙烯纤维经编网片、聚酰胺复丝经编网片。

2　规范性引用文件

下列文件对于本文件的应用是必不可少的。凡是注日期的引用文件,仅注日期的版本适用于本文件。凡是不注日期的引用文件,其最新版本(包括所有的修改单)适用于本文件。

GB/T 251　纺织品　色牢度试验　评定沾色用灰色样卡

GB/T 3939.2　主要渔具材料命名与标记　网片

GB/T 4925　渔网　合成纤维网片强力与断裂伸长率的测定

GB/T 6964　渔网网目尺寸测量方法

GB/T 6965　渔具材料试验基本条件　预加张力

GB/T 18673　渔用机织网片

GB/T 21292　渔网　网目断裂强力的测定

SC/T 4001　渔具基本术语

SC/T 4066　渔用聚酰胺经编网片通用技术要求

SC/T 5001　渔具材料基本术语

SC/T 5021　聚乙烯网片　经编型

SC/T 5022　超高分子量聚乙烯网片　经编型

3　术语和定义

GB/T 18673、SC/T 4001、SC/T 4066 和 SC/T 5001 界定的以及下列术语和定义适用于本文件。为了便于使用,以下重复列出了 GB/T 18673、SC/T 4001、SC/T 4066 和 SC/T 5001 中的一些术语和定义。

3.1

拖网类　trawl

用渔船拖曳作业,迫使捕捞对象进入网囊的网具。

[SC/T 4001—1995,定义 2.3]

3.2

渔具　fishing gear

海洋或内陆水域中,直接捕捞水生经济动物的工具。

[SC/T 4001—1995,定义 2]

3.3

网衣　netting

组成网具部件的网片。

注:改写 SC/T 4001—1995,定义 2.4。

3.4

名义股数　nominal ply

网片目脚截面单丝或单纱根数之和。

[SC/T 5001—2014,定义 2.13.11]

3.5

漏目　leak mesh

漏织而造成的异形网目。

[GB/T 18673—2008,定义 3.2]

3.6

破目　broken mesh

网片内一个或更多的相邻的线断裂形成的孔洞。

注:改写 GB/T 18673—2008,定义 3.1。

3.7

并目　closed mesh

相邻目脚中因纱线牵连而不能展开的网目。

[GB/T 18673—2008,定义 3.8]

3.8

K 型网目　K-mesh

目脚长短不同的网目。

[GB/T 18673—2008,定义 3.3]

3.9

扭结　contorted knotted

网结的上下两目成 180°夹角。

[GB/T 18673—2008,定义 3.5]

3.10

活络结　reef knotted

一根网线成圈不良而使另一根网线能够滑动的网结。

[GB/T 18673—2008,定义 3.4]

3.11

跳纱　leaping yarn

一段纱线越过了数个应该与其相联结的线圈纵行。

[GB/T 18673—2008,定义 3.9]

3.12

色差　color difference

纺织品之间或与标准卡之间的颜色差异。

[SC/T 4066—2017,定义 3.6]

4　分类和标记

4.1　分类

4.1.1　按工艺不同分类

拖网渔具网衣按工艺不同分为定型网片与未定型网片。

4.1.2　按材料和结构不同分类

拖网渔具网衣按材料和结构不同分为下列类型:

a)　聚乙烯单丝单线单死结型网片(简称 PE 网片);

b)　聚酰胺复丝单线单死结型网片(简称 PA 复丝网片);

c)　聚乙烯单丝经编网片(简称 PE 经编网片);

d)　超高分子量聚乙烯纤维经编网片(简称 UHMWPE 经编网片);

e) 聚酰胺复丝经编网片(简称 PA 经编网片)。

4.2 标记

4.2.1 PE 网片和 PA 复丝网片的规格型号按 GB/T 3939.2 规定,表示方法如下:

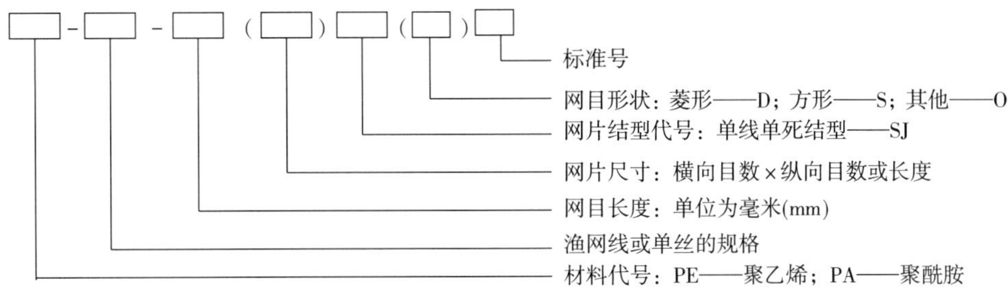

示例 1:

由线密度为 36 tex 的 PE 单丝构成的 30×3 的渔网线、网目长度为 90 mm、横向目数 200、纵向目数 100.5 的菱形网目 PE 网片标记为:

PE-36tex×30×3-90 mm(200T×100.5N)SJ(D) SC/T 4050.1

当拖网渔具网衣使用简便标记时,可省略网片尺寸、结型代号、网目形状、标准号。

示例 2:

由线密度为 36 tex 的 PE 单丝构成的 30×3 的渔网线、网目长度为 90 mm、横向目数 200、纵向目数 100.5 的菱形网目 PE 网片简便标记为:

PE-36tex×30×3-90 mm

4.2.2 PE 经编网片、UHMWPE 经编网片和 PA 经编网片的规格型号按 GB/T 3939.2 的规定,表示方法如下:

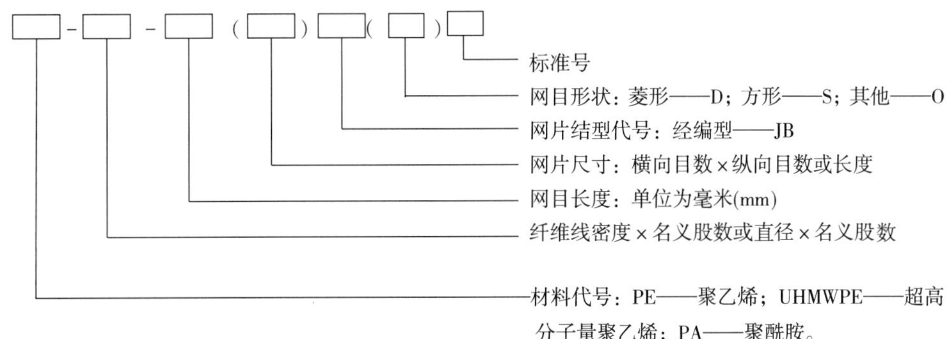

示例 1:

由线密度为 36 tex 的 PE 单丝制作、名义股数为 90 股、网目长度为 75 mm、横向目数 120、纵向目数 700 的方形网目 PE 经编网片标记为:

PE-36tex×90-75mm(120T×700N)JB(S) SC/T 4050.1

当拖网渔具网衣使用简便标记时,可省略网目形状、结型代号、横向目数×纵向目数或长度。

示例 2:

由线密度为 36 tex 的 PE 单丝制作、名义股数为 90 股、网目长度为 75 mm、横向目数 120、纵向目数 700 的方形网目 PE 经编网片简便标记为:

PE-36tex×90-75 mm

5 要求

5.1 外观质量

5.1.1 PE 网片和 PA 复丝网片的外观质量应符合表 1 的规定。

表 1 PE 网片和 PA 复丝网片的外观质量

序 号	项 目	要 求
1	漏目	≤0.02%
2	破目	≤0.01%
3	K 型网目	不明显
4	扭结	≤0.01%
5	活络结	≤0.02%
6	混线	不允许
7	色差(不低于)	3～4

5.1.2 PE 经编网片、UHMWPE 经编网片和 PA 经编网片的外观质量应符合表 2 的规定。

表 2 PE 经编网片、UHMWPE 经编网片和 PA 经编网片的外观质量

序 号	项 目	不同名义股数下的网片外观质量要求	
		5 股网片	5 股以上网片
1	破目,%	≤0.03	≤0.03
2	并目[a],%	≤0.05	≤(0.01×名义股数)
3	跳纱,%	≤0.01	≤0.01
4	缺股[a],%	≤0.10	≤(0.02×名义股数)
5	修补率,%	≤0.10	≤0.10
6	每处修补长度,m	≤2.00	≤2.00

注 1:每处修补长度以网目闭合时长度累计。

注 2:破目、并目、跳纱、缺股和修补率均为网片中发生的外观质量疵点目数占网片总目数的百分比。

[a] 对 5 股以上的网片,可通过名义股数计算出其允许的并目、缺股要求;如 30 股网片的并目要求为≤0.30%、缺股要求为≤0.60%。

5.2 网目长度

5.2.1 PE 网片和 PA 复丝网片的网目长度及其偏差率应符合表 3 的规定。

表 3 PE 网片和 PA 复丝网片的网目长度及其偏差率

网目长度 $2a$ mm	要 求	
	PE 网片,%	PA 复丝网片,%
$10\leqslant 2a\leqslant 25$	±4.5	±5.5
$25<2a\leqslant 50$	±4.0	±5.0
$50<2a\leqslant 100$	±3.5	±4.5
$2a>100$	±3.0	±4.0

5.2.2 PE 经编网片、UHMWPE 经编网片和 PA 经编网片的网目长度及其偏差率应符合表 4 的规定。

表 4 PE 经编网片、UHMWPE 经编网片和 PA 经编网片的网目长度及其偏差率

网目长度 $2a$,mm	要求,%
$2a\leqslant 10$	±5.5
$10<2a\leqslant 20$	±5.0
$20<2a\leqslant 45$	±4.5
$45<2a\leqslant 80$	±4.0
$80<2a\leqslant 120$	±3.8
$2a>120$	±3.5

5.3 网片强力

5.3.1 PE 网片

PE 网片网目断裂强力不得低于式(1)式或(2)的要求。

$$F_M = f\frac{\rho_x}{36} \quad \cdots\cdots (1)$$

$$F_M = f\left(\frac{d}{0.2}\right)^2 \quad \cdots\cdots (2)$$

式中：

F_M ——网片网目断裂强力，单位为牛(N)；

ρ_x ——构成渔网线的单丝的公称线密度，单位为特克斯(tex)；

d ——构成渔网线的单丝直径，单位为毫米(mm)；

f ——网目断裂强力系数。

网目断裂强力系数不小于表 5 所列相应数值，若在表 5 查不到的可用插值法按式(3)求得(保留 3 位有效数字)。

表 5 PE 网片网目断裂强力系数

股数	网目断裂强力系数	股数	网目断裂强力系数
2	29.0	45	568
3	44.0	48	605
4	58.0	51	650
6	82.0	54	682
9	123	60	758
12	151	75	900
15	189	90	1 070
18	227	120	1 440
21	265	150	1 750
24	303	180	2 100
27	340	210	2 400
30	379	240	2 650
33	416	270	2 910
36	455	300	3 230
39	492	360	3 870
42	530	450	4 840

$$f_x = f_{x1} + (f_{x2} - f_{x1})\frac{n - n_1}{n_2 - n_1} \quad \cdots\cdots (3)$$

式中：

f_x ——所求的网目断裂强力系数；

f_{x1}、f_{x2}——相邻的网目断裂强力系数($f_{x1} < f_{x2}$)；

n ——总股数；

n_1、n_2 ——相邻的两总股数($n_1 < n_2$)。

5.3.2 PA 复丝网片

PA 复丝网片网目断裂强力不得低于式(4)的要求。

$$F_M = f\frac{\rho_x}{23} \quad \cdots\cdots (4)$$

网目断裂强力系数不小于表 6 所列数值，若在表 6 查不到的可用插值法按式(3)求得(保留 3 位有效数字)。

表 6 **PA 复丝网片网目断裂强力系数**

股数	网目断裂强力系数	股数	网目断裂强力系数
2	25.0	33	335
3	35.0	36	360
4	50.0	39	390
6	65.0	42	420
9	95.5	45	450
12	125	48	480
15	156	51	510
18	185	54	540
21	215	60	600
24	245	75	750
27	275	90	900
30	305	120	1 200

5.3.3 PE 经编网片

PE 经编网片纵向断裂强力应符合 SC/T 5021 的规定。

5.3.4 UHMWPE 经编网片

UHMWPE 经编网片纵向断裂强力应符合 SC/T 5022 的规定。

5.3.5 PA 经编网片

PA 经编网片纵向断裂强力应符合 SC/T 4066 的规定。

6 检验方法

6.1 外观质量

6.1.1 外观质量应在自然光线下,通过目测并采用卷尺等工具进行检验。

6.1.2 色差按 GB/T 251 的规定进行检验。

6.2 网目长度偏差率

6.2.1 网目长度的测量按 GB/T 6964 和 GB/T 6965 的规定进行检验。

6.2.2 网目长度偏差率按式(5)计算。

$$\Delta 2a = \frac{2a - 2a_0}{2a_0} \times 100 \quad \cdots\cdots (5)$$

式中:

$\Delta 2a$ ——网目长度偏差率,单位为百分率(%);

$2a$ ——网片的实测网目长度,单位为毫米(mm);

$2a_0$ ——网片的公称网目长度,单位为毫米(mm)。

6.3 网片强力

6.3.1 网目断裂强力

按 GB/T 21292 的规定进行检验,每个试样有效测试次数不少于 10 次,取其算术平均值,保留 3 位有效数字。

6.3.2 网片纵向断裂强力

按 GB/T 4925 的规定进行检验,每个试样有效测试次数不少于 10 次,取其算术平均值,保留 3 位有效数字。

7 检验规则

7.1 出厂检验

7.1.1 每批产品需经厂检验部门进行出厂检验,合格后并附有合格证方可出厂。

7.1.2 出厂检验项目为5.1、5.2和5.3中规定项目。

7.2 型式检验

7.2.1 型式检验每半年至少进行1次，有下列情况之一时亦应进行型式检验：

a) 新产品试制定型鉴定时或老产品转厂生产时；

b) 原材料和工艺有重大改变，可能影响产品性能时；

c) 质量技术监督部门提出型式检验要求时。

7.2.2 型式检验项目为第5章的全部项目。

7.2.3 抽样

7.2.3.1 产品按批量抽样，在相同工艺条件下，同一品种、同一规格的100片渔用机织网片为一批，不足100片亦为一批。

7.2.3.2 从每批渔用机织网片中随机抽取5片作为样品进行检验。

7.2.4 判定规则

a) 在检验结果中，若所有样品的检验项目符合第5章中的要求，则判该批产品合格；

b) 在检验结果中，若有1个(或1个以上)样品的网片强力不符合第5章相应要求时，则判该批产品不合格；

c) 在检验结果中，若有2个(或2个以上)样品除网片强力以外的检验项目不符合第5章相应要求时，则判该批产品不合格；

d) 在检验结果中，若有1个样品除网片强力以外的检验项目不符合第5章相应要求时，应在该批产品中加倍抽样进行复检，若复检结果仍不符合要求，则判该批产品不合格。

8 标志、标签、包装、运输及储存

8.1 标志、标签

每片网片应附有产品合格证明作为标签，合格证明上应标明产品的标记、商标、生产企业名称与详细地址、生产日期、检验标志和执行标准编号。

8.2 包装

产品应捆扎牢固，便于运输。

8.3 运输

产品在运输时应避免拖曳摩擦，切勿用锋利工具钩挂。

8.4 储存

产品应储存在远离热源、无阳光直射、通风干燥、无腐蚀性化学物质的场所。产品储存期超过1年，必须经复检后方可出厂。

ICS 65.150
B 56

中华人民共和国水产行业标准

SC/T 4050.2—2019

拖网渔具通用技术要求 第2部分:浮子

General technical requirement of trawl—Part 2: Float

2019-08-01 发布 2019-11-01 实施

中华人民共和国农业农村部 发布

前　言

SC/T 4050《拖网渔具通用技术要求》拟分为如下部分：

——第1部分：网衣；

——第2部分：浮子；

——第3部分：沉子；

——第4部分：纲索；

——第5部分：网板；

…………

本部分为SC/T 4050的第2部分。

本部分按照GB/T 1.1—2009给出的规则起草。

请注意本文件的某些内容可能涉及专利。本文件的发布机构不承担识别这些专利的责任。

本部分由农业农村部渔业渔政管理局提出。

本部分由全国水产标准化技术委员会渔具及渔具材料分技术委员会(SAC/TC 156/SC 4)归口。

本部分起草单位：上海海洋大学、中国水产科学研究院东海水产研究所、海安中余渔具有限公司、鲁普耐特集团有限公司、温州塑料厂有限公司、青岛奥海海洋工程研究院有限公司、山东鲁普科技有限公司、宁波英特琳塑料科技有限公司、中国水产科学研究院渔业机械仪器研究所、山东莱威新材料有限公司、湛江市经纬网厂、江苏金枪网业有限公司、农业农村部绳索网具产品质量监督检验测试中心、浙江海洋大学。

本部分主要起草人：张健、石建高、孙满昌、沈明、钟文珠、赵绍德、黄长生、冯长志、任意、张春文、从桂懋、曹文英、宋伟华。

拖网渔具通用技术要求 第2部分:浮子

1 范围

本部分规定了拖网渔具用浮子的术语和定义、标记、要求、检验方法、检验规则、标志、标签、包装、运输及储存要求。

本部分适用于耐压水深不超过300 m的硬质球形丙烯腈-丁二烯-苯乙烯(简称ABS)塑料浮子,其他类型浮子可参照执行。

2 规范性引用文件

下列文件对于本文件的应用是必不可少的。凡是注日期的引用文件,仅注日期的版本适用于本文件。凡是不注日期的引用文件,其最新版本(包括所有的修改单)适用于本文件。

GB/T 3939.4 主要渔具材料命名与标记 浮子

SC/T 4001 渔具基本术语

SC/T 5001 渔具材料基本术语

SC/T 5002—2009 塑料浮子试验方法 硬质球形

3 术语和定义

SC/T 4001、SC/T 5001和SC/T 5002—2019界定的以及下列术语和定义适用于本文件。为了便于使用,以下重复列出了SC/T 4001和SC/T 5002中的一些术语和定义。

3.1

拖网类 trawl

用渔船拖曳作业,迫使捕捞对象进入网囊的网具。

[SC/T 4001—1995,定义2.3]

3.2

渔具 fishing gear

海洋或内陆水域中,直接捕捞水生经济动物的工具。

[SC/T 4001—1995,定义2]

3.3

浮子 float

在水中具有浮力或在运动中能产生升力,且形状和结构适合于装配在渔具上的属具。

[SC/T 5001—2014,定义2.19]

3.4

硬质球形塑料浮子 rigid spherical plastic float

以ABS、高密度聚乙烯(HDPE)等塑料为原料,通过人工合成的球形高硬度浮子。

3.5

工作压力 working pressure

浮子在公称耐压水深使用时所承受的水压力,以kPa为单位。

[SC/T 5002—2009,定义3]

4 标记

浮子标记包含下列内容:

a) 浮子类型:双耳浮子、四耳浮子及其他类型浮子分别用 DE、FE、OE 代号表示;
b) 产品材质:ABS 浮子、HDPE 浮子及其他材质浮子分别用 ABS、HDPE、OM 代号表示;
c) 外形尺寸:球形浮子为外径,非球形浮子为外形最大的长度乘宽度乘厚度,单位为毫米(mm);
d) 在球形浮子外径的毫米值之前,应写上“Φ”;
e) 耐压水深:单位为米(m);
f) 标准号。

浮子的规格型号按 GB/T 3939.4 的规定,表示方法如下:

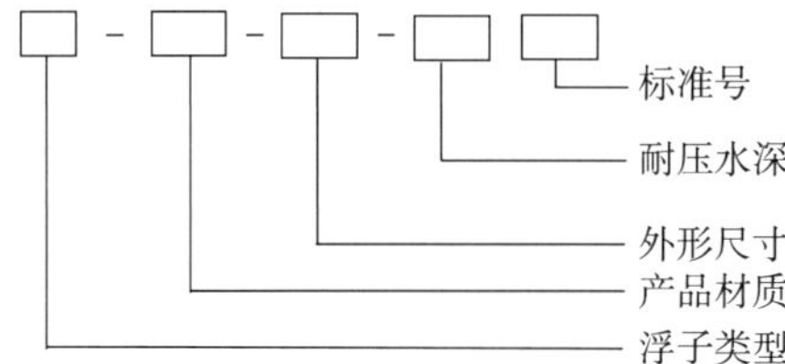

示例 1:

根据本部分,耐压水深为 150 m、外径为 260 mm 的双耳硬质球形 ABS 塑料浮子标记为:

DE-ABS-Φ260-150 SC/T 4050.2

在产品标志、渔具制图和浮子为非球形时等场合,浮子可采用简便标记,简便标记可省浮子标记内容中的 a)、e)项。

示例 1:

根据本部分,耐压水深为 150 m、外径为 260 mm 的双耳硬质球形 ABS 塑料浮子简便标记为:

ABS-Φ260-150

5 要求

5.1 外观质量

硬质球形 ABS 塑料浮子的外观质量应符合表 1 的规定。

表 1 硬质球形 ABS 塑料浮子外观质量

序 号	项 目	要 求
1	表面	光滑,不允许有裂缝,色泽基本一致
2	气泡	直径 2 mm~3 mm 的气泡不超过 3 个,泡孔间距大于等于 5 mm;耳环内壁处不允许有直径大于 4 mm的气泡存在
3	杂点	直径 2 mm~3 mm 的杂点不超过 5 个,点距大于等于 10 mm
4	焊缝	焊缝处无明显的裂缝
5	变形	不允许有明显变形,耳环处不允许明显胀大

5.2 物理机械性能

硬质球形 ABS 塑料浮子的物理机械性能应符合表 2 的规定。

表 2 硬质球形 ABS 塑料浮子物理机械性能

序号	公称外径 mm	耐压水深 m	浮力[a] N	额定工作压力[b] kPa	破碎压力 kPa	耐冲击性[c]
1	Φ260	150	8.0	1 500	2 400	不破碎
2	Φ280	150	9.8	1 500	2 400	
3	Φ300	150	11.6	1 500	2 400	
4	Φ400	150	30.0	1 500	2 400	
5	Φ250	200	7.2	2 000	3 000	
6	Φ280	200	9.6	2 000	3 000	
7	Φ300	200	11.4	2 000	3 000	
8	Φ240	300	6.0	3 000	4 000	

表 2(续)

序号	公称外径 mm	耐压水深 m	浮力[a] N	额定工作压力[b] kPa	破碎压力 kPa	耐冲击性[c]
9	Φ280	300	9.2	3 000	4 000	不破碎
10	Φ300	300	11.3	3 000	4 000	

[a] 浮力允差±10%。

[b] 额定工作压力允差±100 kPa;额定工作压力试验时,2 只试样无凹损、破裂、渗漏。

[c] 耐冲击试验条件按 SC/T 5002—2009 中 9.1 的规定执行。

6 检验方法

6.1 外观质量

通过目测和直尺等工具测试,逐个检验试样的外观质量。

6.2 物理机械性能

6.2.1 浮力

按 SC/T 5002—2009 中 8 的规定进行检验。

6.2.2 耐冲击性

按 SC/T 5002—2009 中 9 的规定进行检验。

6.2.3 工作压力

按 SC/T 5002—2009 中 10 的规定进行检验。

6.2.4 破碎压力

按 SC/T 5002—2009 中 11 的规定进行检验。

7 检验规则

7.1.1 出厂检验

硬质球形 ABS 塑料浮子出厂检验项目为外观、工作压力和破碎压力。

7.1.2 型式检验

7.1.2.1 型式检验每半年至少进行 1 次,有下列情况之一时亦应进行型式检验:

a) 新产品试制定型鉴定时或老产品转厂生产时;

b) 原材料和工艺有重大改变,可能影响产品性能时;

c) 质量技术监督部门提出型式检验要求时。

7.1.2.2 硬质球形 ABS 塑料浮子型式检验项目为外观、浮力、工作压力、破碎压力和抗冲击性。

7.1.3 抽样

硬质球形 ABS 塑料浮子产品按批量抽样,在相同工艺条件下,同一品种、同一规格的 1 000 只浮子为一批,不足 1 000 只亦为一批;从每批浮子中随机抽取 6 只作为样品进行检验。

7.1.4 判定规则

7.1.4.1 在检验结果中,若所有样品的检验项目符合第 5 章中的要求,则判该批产品合格。

7.1.4.2 在 1 个(或 1 个以上)硬质球形 ABS 塑料浮子样品检验结果中,如果工作压力、破碎压力和抗冲击性中有 2 个(或 2 个以上)检验项目不合格,那么判该批产品不合格;如果工作压力、破碎压力和抗冲击性中有 1 个检验项目不合格,应在该批产品中加倍抽样进行复检,如果复检结果仍不符合要求,则判该批产品不合格。

8 标志、标签、包装、运输及储存

8.1 标志、标签

每批产品均应附有产品合格证明作为标签,合格证明上应标明产品的标记、商标、生产企业名称与详细地址、生产日期、检验标志和执行标准编号。

8.2 包装

产品宜以编织袋、塑料箱等包装，便于运输。

8.3 运输

产品在运输时应避免撞击、重压、暴晒、雨淋和拖曳摩擦，切勿用锋利工具钩挂。

8.4 储存

产品应储存在远离热源、无阳光直射、通风干燥、无腐蚀性化学物质的场所。产品储存期超过1年，须经复检后方可出厂。

ICS 65.150
P 87

中华人民共和国水产行业标准

SC/T 5108—2019

锦鲤售卖场条件

Conditions of Koi store

2019-08-01 发布　　2019-11-01 实施

中华人民共和国农业农村部　发布

前　言

本标准按照 GB/T 1.1—2009 给出的规则起草。

请注意本文件的某些内容可能涉及专利。本文件的发布机构不承担识别这些专利的责任。

本标准由农业农村部渔业渔政管理局提出。

本标准由全国水产标准化技术委员会观赏鱼分技术委员会(SAC/TC 156/SC 8)归口。

本标准起草单位:中国水产科学研究院珠江水产研究所

本标准主要起草人:汪学杰、宋红梅、胡隐昌、刘奕、牟希东、刘超、顾党恩、罗渡、杨叶欣、徐猛、韦慧。

锦鲤售卖场条件

1 范围

本标准规定了锦鲤售卖场的场址选择、分区和布局、展示售卖区、隔离区、消毒包装区、办公区和排放水处理设施。

本标准适用于锦鲤售卖场。

2 规范性引用文件

下列文件对于本文件的应用是必不可少的。凡是注日期的引用文件，仅注日期的版本适用于本文件。凡是不注日期的引用文件，其最新版本（包括所有的修改单）适用于本文件。

GB 11607　渔业水质标准

SC/T 9101　淡水池塘养殖水排放要求

3 场址选择

应选择环境良好、水源充足、交通便利、供电网覆盖的场所。应远离光污染、噪声污染、粉尘污染、震动等不利环境条件。水源水质应符合 GB 11607 的要求。

4 分区和布局

4.1 分区

应包含但不限于展示售卖区、隔离区、消毒包装区和办公区 4 个主要区域。

4.2 布局

办公区和消毒包装区宜设于运输车辆出入口附近，展示售卖区应与包装区相邻并联通。隔离区应与展示售卖区有不小于 2 m 的缓冲区。

5 展示售卖区

5.1 展示售卖区设施设备

包括展示养殖池、遮阳和遮雨设施、保温设施、增氧设施和出入口等部分。

5.2 展示养殖池

5.2.1 结构

单池循环净化池结构，由展示单元和水质净化处理单元组成，二者容积比(3～6)∶1。

5.2.2 形状与规格

矩形，短边长 2 m～8 m，长边为短边的 1 倍～3 倍，深度 1.2 m～3 m。

5.2.3 进水装置

进水通过管道输送，进水口设于展示单元或净化处理单元，高于最高水位线。

5.2.4 防跳设施

展示单元周边可设防跳护栏。

5.2.5 溢流及排水口

设适宜的溢流口，池底部设排水口。

5.2.6 循环水泵

展示单元与净化处理单元之间应安装循环水泵，水泵的功效应满足池水循环率不少于每小时循环 1/2 次的要求。

5.2.7 净化处理单元

应具备物理净化和生物净化功能,其净化处理能力应保证水质符合下列要求:透明度≥3.0 m;悬浮物质≤10 mg/L;非离子氨≤0.02 mg/L;亚硝酸盐≤0.01 mg/L;pH 7.0～8.5。

5.3 遮阳遮雨设施

室外展示售卖区应有遮阳遮雨设施,设施以不妨碍展示养殖池的通风和日常管理操作为宜。

5.4 保温设施

室外展示售卖区可建造保温大棚,可与遮阳遮雨棚合用同一棚架,低温季节棚顶及四周覆盖透光保温材料。

5.5 增氧设施

应配备必要的增氧设施,保证养殖水体溶氧浓度不低于 5 mg/L。

5.6 出入口

宜在区域两端分设入口和出口,入口处应设洗手盆和鞋底消毒池。

6 隔离区

6.1 隔离设施

应隔离出相对独立的区域,隔离墙的顶端至少比隔离池水位线高出 1.5 m。隔离区内地面宜略低于周围地面,隔离墙内侧建集水沟。

6.2 入口和出口

入口与出口应分开设置,悬挂警示标识,配备必要的消毒设施。

6.3 隔离池

每个池配备增氧系统和独立的过滤系统。池之间设置高出池面至少 1 m 的隔离挡板。

6.4 排放水处理设施

隔离区应设置独立的集水排水系统和消毒设施。

7 消毒包装区

包括蓄水池、消毒池、包装材料存放区域和包装操作场地。

8 办公区

可配置必要的办公与会客设施。

9 排放水处理设施

应建排放水集中处理设施,排放水应符合 SC/T 9101 的要求。

ICS 65.150
B 52

中华人民共和国水产行业标准

SC/T 5709—2019

金鱼分级　水泡眼

Classification of goldfish—Bubble-eye

2019-08-01 发布　　2019-11-01 实施

中华人民共和国农业农村部　发布

前　　言

本标准按照 GB/T 1.1—2009 给出的规则起草。

请注意本文件的某些内容可能涉及专利。本文件的发布机构不承担识别这些专利的责任。

本标准由农业农村部渔业渔政管理局提出。

本标准由全国水产标准化技术委员会观赏鱼分技术委员会(SAC/TC 156/SC 8)归口。

本标准起草单位:中国水产科学研究院珠江水产研究所。

本标准主要起草人:宋红梅、汪学杰、胡隐昌、刘奕、牟希东、刘超、顾党恩、罗渡、杨叶欣、徐猛。

金鱼分级　水泡眼

1　范围

本标准规定了水泡眼金鱼（*Carassius auratus* L. var）的术语和定义、分级要求、检测方法及等级判定要求。

本标准适用于无背鳍水泡眼金鱼的分级，其他类似品种可参照执行。

2　规范性引用文件

下列文件对于本文件的应用是必不可少的。凡是注日期的引用文件，仅注日期的版本适用于本文件。凡是不注日期的引用文件，其最新版本（包括所有的修改单）适用于本文件。

GB/T 18654.3　养殖鱼类种质检验　第3部分：性状测定

SC/T 5704　金鱼分级　蝶尾

3　术语和定义

GB/T 18654.3、SC/T 5704 界定的及下列术语和定义适用于本文件。

3.1

水泡眼金鱼　goldfish bubble-eye

两侧眼球下方各着生一个由皮肤衍生的半透明囊泡的金鱼。

4　分级要求

4.1　基本特征

4.1.1　体形

长卵圆形。平头型，两侧眼球下方各有一个大水泡，尾鳍2叶或4叶，左右对称。外形特征参见附录A。

4.1.2　体色

可为红、黄、蓝、黑、白等单色或复色。

4.2　质量要求

全长≥5cm；身体左右对称；泳姿端正、平衡；各鳍完整无残缺；鳞片有光泽；体表无病症。

4.3　分级指标

分为Ⅰ级、Ⅱ级、Ⅲ级，Ⅰ级为最高质量等级。分级指标见表1。

表1　水泡眼分级指标

指　标	等　　级		
	Ⅰ级	Ⅱ级	Ⅲ级
体高/体长	≥0.45	≥0.39	≥0.34
体宽/体长	≥0.35	≥0.30	≥0.25
水泡长/头长	0.90～1.40	0.70～0.89 或 1.41～1.60	0.50～0.69 或 1.61～1.80
水泡长/体长	0.35～0.55	0.25～0.34 或 0.56～0.65	0.20～0.24 或 0.66～0.80
水泡长/水泡宽	0.90～1.50		0.70～0.89 或 1.51～1.80
尾鳍前缘夹角	≥105°	≥90°	≥60°
色质	鲜艳、浓郁，或特征性色彩鲜明	欠佳，且特征性色彩不鲜明	浅淡杂乱

表 1（续）

指　标	等　　级		
	Ⅰ级	Ⅱ级	Ⅲ级
水泡形态	饱满，左右对称	稍欠饱满，或两侧水泡形态相似，但较小的水泡垂直投影面积为较大的水泡垂直投影面积的80%～95%	欠饱满，或两侧水泡形态差异较明显，或两侧水泡形态相似，但较小的水泡垂直投影面积为较大的水泡垂直投影面积的60%～79%
背鳍部位形态	没有背鳍残痕，背部弧线流畅	没有背鳍残痕，背部弧线稍欠流畅	有肉眼可见的背鳍残痕
外观综合表现	各鳍完整，无扭曲、无折痕，偶鳍对称。鳞片完整，无再生鳞	各鳍完整，无明显扭曲或折痕，偶鳍对称。躯干中部鳞片单侧缺失数不超过5枚	鳍有明显损伤或扭曲，或偶鳍明显不对称，或躯干中部鳞片单侧缺失6枚～10枚

5 检测方法

5.1 尾鳍前缘夹角

按SC/T 5704的规定执行。

5.2 水泡长

水泡前后最大直线距离。

5.3 水泡宽

与水泡长轴垂直的最大宽度。

5.4 水泡垂直投影面积

按式(1)计算水泡垂直投影面积近似值。

$$S = \pi ab \qquad (1)$$

式中：

S ——投影面积，单位为平方毫米(mm^2)；

π ——圆周率；

a ——水泡长半轴，单位为毫米(mm)；

b ——水泡短半轴，单位为毫米(mm)。

5.5 可量指标的检测

体长、体高、体宽、头长按GB/T 18654.3规定的方法执行。

5.6 外观指标的检测

色质、背鳍部位形态、外观综合表现在自然光照下肉眼观察。

6 等级判定

每尾鱼的最终等级为全部指标中最低指标所处等级。

附 录 A
(资料性附录)
水泡眼金鱼外形模式图

A.1 水泡眼金鱼侧视图

见图 A.1。

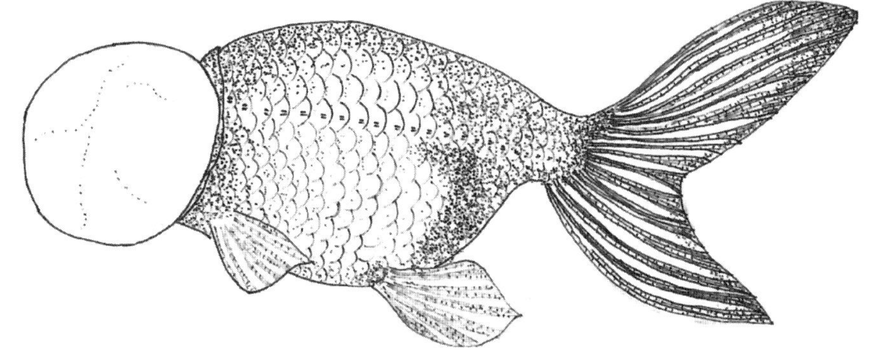

图 A.1 水泡眼金鱼侧视图

A.2 水泡眼金鱼俯视图

见图 A.2。

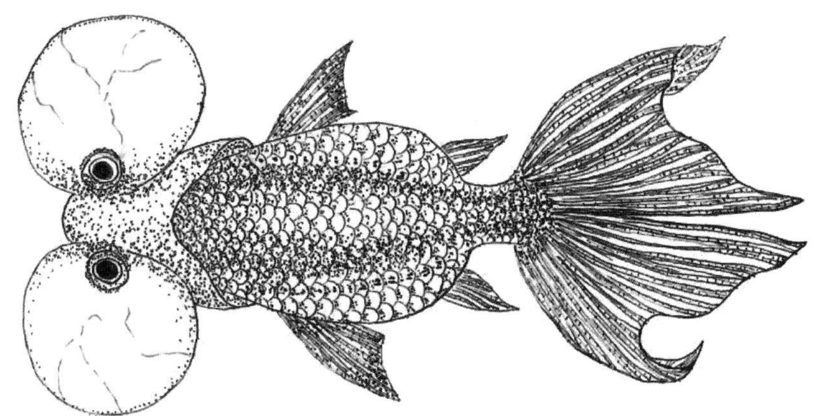

图 A.2 水泡眼金鱼俯视图

ICS 47.020.50
U 27

中华人民共和国水产行业标准

SC/T 6017—2019

水车式增氧机

Paddle wheel aerator

2019-08-01 发布　　　　2019-11-01 实施

中华人民共和国农业农村部　发布

前　　言

本标准按照 GB/T 1.1—2009 给出的规则起草。

本标准代替 SC/T 6017—1999《水车式增氧机》。与 SC/T 6017—1999 相比，除编辑性修改外主要技术变化如下：

——修改了主要性能指标(见表 1)；

——修改了首次无故障工作时间(见 4.3.4)；

——增加了防护罩的要求(见 4.4.2)；

——增加了产品说明书的要求(见 4.4.5)；

——增加了电动机定子绕组温升的要求(见 4.5.4)；

——增加了技术要求对应的试验方法(见 5)；

——修改了检验规则(见 6)。

请注意本文件的某些内容可能涉及专利。本文件的发布机构不承担识别这些专利的责任。

本标准由农业农村部渔业渔政管理局提出。

本标准由全国水产标准化技术委员会渔业机械仪器分技术委员会(SAC/TC 156/SC 6)归口。

本标准起草单位：中国水产科学研究院渔业机械仪器研究所、浙江富地机械有限公司。

本标准起草人：何雅萍、梁永林、顾海涛、吴姗姗、钟伟、韩梦遐。

水车式增氧机

1 范围

本标准规定了水车式增氧机的型号表示,技术要求,试验方法,检验规则,标志、包装、运输和储存。

本标准适用于水产养殖用的水车式增氧机(以下简称增氧机)的设计、制造、试验和验收。

2 规范性引用文件

下列文件对于本文件的应用是必不可少的。凡是注日期的引用文件,仅注日期的版本适用于本文件。凡是不注日期的引用文件,其最新版本(包括所有的修改单)适用于本文件。

GB/T 755 旋转电机 定额与性能

GB/T 3768 声学 声压法测定噪声源 声功率级 反射面上方采用包络测量表面的简易法

GB/T 9480 农林拖拉机和机械、草坪和园艺动力机械 使用说明书编写规则

GB/T 13306 标牌

GB/T 13384 机电产品包装通用技术条件

SC/T 6009 增氧机增氧能力试验方法

3 型号表示

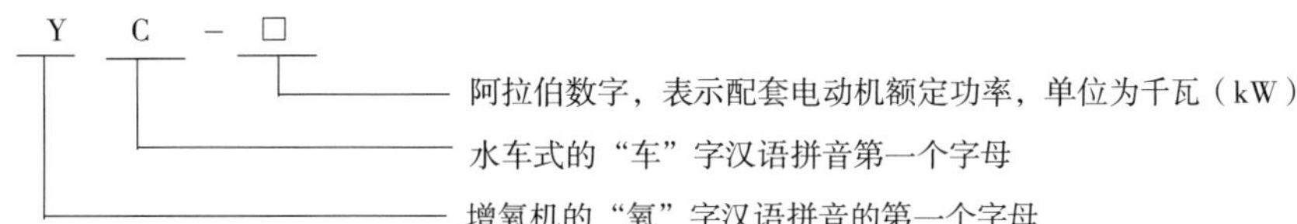

示例:YC-1.5 表示电动机额定功率为 1.5 kW 的水车式增氧机。

4 技术要求

4.1 基本要求

增氧机应符合本标准要求,并按批准的产品图样及技术文件制造。如果用户有特殊要求,按用户与制造方签订的合同规定制造。

4.2 增氧机在下列工况条件下应能正常工作

a) 环境温度为 0℃～40℃;

b) 电动机输入电压波动不超过额定值的±5%。

4.3 性能要求

4.3.1 增氧机的增氧能力、动力效率,空载噪声(A 声压级)应符合表 1 的要求。表 1 中未列出的型号规格,应符合制造方的明示参数。

表 1 增氧机增氧能力、动力效率及空载噪声要求

型 号	增氧能力,kg/h	动力效率,kg/(kW·h)	空载噪声,dB(A)
YC-1.5	≥2.20	≥1.40	≤78
YC-1.1	≥1.50	≥1.35	≤78
YC-0.75	≥1.20	≥1.30	≤78
注:动力效率以输入功率计。			

4.3.2 增氧机空载运行时应平稳,不应有异常声响及振动现象。

4.3.3 增氧机浮体的净浮率值应大于 1.25 倍。

4.3.4 增氧机的首次无故障工作时间不少于 1 000 h。

4.3.5 在增氧机的明显部位应清晰标示叶轮的旋转方向。

4.3.6 用手转动叶轮时，应灵活，无明显卡阻现象。

4.4 安全要求

4.4.1 电动机绕组对机壳冷态绝缘电阻不少于 1 MΩ，并应有接地标志。

4.4.2 电动机应有防护罩（水冷电机除外）。

4.4.3 增氧机减速箱不应有渗漏油。

4.4.4 增氧机的外表涂层应不含有水溶性有毒物质。

4.4.5 产品使用说明书的编写应符合 GB/T 9480 的要求，至少应包括下列内容：

a） 使用增氧机之前，应仔细阅读产品使用说明书；

b） 增氧机应安全接地，接地应符合电工安全技术操作规程的要求，确保人身安全；

c） 连接电源应由专业电工按照国家电工安全技术操作规程进行；

d） 电路中必须安装漏电保护装置，防止线路漏电发生意外。

4.5 主要零部件要求

4.5.1 焊接件焊缝应平整、均匀、牢固，不应出现漏焊、裂纹等其他降低强度的缺陷。

4.5.2 叶轮、减速箱及轴等部件应采用防腐材料或外表面作专门防腐处理，金属外表面、外露的紧固件应做防锈处理。

4.5.3 浮体应满足增氧机的使用要求，不允许有渗漏或影响浮力的缺陷。

4.5.4 电动机应符合 GB/T 755 的要求，电动机定子绕组的温升（电阻法）应不超过 80 K。

5 试验方法

5.1 增氧能力

按 SC/T 6009 的规定进行，结果应符合 4.3.1 的规定。

5.2 动力效率

按 SC/T 6009 的规定进行，结果应符合 4.3.1 的规定。

5.3 空运转噪声

按 GB/T 3768 的规定进行，结果应符合 4.3.1 的规定。

5.4 运转平稳性

将增氧机放在平整场地上连续运转 30 min，结果应符合 4.3.2 的规定。

5.5 净浮率

测量出增氧机浮体的总体积和称出增氧机的总质量，按式(1)计算净浮率，结果应符合 4.3.3 的规定。

$$B=\frac{V\rho}{m} \quad \cdots\cdots (1)$$

式中：

B——净浮率，单位为百分率（%）；

V——增氧机浮体的总体积，单位为立方米（m^3）；

ρ——水的密度，单位为千克每立方米（kg/m^3），取 $1\times10^3\ kg/m^3$；

m——增氧机的总质量，单位为千克（kg）。

5.6 首次无故障工作时间

5.6.1 放置在池塘中，在工况条件下运行 1 000 h，结果应符合 4.3.4 的要求。

5.6.2 可以采用从用户中抽样调查统计的方法替代 5.6.1 的试验（限至少 1 年以上用户，数量不少于 10 户），结果应符合 4.3.4 的要求。

5.7 标记

检查增氧机的旋转方向标记，结果应符合 4.3.5 的要求。

5.8 安装质量

用手转动叶轮，结果应符合 4.3.6 的要求。

5.9 绝缘电阻及接地标识

用 500 V 兆欧表测量电动机绕组对机壳的冷态绝缘电阻，并检查电动机是否有接地标识，结果应符合 4.4.1 的要求。

5.10 防护装置

检查电动机是否有防护罩。

5.11 渗漏油

增氧机空运转 20 min，检查其减速箱是否渗漏油，并在增氧能力试验后再次检查是否有渗漏油现象，结果应符合 4.4.3 的要求。

5.12 涂层要求

由制造方提供涂层无毒证明文件。

5.13 产品说明书

查验产品说明书，结果应符合 4.4.5 的要求。

5.14 焊接件质量

检查增氧机的焊接件，结果应符合 4.5.1 的要求。

5.15 防腐要求

叶轮、减速箱及轴等部件，结果应符合 4.5.2 的要求。

5.16 浮体密封性

对于空心浮体，在增氧能力试验后检查是否有渗漏现象；对非空心浮体，检查浮体是否出现影响浮力的情况。

5.17 电动机温升试验

将增氧机置于试验池中，先测量电动机绕组 R_0 和绕组温度 θ_0，开机运行，待电动机温度升至热稳定后，测量电动机绕组 R_f 和冷却介质温度 θ_f，按式(2)计算绕组的温升值 $\Delta\theta$，结果应符合 4.5.4 的要求。

$$\Delta\theta=\frac{R_f-R_0}{R_0}(K_a+\theta_0)+\theta_0-\theta_f \quad \cdots\cdots (2)$$

式中：

$\Delta\theta$——绕组的温升值，单位为开(K)；

R_f——试验结束时的绕组电阻，单位为欧(Ω)；

R_0——试验开始时绕组电阻，单位为欧(Ω)；

θ_f——试验结束时的冷却介质温度，单位为摄氏度(℃)；

θ_0——试验开始时的绕组温度，单位为摄氏度(℃)；

K_a——常数。对铜绕组，为 235；对铝绕组，除另有规定外，应采用 225。

6 检验规则

6.1 检验类别

检验分为型式检验和出厂检验。

6.2 型式检验

6.2.1 有下列情况之一时，应进行型式检验：

a) 新产品或老产品转厂生产的试制定型鉴定；

b) 投产后在产品结构、材料、工艺上有较大改变，可能影响产品性能时；

c) 正常生产时，每 2 年进行 1 次；

d) 产品停产 1 年以上，恢复生产时；

e) 出厂检验结果与上次型式检验有较大差异时；

f) 有关质量监督主管部门提出进行型式检验要求时。

6.2.2 增氧机检验项目和不合格分类见表 2。

表 2 检验项目和不合格分类

分类	序号	项目名称	型式检验	出厂检验	技术要求对应条款	试验方法对应条款
A 类	1	增氧能力	●	—	4.3.1	5.1
	2	绝缘电阻与接地标识	●	●	4.4.1	5.9
	3	防护装置	●	●	4.4.2	5.10
	4	渗漏油	●	●	4.4.3	5.11
B 类	1	动力效率	●	—	4.3.1	5.2
	2	空载噪声	●	●	4.3.1	5.3
	3	运转平稳性	●	●	4.3.2	5.4
	4	净浮率	●	—	4.3.3	5.5
	5	首次无故障工作时间	●	—	4.3.4	5.6
	6	标记	●	●	4.3.5	5.7
	7	安装质量	●	●	4.3.6	5.8
	8	涂层要求	●	●	4.4.4	5.12
	9	产品使用说明书	●	●	4.4.5	5.13
	10	焊接件质量	●	●	4.5.1	5.14
	11	防腐要求	●	●	4.5.2	5.15
	12	浮体密封性	●	●	4.5.3	5.16
	13	电动机温升试验	●	—	4.5.4	5.17

6.2.3 抽样方法

型式检验在出厂检验合格的产品中随机抽样，除 6.2.1 中 f)由有关部门确定外，每次抽取 1 台。

6.2.4 判定规则

采用随机抽样，抽取的样品应为工厂近一年内生产的合格产品。判定规则见表 3。

表 3 判定规则

不合格分类	A	B
样本量，n	1	
项目数	4	13
Ac Re	0 1	1 2

样品的全部检验项目符合要求时，判定增氧机型式检验合格；若有一项不符合要求，则判定增氧机型式检验不合格。

6.3 出厂检验

6.3.1 增氧机出厂检验的检验项目见表 2。

6.3.2 所有产品的全部检验项目符合要求时，判定增氧机出厂检验合格。若检验结果不符合要求，则允许修复后复验。若复验符合要求，则仍判定该台增氧机出厂检验合格；若复检仍不合格，则判定该台增氧机出厂检验不合格。

7 标志、包装、运输和储存

7.1 标志

每台增氧机应在明显部位固定耐久性产品标牌，标牌尺寸和要求应符合 GB/T 13306 的规定，标牌上至少应有下列内容：

a) 产品的型号和名称；

b）主要技术参数（增氧能力、电压、电机功率和总重量）；

c）出厂编号和生产日期；

d）制造厂印记；

e）执行标准号。

7.2 包装

7.2.1 包装的技术要求应符合 GB/T 13384 的要求，也可以由用户与制造方协商而定，但制造方应采取必要的防护措施。

7.2.2 每台增氧机应附有下列技术文件，并装在防水防潮的文件袋内：

a）装箱单；

b）产品出厂合格证；

c）产品使用说明书。

7.3 运输

增氧机在装运过程中不应翻滚和倒置。

7.4 储存

增氧机应存放在干燥、通风且无腐蚀性气体的室内。

ICS 65.060.99
B 94

中华人民共和国水产行业标准

SC/T 6093—2019

工厂化循环水养殖车间设计规范

Design code for recirculating aquaculture factory

2019-08-01 发布　　2019-11-01 实施

中华人民共和国农业农村部　发布

前　言

本标准按照 GB/T 1.1—2009 给出的规则起草。

请注意本文件的某些内容可能涉及专利。本文件的发布机构不承担识别这些专利的责任。

本标准由农业农村部渔业渔政管理局提出。

本标准由全国水产标准化技术委员会渔业机械仪器分技术委员会(SAC/TC 156/SC 6)归口。

本标准起草单位:中国水产科学研究院渔业机械仪器研究所。

本标准主要起草人:倪琦、张宇雷、刘晃、顾川川、张成林、庄保陆。

工厂化循环水养殖车间设计规范

1 范围

本标准规定了工厂化循环水养殖车间的术语和定义、选址、车间建筑、养殖系统、养殖生产设施设备、配套设施的工艺设计要求。

本标准适用于新建、扩建和改建的鱼类工厂化循环水养殖车间工艺设计。其他水产养殖品种的工厂化养殖车间工艺设计可参照执行。

2 规范性引用文件

下列文件对于本文件的应用是必不可少的。凡是注日期的引用文件,仅注日期的版本适用于本文件。凡是不注日期的引用文件,其最新版本(包括所有的修改单)适用于本文件。

GB 50015 建筑给水排水设计规范

GB 50030 氧气站设计规范

NY/T 5361 无公害农产品淡水养殖产地环境条件

NY 5362 无公害食品海水养殖产地环境条件

SC/T 6001.2—2011 渔业机械基本术语 养殖机械

SC/T 6040 水产品工厂化养殖装备 安全卫生要求

SC/T 6050 水产养殖电器设备安全要求

SC/T 9101 淡水池塘养殖水排放要求

SC/T 9103 海水养殖水排放要求

3 术语和定义

SC/T 6001.2—2011 界定的以及下列术语和定义适用于本文件。为了便于使用,以下重复列出了 SC/T 6001.2—2011 中的某些术语和定义。

3.1

工厂化循环水养殖 recirculating aquaculture

利用机械、生物、化学和自动控制等现代技术装备起来的车间进行集约化水产养殖,同时养殖水体能够实现循环利用的一种生产方式。

注:改写 SC/T 6001.2—2011,定义 4.4。

3.2

工厂化循环水养殖车间 recirculating aquaculture factory

以工厂化循环水养殖为主要生产方式的车间形式的建筑物,由车间建筑、养殖系统、生产设施设备以及配套设施等组成。

3.3

换水率 water exchange rate daily

工厂化循环水养殖系统单位时间内排换的水量占总养殖水体的比例,单位为百分率/d(%/d)。

4 选址

4.1 工厂化循环水养殖车间建设选址应符合 NY/T 5361 或 NY 5362 中的相关要求。水质无法满足要求时,应配套建设必要的源水处理系统和设施。

4.2 选址地应避开容易发生台风、风暴、地质灾害的部位及其附近地区;应避开地下水位较浅的地方和松软的土地；应避开矿山陈旧坑道容易冒顶的部位。

4.3 工厂化循环水养殖车间应选择建设在场区车行道路两侧；应选择建设在有利于供水、供电、供气以及养殖尾水排放的位置。

5 车间建筑

5.1 一般规定

5.1.1 除特别说明外，车间的设计和建造尚应符合国家现行与结构、给排水、暖通、电气、防火、声环境控制、照明等方面与建筑相关的法律、规范和标准。

5.1.2 车间应满足内部保温、隔热、耐久、防水、防潮、防霉和防腐等要求，宜采用钢结构、砌体结构或钢筋混凝土等结构形式。

5.1.3 车间主体宜采用大空间及大跨度柱网结构。

5.2 布局

5.2.1 车间占地面积和高度空间应与养殖系统以及操作管理相适应，便于设施设备安置、卫生清洁、物料存储以及人员操作。

5.2.2 车间内部宜根据不同功能与清洁程度要求进行合理划分，并采取有效分区或分隔，通常宜划分为养殖区、水处理区和一般工作区。养殖区主要用于布置养殖鱼池；水处理区主要用于布置水处理设施设备；一般工作区主要用于布置配套设施和生产管理用房。

5.2.3 养殖区入口处应设置人员更衣室及消毒设施。

5.2.4 水处理区应设置单独的设备出入口，入口大小以所有设备能方便进出为宜。

5.2.5 车间内部通道设计宜方便水产品运输和养殖生产操作，人行通道的宽度不应小于 0.8 m。

5.3 给排水

5.3.1 车间内部应设有养殖用水管道接入点，水量和水压应满足养殖系统日常排换水要求。

5.3.2 车间内部宜设有方便员工日常工作用的淡水管道接入点和冲洗设施。

5.3.3 车间内地沟宜采用钢筋混凝土或砖砌防水地沟，表面铺设盖板，深度以满足需要并且能够完全排干、避免积水为宜，排水坡度不宜小于 0.5%。

5.3.4 车间地面宜根据需要采用明沟、浅明沟或地漏等方式避免积水。

5.4 电气

5.4.1 车间总用电负荷计算按式(1)计算。

$$P_c = K_P \sum K_x P_e \quad (1)$$

式中：

P_c ——车间总用电负荷，单位为千瓦(kW)；

K_P ——用电设备同时系数，其值参考《工业与民用配电设计手册》；

K_x ——用电设备需要系数，其值参考《工业与民用配电设计手册》；

P_e ——设备功率，单位为千瓦(kW)。

5.4.2 车间宜配备应急供电系统，供电负荷以满足养殖系统最低用电要求为宜。

5.4.3 车间总配电柜应布置在专用配电间内；养殖系统宜配置独立的分布式配电柜。

5.4.4 车间内电气设备的选用和安装均应符合 SC/T 6050 中相关的技术要求。

5.4.5 电线电缆的铺设应设计采用桥架、托盘、套管等保护设施并兼顾防锈。

5.4.6 应在车间内合理位置布置适当数量的防水插座。

5.4.7 车间内养殖区照明宜根据养殖品种行为习性以及生产操作要求进行合理设计。

5.5 保温通风

5.5.1 车间外围护结构宜根据需要设计采用必要的保温技术措施，屋面、外墙和天沟等建筑材料的最小热阻应满足减少控温能耗的要求。

5.5.2 保温要求较高的车间可在上部设保温隔热层，避免空气热量流失。

5.5.3 车间通风系统设计宜能够避免内部起雾、结露和产生异味。

6 养殖系统

6.1 一般规定

6.1.1 养殖系统设计应以在最大养殖负荷条件下养殖鱼池内的水质能够满足养殖对象正常摄食和生长为基本原则，具体水质指标包括但不限于：水温、溶解氧、总悬浮颗粒物、pH、总氨氮、亚硝酸盐、硝酸盐等。

6.1.2 养殖系统设计换水率不宜超过每天15%，工艺流程宜采用：鱼池→颗粒物去除→氨氮去除→二氧化碳去除→增氧→杀菌→调温→鱼池。

6.2 养殖鱼池

6.2.1 养殖鱼池应采用无毒、无味、平整、易清洗、耐腐蚀的材料制作；内壁做防水处理时应采用无毒、无味、易清洗、防渗漏、不脱落的环保型涂料；保证鱼池整体防水和防渗。

6.2.2 养殖鱼池宜采用圆形或方切角形状，池底水力坡度应保证水能够完全彻底排干。

6.2.3 养殖鱼池面积和深度宜根据养殖品种的生理、生态和生活习性以及规格大小确定，同时兼顾管理和操作方便。养殖鱼池池口高度不宜超过1.2 m，否则应架设必要的操作平台。

6.2.4 当单套养殖系统内并联多个养殖鱼池时，每个养殖鱼池均应设计为可单独排水或单独脱离循环水养殖系统。

6.2.5 养殖鱼池宜设计具备可靠的保水位功能。

6.2.6 成排布置的养殖鱼池，每2排之间应至少有1条人行通道。

6.3 水处理系统

6.3.1 颗粒物去除工艺

6.3.1.1 养殖系统中产生的颗粒物应通过沉淀、筛滤、截留、气浮和深度氧化等方式的有机组合，由粗到精地进行有效控制和去除。

6.3.1.2 养殖系统中的颗粒物理论负荷可参考式(2)计算。

$$P_{TSS}=F\cdot a_{TSS} \quad (2)$$

式中：

P_{TSS}——养殖系统中每天产生的颗粒物，单位为千克每天(kg/d)；

F ——饲料投喂量，单位为千克每天(kg/d)；

a_{TSS} ——颗粒物转化系数，一般取0.25。

6.3.2 氨氮去除工艺

6.3.2.1 养殖系统中产生的氨氮应采用生物过滤、离子交换或吸附等方法进行有效控制和去除。

6.3.2.2 养殖系统中的氨氮产生量可参考式(3)计算。

$$P_{TAN}=F\cdot a_{TAN}\cdot P \quad (3)$$

式中：

P_{TAN}——养殖系统中每天产生的氨氮，单位为千克每天(kg/d)；

a_{TAN} ——总氨氮转化系数，一般取0.092；

P ——饲料粗蛋白含量，单位为百分率(%)。

6.3.3 二氧化碳去除工艺

6.3.3.1 养殖系统中产生的二氧化碳宜采用吹脱等方法进行有效控制和去除。

6.3.3.2 养殖系统中的二氧化碳产生量可参考式(4)计算。

$$P_{CO_2}=F\cdot a_{CO_2} \quad (4)$$

式中：

P_{CO_2}——养殖系统中每天产生的二氧化碳，单位为千克每天(kg/d)；

a_{CO_2}——二氧化碳转化系数，一般取 0.55。

6.3.4　**增氧工艺**

6.3.4.1　养殖鱼池中的溶解氧浓度应采用气液混合、鼓风曝气或机械增氧等方式控制和维持在 5 mg/L 以上。

6.3.4.2　养殖系统每天的耗氧量可参考式(5)计算。

$$P_{DO}=F\cdot a_{DO} \tag{5}$$

式中：

P_{DO}——系统中的溶解氧消耗量，单位为千克每天(kg/d)；

a_{DO}——耗氧系数，一般取 0.25～0.5。

6.3.4.3　应根据需要选用合适的氧气源，包括风机、制氧机和氧气储罐等。使用风机、制氧机等用电设备作为主氧气源时，应配置备用发电机或者常备应急用氧气储罐。

6.3.4.4　氧气站设计参见 GB 50030。

6.3.5　**杀菌工艺**

6.3.5.1　杀菌工艺应满足淡水养殖鱼池中总大肠杆菌群不超过 5 000 MPN/L；海水养殖鱼池水中粪大肠菌群不超过 2 000 MPN/L。

6.3.5.2　采用紫外杀菌消毒工艺时，光波波长宜选择为 253.7 nm；采用臭氧杀菌消毒工艺时，臭氧宜添加在生物过滤环节之后，养殖鱼池水中的氧化还原电位(ORP)不应高于 350 mV。

6.3.6　**调温工艺**

6.3.6.1　养殖系统热量损失计算方法参见 GB 50015。

6.3.6.2　调温工艺应保证养殖鱼池内水温均匀，水质稳定。

6.4　水处理设施、设备和材料的其他要求

6.4.1　设备选型宜符合 SC/T 6040 以及 SC/T 6050 中的相关技术要求。

6.4.2　生物填料应选择无毒、无味、无残留、易清洗的环保型材料。

6.4.3　海水养殖系统设备选型时宜选择耐腐蚀材料。

6.4.4　所有水处理设施、设备均应设有必要的泄水、溢流和排空管，面积较大的水处理池底部应设计为锥底或坡底，并设置穿孔排污管。

7　养殖生产设施设备

7.1　宜根据实际生产需要选择配备必要的养殖生产设施设备，如自动投饲、水质监测、视频监控、报警系统等。

7.2　养殖生产设施设备选型宜符合 SC/T 6040 和 SC/T 6050 中的相关技术要求。

8　配套设施

8.1　宜按照相关标准和规范合理设计配套的人员消毒间、值班室、配电间、风机房、库房、养殖废弃物处理间等。

8.2　宜根据实际生产管理需要和企业自身实力条件选择建设饵料生产车间、实验室、氧气站、更衣室、监控室和备用发电机房等。

8.3　源水处理工艺和设施设备宜根据当地水源、水质条件以及养殖系统用水量进行配套设计。

8.4　加温和制冷设施设备应设计安装在养殖车间外部，避免对车间内部温度调控产生不利影响；同时，应符合相关产品质量标准和安装技术规范的要求。

8.5　工厂化循环水养殖车间应配套尾水处理设施，排放水指标应符合 SC/T 9101 和 SC/T 9103 中相关的技术要求。

ICS 65.020.01
B 50

中华人民共和国水产行业标准

SC/T 6137—2019

养殖渔情信息采集规范

Specification of fishery information collection

2019-08-01 发布　　2019-11-01 实施

中华人民共和国农业农村部　发布

前　言

本标准按照 GB/T 1.1—2009 给出的规则起草。

请注意本文件的某些内容可能涉及专利。本文件的发布机构不承担识别这些专利的责任。

本标准由农业农村部渔业渔政管理局提出。

本标准由全国水产标准化技术委员会渔业机械仪器分技术委员会(SAC/TC 156/SC 6)归口。

本标准起草单位:全国水产技术推广总站、中国农业科学院农业信息研究所、山东省渔业技术推广站、福建省水产技术推广总站、辽宁省水产技术推广总站、广西壮族自治区水产技术推广总站、河北省水产技术推广站。

本标准主要起草人:胡红浪、李辉尚、吕永辉、景福涛、刘燕飞、朱泽闻、于航盛、夏芸、王浩、孙岩、高宏泉、刘学光、李坚明、张黎。

养殖渔情信息采集规范

1 范围

本标准规定了养殖渔情信息的术语和定义、采集人员、采集品种、采集点、采集内容和信息处理的要求。

本标准适用于养殖渔情信息采集。

2 规范性引用文件

下列文件对于本文件的应用是必不可少的。凡是注日期的引用文件，仅注日期的版本适用于本文件。凡是不注日期的引用文件，其最新版本(包括所有的修改单)适用于本文件。

GB/T 2260 中华人民共和国行政区划分代码

SC/T 0006—2016 渔业统计调查规范

3 术语和定义

下列术语和定义适用于本文件。

3.1

养殖渔情信息 specification of fishery information

水产养殖过程中的生产管理与经济形势分析相关的信息。

3.2

信息采集点 information collection point

养殖水平在当地具有代表性且能够按照规定要求每月定期提供指定品种养殖渔情信息的生产单位。

4 采集人员

选定的具备相应专业知识和能力，经专门培训合格，并从事养殖渔情信息采集工作的人员。包括台账员、采集员和审核员。

5 采集品种

5.1 品种确定

根据养殖方式、养殖品种的产量和产值，选择具有代表性和地域特色的品种为采集品种。

5.2 分类名称

参照《中国渔业统计年鉴》确定。

6 采集点

6.1 采集点选择

根据采集品种的养殖特点、产量和区域分布情况，选择有代表性的企业、合作社、家庭农场和养殖户等生产经营主体，作为养殖渔情信息采集点。

6.2 采集点调整

更换采集点，应在年度末，通过申请、批准、备案后进行更换。

7 采集内容

7.1 采集信息

包含基础信息、苗种投放、生产投入、出塘和生产损失。

7.2 基础信息

7.2.1 基础信息内容

见附录 A。

7.2.2 采集点编码

采集点编码由 11 位数字构成。依次按照县级行政区划代码、约定顺序码、递增顺序码的顺序排列组成。其中，行政区划代码由 6 位数字组成，表示县级行政区划。约定顺序码由 3 位数字组成，从左向右依次为养殖用水代码、养殖方式代码和品种类别代码。递增顺序码由 2 位数字组成，各省将采集点从 01～99 整数递增顺序编号。约定顺序码见表 1。采集点编码结构如图 1 所示。

表 1　约定顺序码

养殖用水	代码	养殖方式	代码	品种类别	代码
海水	1	池塘养殖	1	鱼类	1
淡水	2	滩涂养殖	2	甲壳类	2
		普通网箱	3	贝类	3
		深水网箱	4	藻类	4
		筏式	5	其他类	5
		吊笼	6		
		底播	7		
		工厂化	8		
		其他	9		

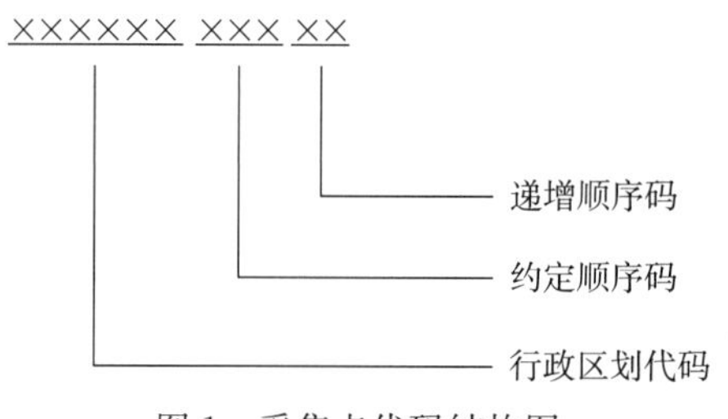

图 1　采集点代码结构图

示例：

37068411302 表示山东省蓬莱市第二个采集点为海水池塘养殖贝类。

7.3 苗种投放

7.3.1　水产苗种统计分类与计量单位按 SC/T 0006—2016 中附录 B 的规定执行。

7.3.2　苗种投放日期应以“YYYY-MM-DD”格式进行表达。

7.3.3　《苗种投放情况表》见附录 B 中的表 B.1。

7.4 生产投入

7.4.1 饲料和苗种投入

见表 B.2。

7.4.2 其他生产投入

见表 B.3。

7.4.3 出塘(收获)

见表 B.4。

7.4.4 生产损失

见表 B.5。因病害、灾害、事故等造成的损失原因应简要描述。

8 信息处理

8.1 数据精度

采集数据精确到小数点后一位。

8.2 采集数据核查汇总

采集员应与采集点保持日常联系，跟踪了解养殖生产情况，每月月末核查台账，汇总月度数据，并按相关的规定程序要求填报。

8.3 采集数据审核

审核员对采集信息的完整性、准确性、真实性、一致性等进行核对、校验，对明显偏离正常值的数据应做出说明，对不完整、不真实或不准确的数据应会同采集员进行处理，按时完成月度数据审核报送。

附 录 A
(规范性附录)
基 础 信 息 表

基础信息表见表 A. 1。

表 A. 1 基础信息表

<table>
<tr><td>采集点名称</td><td colspan="3"></td><td>采集点编码</td><td></td></tr>
<tr><td>负责人</td><td colspan="3"></td><td>电话</td><td></td></tr>
<tr><td>联络人</td><td colspan="3"></td><td>电话</td><td></td></tr>
<tr><td>所在地</td><td></td><td>乡(镇)</td><td colspan="2"></td><td>村(居委会)</td></tr>
<tr><td>家庭人口
名</td><td></td><td>从业人员
名</td><td></td><td>雇工
名</td><td></td></tr>
<tr><td>经营性质</td><td colspan="5">□养殖企业 □合作经济组织 □家庭农场
□个体养殖户 □其他(请注明)</td></tr>
<tr><td colspan="6">养殖方式及规模(上年度最大已养规模)</td></tr>
<tr><td>□淡水池塘
hm²</td><td></td><td>□海水池塘
hm²</td><td></td><td>□普通网箱
m²</td><td></td></tr>
<tr><td>□深水网箱
m³</td><td></td><td>□筏式
hm²</td><td></td><td>□吊笼
hm²</td><td></td></tr>
<tr><td>□底播
hm²</td><td></td><td>□工厂化
m³</td><td></td><td>□滩涂
hm²</td><td></td></tr>
<tr><td colspan="6">注 1:从业人员是指采集点中 16 岁以上,有劳动能力,在采集点从事渔业劳动并取得报酬或经营收入的人员。包括业主、雇工等。
注 2:雇工是指报告期由业主雇用,从事采集点渔业生产相关的劳务活动,向业主提供了劳务并按约定由业主处领取报酬的人员。</td></tr>
</table>

附 录 B
（规范性附录）
采集点生产情况统计表

采集点生产情况见表 B.1～表 B.5。

表 B.1 苗种投放情况表

日期	项目				
	品种名称	投苗数量	投种数量	放养面积	备注
注：投苗数量以万为单位。鱼苗：万尾；虾苗：万尾；贝苗：万粒；海带：万株；紫菜：万贝壳；海参：万头。					

表 B.2 饲料和苗种投入情况表

日期	项目						
	品种名称	配合饲料 t	配合饲料费 元	原料性饲料 t	原料性饲料费 元	其他饲料费 元	苗种费 元

表 B.3 其他生产投入情况表

日期	项目			
	类别		投入金额 元	备注
	燃料	柴油		
		其他		
	池塘或水域租金			
	固定资产折旧费			
	服务支出	电费		
		水费		
		防疫费		
		保险费		
		其他		
	人力投入	人员工资		
		本户(单位)人员		

注1:池塘或水域租金是指当年应付的池塘或水域租金。若一次性支付多年,应按年分摊,并平均填报至各月份。

注2:固定资产折旧费是指用于购置固定资产等方面的支出,并按照使用年限折旧计算出的费用。

注3:防疫费是指清塘、鱼病预防、治疗、保水、底质改良等支出的费用。

注4:保险费是指养殖户为降低灾害损失,保障自己基本利益,而购买保险的费用。

表 B.4 水产品出塘情况表

日期	项目					
	品种名称	成品出塘情况			苗种出塘金额 元	备注
		出塘数量 kg	收入金额 元	出塘单价 元/kg		

表 B.5　生产损失情况表

日期	项　　目							
	品种名称	病害损失		灾害损失		其他事故损失		简要描述原因及预防建议
		数量损失 kg	经济损失 元	数量损失 kg	经济损失 元	数量损失 kg	经济损失 元	

ICS 65.150
B 94

中华人民共和国水产行业标准

SC/T 7002.15—2019

渔船用电子设备环境试验
条件和方法　温度冲击

The test and methods for electronic equipment environmental in fishing vessel field—Temperature shock

2019-08-01 发布　　2019-11-01 实施

中华人民共和国农业农村部　发布

前　言

SC/T 7002《渔船用电子设备环境试验条件和方法》拟分为如下部分：

——SC/T 7002.1　渔船用电子设备环境试验条件和方法　总则；
——SC/T 7002.2　渔船用电子设备环境试验条件和方法　高温；
——SC/T 7002.3　渔船用电子设备环境试验条件和方法　低温；
——SC/T 7002.4　渔船用电子设备环境试验条件和方法　交变湿热(Db)；
——SC/T 7002.5　渔船用电子设备环境试验条件和方法　恒定湿热(Ca)；
——SC/T 7002.6　渔船用电子设备环境试验条件和方法　盐雾(Ka)；
——SC/T 7002.7　渔船用电子设备环境试验条件和方法　交变盐雾(Kb)；
——SC/T 7002.8　渔船用电子设备环境试验条件和方法　正弦振动；
——SC/T 7002.9　渔船用电子设备环境试验条件和方法　碰撞；
——SC/T 7002.10　渔船用电子设备环境试验条件和方法　外壳防护；
——SC/T 7002.11　渔船用电子设备环境试验条件和方法　倾斜、摇摆；
——SC/T 7002.12　渔船用电子设备环境试验条件和方法　长霉；
——SC/T 7002.13　渔船用电子设备环境试验条件和方法　风压；
——SC/T 7002.14　渔船用电子设备环境试验条件和方法　电磁兼容；
——SC/T 7002.15　渔船用电子设备环境试验条件和方法　温度冲击。

本部分为SC/T 7002的第15部分。

本部分按照GB/T 1.1—2009给出的规则起草。

本部分由农业农村部渔业渔政管理局提出。

本部分由全国水产标准化技术委员会渔业机械仪器分技术委员会(SAC/TC 156/SC 6)归口。

本部分起草单位：中国水产科学研究院渔业机械仪器研究所。

本部分主要起草人：胡欣、曹建军、韩梦霞、吴珊珊、宋启鹏。

渔船用电子设备环境试验条件和方法　温度冲击

1　范围

本部分规定了渔船用电子设备温度冲击试验的术语和定义、样品安装要求、试验条件、试验方法。

本部分适用于渔船用电子设备在温度冲击环境条件下的试验。

2　规范性引用文件

下列文件对于本文件的应用是必不可少的。凡是注日期的引用文件，仅注日期的版本适用于本文件。凡是不注日期的引用文件，其最新版本(包括所有的修改单)适用于本文件。

SC/T 7002.2　渔船用电子设备环境试验条件和方法　高温

SC/T 7002.3　渔船用电子设备环境试验条件和方法　低温

3　术语和定义

3.1

温度冲击试验　temperature shock test

在特定时间内进行快速温度变化的试验。

3.2

暴露持续时间　the duration of exposure

试验样品置于新环境持续的时间。

3.3

温度稳定　temperature stability

试验样品和试验介质的温差在 3 K～5 K 范围内即认为稳定。

3.4

转换时间　the transfer time

试验样品从一个环境转换到另一个环境所需要的时间。

4　样品安装要求

4.1　试验箱

可使用 2 个独立的温度试验箱或 1 个快速温度变化速率的试验箱。试验箱中放置样品的任何区域应能保持试验规定的空气温度。

4.2　稳定时间

在放入试验样品后，空气温度应在暴露持续时间的 10%以内达到规定的容差范围。

4.3　样品安装

除非相关标准或技术文件另有规定，安装支架应具有低导热性。有多个样品同时试验时，样品之间及样品和试验箱内表面应有适当距离。

5　试验条件

试验的严酷等级由 2 个温度、转换时间、暴露持续时间和循环数的组合决定。低温 T_A和高温 T_B分别从 SC/T 7002.2 和 SC/T 7002.3 中选取。2 个温度下的暴露持续时间 t_1取决于试验样品的热容量。暴露持续时间可为 3 h、2 h、1 h、30 min、10 min 或相关规范规定的时间，具体可根据测得的产品温度稳定时间，采用与其最相近的时间作为保持时间。除非相关标准或技术文件另有规定，优先采用的试验循环次数为 5。

6 试验方法

6.1 初始检测

将试验样品放置在正常大气条件下达到温度稳定后，进行功能检查并按有关标准要求进行电性能、机械性能测量及外观检查。

6.2 条件试验

6.2.1 初始状态

试验样品和试验箱内的温度应处于试验室环境温度，要求保持在(25±5)℃范围内。如果相关标准或技术文件要求，应使试验样品进入运行状态。

6.2.2 试验程序

将试验样品暴露于低温 T_A下。温度 T_A应保持规定的时间 t_1。t_1包括箱内空气的温度稳定时间，该时间不长于 $0.1t_1$。稳定时间应满足 4.2 的要求。暴露持续时间从试验样品放入试验箱的瞬间开始计算。

将试验样品转换到暴露于高温 T_B下，转换时间 t_2不超过 3 min。t_2应包括试验样品从一个试验箱取出的时间、放入第二个试验箱的时间以及在试验室环境温度下停留的时间。温度 T_B应保持规定的时间 t_1。t_1包括箱内空气的温度稳定时间，该时间不长于 $0.1t_1$。

对于下一个循环，试验样品应转换到暴露于低温 T_A下，转换时间 t_2不超过 3 min。第一个循环包括 2 个暴露时间 t_1和 2 个转换时间 t_2(见图 1)。在最后一个循环结束时，试验样品应经受恢复程序。

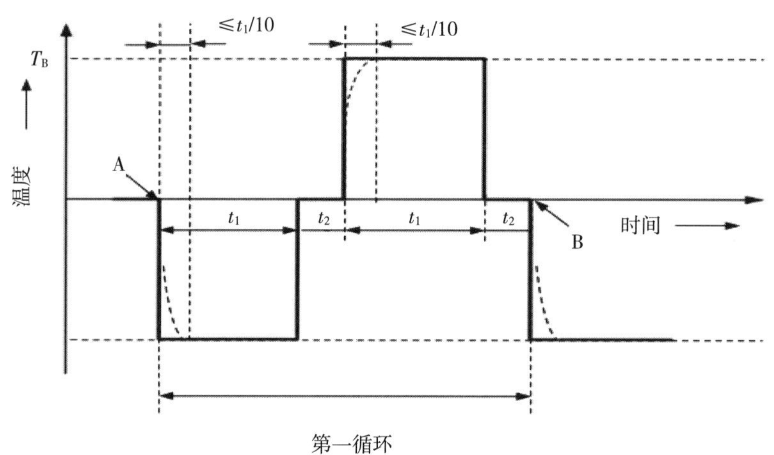

注：A 为第一循环开始，B 为第一循环结束和第二循环开始。

图 1　试验循环

6.3 恢复

试验结束后，样品应从试验箱内取出，并在温度为 15℃～35℃、相对湿度 45%～75%条件下恢复 1 h～2 h。

6.4 最后检测

进行恢复后，在工作条件下，进行功能检查并按相关标准规定对试验样品进行电性能、机械性能测量及外观检查。

ICS 65.150
B 50

中华人民共和国水产行业标准

SC/T 7016.13—2019

鱼类细胞系
第13部分:鲫细胞系(CAR)

Fish cell lines—Part 13:Carassius auratus cell line(CAR)

2019-08-01 发布　　　　2019-11-01 实施

中华人民共和国农业农村部　发布

前　言

SC/T 7016《鱼类细胞系》为分部分标准，拟分为如下部分：

——第 1 部分：胖头鲹肌肉细胞系(FHM)；

——第 2 部分：草鱼肾细胞系(CIK)；

——第 3 部分：草鱼卵巢细胞系(CO)；

——第 4 部分：虹鳟性腺细胞系(RTG-2)。

——第 5 部分：鲤上皮瘤细胞系(EPC)；

——第 6 部分：大鳞大麻哈鱼胚胎细胞系(CHSE)；

——第 7 部分：棕鮰细胞系(BB)；

——第 8 部分：斑点叉尾鮰卵巢细胞系(CCO)；

——第 9 部分：蓝鳃太阳鱼细胞系(BF-2)；

——第 10 部分：狗鱼性腺细胞系(PG)；

——第 11 部分：虹鳟肝细胞系(R1)；

——第 12 部分：鲤白血球细胞系(CLC)；

——第 13 部分：鲫细胞系(CAR)；

——第 14 部分：锦鲤吻端胚细胞系(KS)；

…………

本部分为 SC/T 7016 的第 13 部分。

本标准按照 GB/T 1.1—2009 给出的规则起草。

请注意本文件的某些内容可能涉及专利。本文件的发布机构不承担识别这些专利的责任。

本部分由农业农村部渔业渔政管理局提出。

本部分由全国水产标准化技术委员会(SAC/TC 156)归口。

本部分起草单位：北京市水产技术推广站、中国检验检疫科学研究院动物检疫研究所。

本部分主要起草人：徐立蒲、景宏丽、王姝、曹欢、潘勇、张文、王静波、王小亮、那立海、江育林。

鱼类细胞系　第 13 部分:鲫细胞系(CAR)

1 范围

本部分规定了鲫细胞系的术语和定义,缩略语,试剂与材料,器材与设备,细胞形态、大小与特性,细胞培养条件,细胞传代与保存,质量检查。

本部分适用于 CAR 的培养、使用和保藏。

2 规范性引用文件

下列文件对于本文件的应用是必不可少的。凡是注日期的引用文件,仅注日期的版本适用于本文件。凡是不注日期的引用文件,其最新版本(包括所有修改单)适用于本文件。

GB/T 6682　分析实验室用水规格和试验方法

3 术语和定义

下列术语和定义适用于本文件。

3.1

鲫细胞系　carassius auratus cell line,简称 CAR

来源于 ATCC(American Type Culture Collection),编号 CCL-71,该细胞系于 1964 年由 Clem 建立。

4 缩略语

下列缩略语适用于本文件。

ADIV:大鲵虹彩病毒(andrias davidianus iridovirus)

BIV:玻勒虹彩病毒(bohle virus)

EHNV:流行性造血器官坏死病毒(epizootic haematopoietic necrosis virus)

GCRV:草鱼呼肠孤病毒(grass carp reovirus)

5 试剂与材料

5.1 水

应符合 GB/T 6682 中一级水的规定。

5.2 细胞培养液

配制方法参见附录 A 或使用商品化试剂。

6 器材与设备

主要包括:

a) 生化培养箱;
b) 超净工作台;
c) 倒置显微镜;
d) 液氮罐;
e) 细胞培养瓶、移液管等耗材。

7 细胞形态、大小与特性

7.1 形态

上皮样细胞，细胞呈纤维状(参见附录 B)。

7.2 大小

经细胞实时分析系统测定细胞悬浮后的平均直径约 14.0 μm(参见附录 C)。

7.3 特性

7.3.1 生长特性

贴壁生长，8 h 内细胞贴壁并生长；18 h 后能基本长满单层细胞。

7.3.2 对部分水生动物病毒的敏感性

对 GCRV、EHNV、ADIV 和 BIV 等病毒敏感(参见附录 B)。

8 细胞培养条件

细胞置生化培养箱内，在 15℃～25℃下培养，最适生长温度为 25℃。

9 细胞传代与保存

9.1 传代

9.1.1 吸弃

置超净工作台内，无菌环境下吸弃长满单层 CAR 细胞培养瓶中的旧培养液。

9.1.2 消化和分散

沿细胞培养瓶一侧加入细胞消化液，一般在 25 cm^2 细胞培养瓶中加入 1 mL～2 mL，或按照细胞培养瓶培养面每平方厘米加入 0.1 mL。贴壁长满的 CAR 消化时间一般为 2 min～3 min，细胞开始呈雾状之后吸弃细胞消化液，拍打培养瓶以分散细胞。

9.1.3 分瓶

将消化液吸弃后，在 25 cm^2 细胞培养瓶中，加入 10 mL 细胞培养液，振荡摇匀，按每瓶 5 mL 分成 2 瓶，使细胞终浓度达到 1×10^5 个/mL～2×10^5 个/mL。分瓶后在 25℃下培养，8 h 内细胞贴壁并生长，18 h后基本长满单层细胞。

9.1.4 传代周期

细胞长满单层并在上次传代 7 d 后可再次传代。

9.2 保存

9.2.1 低温保存

传代后的 CAR 经 25℃培养 24 h～72 h 后，移入生化培养箱，16℃保藏。在 16℃下至少可保存 30 d。

9.2.2 冻存

在液氮中冻存细胞。将一瓶 25 cm^2 长满单层的 CAR 细胞按照 9.1.2 进行消化和分散，消化后加入含有 10%的二甲基亚砜(DMSO)、20%血清的细胞培养液，细胞终浓度 1×10^7 个/mL～2×10^7 个/mL，置于 2 mL 冻存管，经程序降温后放入液氮。

10 质量检查

传代细胞的质量检查包括：

a) 培养的 CAR，依据 7.3.2 每年内进行一次病毒敏感谱的检测；

b) 在移入生化培养箱后持续用倒置显微镜观察细胞形态、生长情况；

c) 可根据培养液中酚红的颜色，判定培养液的 pH 是否保持在 7.2～7.6；

d) 细胞培养液浑浊或出现丝状物时，视为细菌或真菌污染，将该瓶细胞丢弃。

附 录 A
（资料性附录）
配 制 方 法

A.1 细胞培养液

根据 M199 培养基说明书要求，在容器中加入适量的一级水，并将容器放到磁力搅拌器上，边搅拌边加入 M199 培养基干粉。当充分搅匀和溶解后，加入 10%经 56℃、30 min 灭活的胎牛血清；用 $NaHCO_3$ 粉末调节培养液的 pH 至 7.2～7.4。尽快过滤除菌，分装后－20℃保存。

A.2 细胞消化液

$Na_2HPO_4 \cdot 12H_2O$	2.3 g
KH_2PO_4	0.1 g
NaCl	8.0 g
KCl	0.2 g
EDTA	0.2 g
胰酶	0.6 g
水	1 000 mL

在 1 L 水中顺序加入以上试剂，并加入 $NaHCO_3$ 0.4 g～0.6 g，因 pH<7.4 时 EDTA 难溶，必须将 pH 调节至 7.4～8.0。充分搅拌至完全溶解后，过滤除菌并分装，－20℃保存。

附　录　B
（资料性附录）
CAR形态图及病毒的致细胞病变效应（CPE）图

B.1　长满单层正常的CAR

正常的CAR细胞呈纤维状，形态一致，排列紧密，见图B.1。

图B.1　长满单层正常的CAR形态图（40×相差）

B.2　CAR在接种病毒后出现的CPE

细胞单层被破坏，呈空泡状，直至细胞崩解，见图B.2和图B.3。

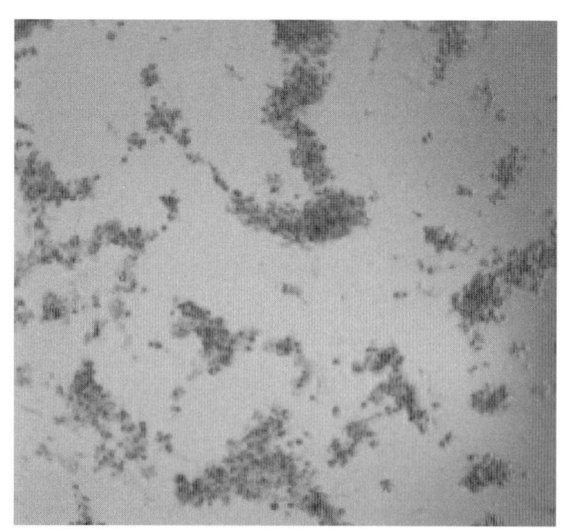

图B.2　ADIV产生的CPE图（50×相差）

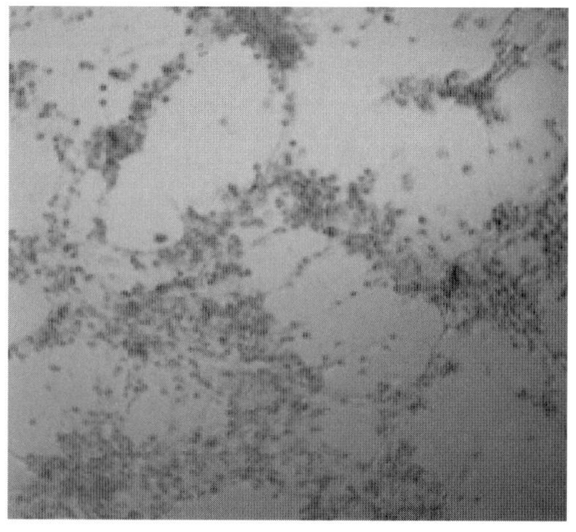

图B.3　GCRV产生的CPE图（50×相差）

附　录　C
（资料性附录）
细胞实时分析系统测定的CAR悬浮特性

细胞实时分析系统测定的CAR悬浮特性见图C.1。

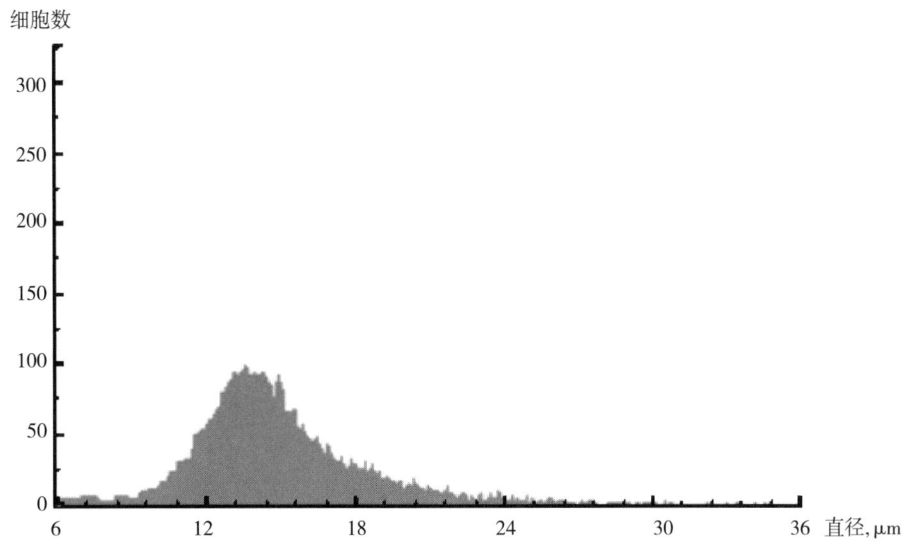

注：细胞计数为8 126个；平均体积为1.45 pL；平均直径为14.0 μm。

图C.1　细胞实时分析系统测定的CAR悬浮特性

ICS 65.150
B 50

中华人民共和国水产行业标准

SC/T 7016.14—2019

鱼类细胞系
第14部分:锦鲤吻端细胞系(KS)

Fish cell lines—Part 14:Koi snout cell line (KS)

2019-08-01 发布 2019-11-01 实施

中华人民共和国农业农村部 发布

前　言

SC/T 7016《鱼类细胞系》为分部分标准，拟分为如下部分：

——第1部分：胖头鲹肌肉细胞系(FHM)；

——第2部分：草鱼肾细胞系(CIK)；

——第3部分：草鱼卵巢细胞系(CO)；

——第4部分：虹鳟性腺细胞系(RTG-2)；

——第5部分：鲤上皮瘤细胞系(EPC)；

——第6部分：大鳞大麻哈鱼胚胎细胞系(CHSE)；

——第7部分：棕鮰细胞系(BB)；

——第8部分：斑点叉尾鮰卵巢细胞系(CCO)；

——第9部分：蓝鳃太阳鱼细胞系(BF-2)；

——第10部分：狗鱼性腺细胞系(PG)；

——第11部分：虹鳟肝细胞系(R1)；

——第12部分：鲤白血球细胞系(CLC)；

——第13部分：鲫细胞系(CAR)；

——第14部分：锦鲤吻端胚细胞系(KS)；

…………

本部分为SC/T 7016的第14部分。

本部分按照GB/T 1.1—2009给出的规则起草。

请注意文本的某些内容可能涉及专利。本文件的发布机构不承担识别这些专利的责任。

本部分由农业农村部渔业渔政管理局提出。

本部分由全国水产标准化技术委员会(SAC/TC 156)归口。

本部分起草单位：中国水产科学研究院珠江水产研究所。

本部分主要起草人：王庆、王英英、曾伟伟、李莹莹、尹纪元、刘春、任燕、常藕琴、石存斌。

鱼类细胞系　第14部分:锦鲤吻端细胞系(KS)

1　范围

本部分规定了锦鲤吻端细胞系的术语和定义、缩略语、试剂和耗材、器材和设备、细胞形态与特性、细胞培养条件、细胞传代和保存、质量检查。

本部分适用于锦鲤吻端细胞系的培养、使用和保藏。

2　规范性引用文件

下列文件对于本文件的应用是必不可少的。凡是注日期的引用文件,仅注日期的版本适用于本文件。凡是不注日期的引用文件,其最新版本(包括所有的修改单)适用于本文件。

GB/T 6682　分析实验室用水规格和试验方法

3　术语和定义

下列术语和定义适用于本文件。

3.1

锦鲤吻端细胞系　koi snout cell line(KS)

2011年,用锦鲤的吻端组织经原代培养、衍生的连续细胞系。

4　缩略语

下列缩略语适用于本文件。

GCRV:草鱼呼肠孤病毒(grass carp reovirus)

KHV:锦鲤疱疹病毒(koi herpesvirus)

5　试剂和材料

5.1　水

应符合GB/T 6682中一级水的规定。

5.2　细胞培养液

配制方法参见附录A.1。

5.3　细胞消化液

配制方法参见附录A.2。

5.4　PBS缓冲液

配制方法参见附录A.3。

5.5　细胞冻存液

配制方法参见附录A.4。

5.6　血清

胎牛血清(Fetal Bovine Serum,FBS)。

5.7　试剂耗材

细胞培养瓶、移液器、移液管以及冻存管等培养细胞所用的耗材。

6　器材和设备

6.1　培养箱(可恒温27℃)。

6.2 超净工作台。

6.3 生物安全柜。

6.4 倒置显微镜。

6.5 细胞计数仪。

6.6 液氮冻存罐。

7 细胞形态与特性

7.1 形态

为上皮细胞,细胞呈椭圆形(参见附录B中图B.1)。

7.2 大小

经细胞实时分析系统测定细胞悬浮后的平均直径约13.5 μm(参见附录C)。

7.3 特性

7.3.1 生长特性

贴壁生长,传代后10 h内细胞贴壁,24 h后能基本长满单层细胞。

7.3.2 对部分水生动物病原的敏感性

KS对KHV、GCRV等病毒敏感,KS接种KHV后,置于22℃培养,3 d～4 d,细胞出现空泡状CPE,5 d～7 d,细胞单层呈网状;接种GCRV后,置于27℃培养,4 d～5 d,细胞出现融合性病变,随培养时间的延长,细胞逐渐脱落,接种后的CPE形态参见图B.2和B.3。

8 细胞培养条件

细胞置于生化培养箱内,在15℃～32℃下培养,最适生长温度为27℃。

9 细胞传代和保存

9.1 传代

9.1.1 吸弃

挑选长满单层KS细胞的培养瓶,置超净工作台内,吸出旧培养液。

9.1.2 消化和分散

用细胞消化液消化分散细胞。沿细胞培养瓶一侧加入细胞消化液,一般在25 cm^2细胞培养瓶中加入2 mL左右或按细胞培养瓶培养面每平方厘米加入0.05 mL～0.1 mL,加入量必须完全浸没细胞层。贴壁长满的KS消化时间一般为2 min～3 min,细胞开始变圆便吸弃细胞消化液,轻轻拍打培养瓶以分散细胞。

9.1.3 分瓶

拍打分散细胞后,在25 cm^2细胞培养瓶中加入10 mL～15 mL细胞培养液(参见附录A.1),按每瓶5 mL分成2瓶～3瓶,使细胞终浓度达到1×10^5个/mL～2×10^5个/mL。在27℃培养,10 h内细胞贴壁并生长;24 h后能基本长满单层细胞。

9.1.4 传代周期

细胞长满单层2 d～3 d后可再次传代。

9.2 保存

9.2.1 低温保存

传代后的KS经27℃下24 h的培养后,移入培养箱15℃或20℃ 保藏。在15℃下可保存60 d,20℃下可保存30 d。

9.2.2 冻存

在液氮中冻存,将一瓶25 cm^2的长满单层的KS细胞按9.1.2进行消化和分散。加入5 mL细胞培养液重悬细胞,将重悬后细胞离心,吸弃细胞培养液。加入1.5 mL细胞冻存液(参见A.4)重悬细胞(细

胞终浓度 1×10^{7} 个/mL～2×10^{7} 个/mL)，置于 1.8 mL 冻存管中，保种细胞应经逐步降温后放入液氮中。

10 质量检查

传代细胞的质量检查包括：

a) 一年内至少要进行一次病毒敏感谱的检测；

b) 在移入生化培养箱的第 2 d 用倒置显微镜观察细胞形态、生长情况，连续观察 7 d～10 d；

c) 可根据培养液中酚红的颜色判定培养液的 pH 是否保持在 7.2～7.6，若 pH 不合适，可采取换液的方法；

d) 细胞培养液浑浊或出现丝状物时，视为细菌或真菌污染，将细胞高温高压灭菌后丢弃；

e) 1 年至少要进行 1 次支原体检测。

附 录 A
（资料性附录）
试 剂 配 制

A.1 细胞培养液

根据 Leibovitz's L-15 培养基（含 L-谷氨酰胺）说明书要求，在容器中加入 1 L 水，并将容器放到磁力搅拌器上，边搅拌便加入 L-15 培养基（含 L-谷氨酰胺）干粉。当充分搅匀和溶解后，加入 10%的胎牛血清。用粉状 $NaHCO_3$ 调节培养液的 pH 至 7.2～7.6。尽快过滤除菌，分装后，－20℃保存。

A.2 细胞消化液

$Na_2HPO_4 \cdot 12H_2O$	2.3 g
KH_2PO_4	0.1 g
NaCl	8.0 g
KCl	0.2 g
EDTA	0.2 g
胰酶	0.6 g
水	1 000 mL

在 1 L 水中顺序加入以上试剂，以 $NaHCO_3$ 消化液 pH。充分搅拌至完全溶解后，过滤除菌并分装，－20℃保存。

A.3 PBS 缓冲液

NaCl	8 g
KCl	0.2 g
NaH_2PO_4	1.44 g
KH_2PO_4	0.24 g

加去离子水 800 mL，用 HCl 调 pH 至 7.2～7.4，然后再加去离子水至 1 000 mL 高压灭菌并分装，室温保存。

A.4 细胞冻存液

Leibovitz's L-15 培养基（含 L-谷氨酰胺），胎牛血清和二甲基亚砜（DMSO），三者按照 7∶2∶1 的比例配制而成。

附 录 B
(资料性附录)
KS 及其接种病毒产生的 CPE 形态图

B.1 正常 KS 细胞

见图 B.1。

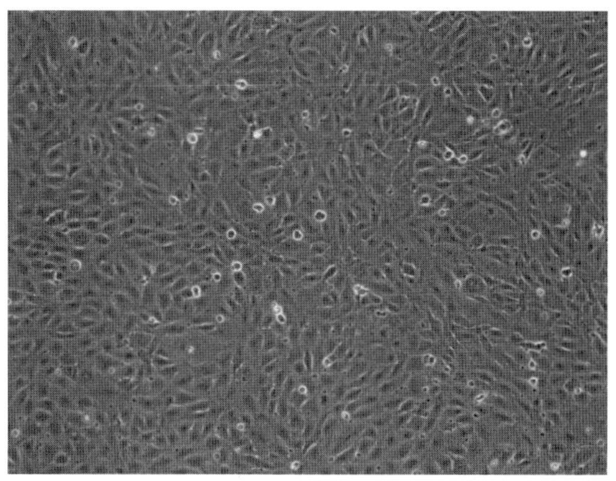

图 B.1 正常 KS 细胞

B.2 KS 在接种 KHV 后出现的 CPE

见图 B.2。

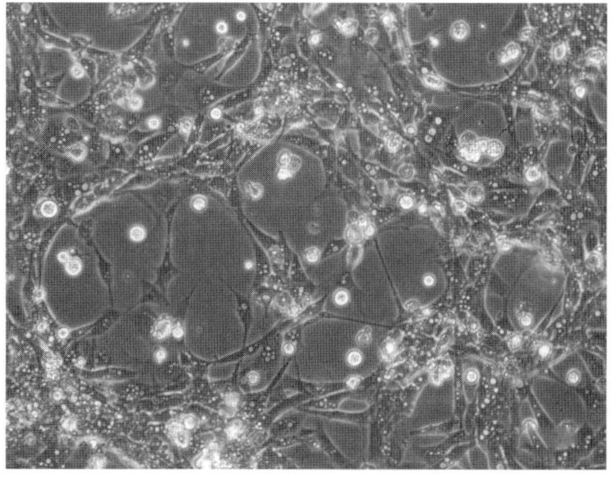

图 B.2 KS 在接种 KHV 后出现的 CPE

B.3 KS 在接种 GCRV 后出现的 CPE

见图 B.3。

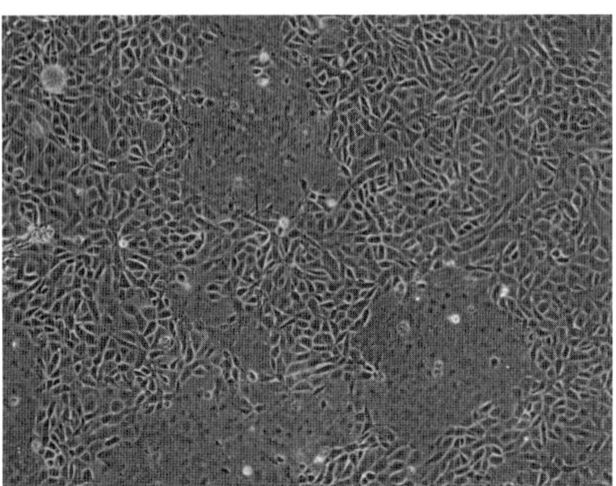

图 B.3 KS 在接种 GCRV 后出现的 CPE

附 录 C
（资料性附录）
细胞实时分析系统测定 KS 悬浮特性

细胞实时分析系统测定 KS 悬浮特性见图 C.1。

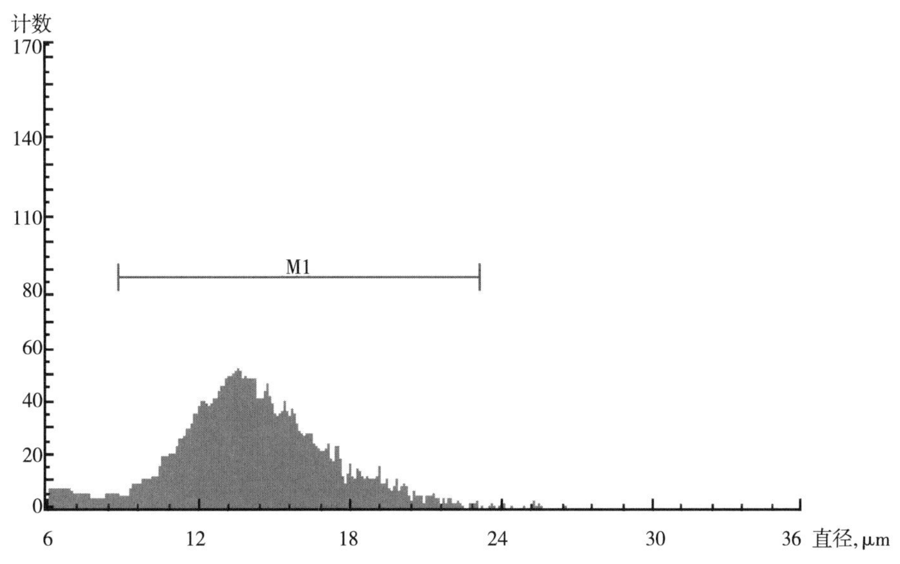

注：细胞计数为 12 215 个；平均体积为 1.28 pL；平均直径为 13.5 μm。

图 C.1 细胞实时分析系统测定 KS 悬浮特性

ICS 65.020.30
B 50

中华人民共和国水产行业标准

SC/T 7228—2019

传染性肌坏死病诊断规程

Code of diagnosis for infectious myonecrosis (IMN)

2019-08-01 发布　　　　2019-11-01 实施

中华人民共和国农业农村部　发布

前　言

本标准按照 GB/T 1.1—2009 给出的规则起草。

请注意本文件的某些内容可能涉及专利。本文件的发布机构不承担识别这些专利的责任。

本标准由农业农村部渔业渔政管理局提出。

本标准由全国水产标准化技术委员会(SAC/TC 156)归口。

本标准起草单位:中国水产科学研究院黄海水产研究所、全国水产技术推广总站、深圳海关。

本标准主要起草人:万晓媛、杨冰、于力、黄倢、余卫忠、史成银、张锋、宋晓玲、李清、张庆利、许华、李晨、刘莉。

传染性肌坏死病诊断规程

1 范围

本标准给出了传染性肌坏死病(Infectious myonecrosis, IMN)诊断所需的试剂和材料、器材和设备、临床症状,规定了采样、组织病理学检测、套式 RT-PCR 检测和综合判定。

本标准适用于对虾传染性肌坏死病的流行病学调查、诊断、检疫和监测。

2 规范性引用文件

下列文件对于本文件的应用是必不可少的。凡是注日期的引用文件,仅注日期的版本适用于本文件。凡是不注日期的引用文件,其最新版本(包括所有的修改单)适用于本文件。

GB/T 28630.4—2012 白斑综合征(WSD)诊断规程 第 4 部分:组织病理学诊断

3 缩略语

下列缩略语适用于本文件。

bp:碱基对(base pair)

cDNA:互补脱氧核糖核酸(complementary DNA)

DEPC:焦碳酸二乙酯(diethy pyrocarbonate)

DNA:脱氧核糖核酸(deoxyribonucleic acid)

dNTPs:脱氧核糖核苷三磷酸(deoxy-ribonucleoside triphosphate)

EB:溴化乙啶(ethidium bromide)

EDTA:乙二胺四乙酸(ethylenediaminetetraacetic acid)

IMN:传染性肌坏死病(infectious myonecrosis)

IMNV:传染性肌坏死病毒(infectious myonecrosis virus)

LOS:淋巴器官球状体(lymphoid organ spheroids)

M-MLV:莫洛尼鼠白血病病毒(moloney-murine leukemin virus)

PCR:聚合酶链式反应(polymerase chain reaction)

PvNV:凡纳滨对虾野田村病毒(*Penaeus vannamei* nodavirus)

RNA:核糖核酸(ribonucleic acid)

RT-PCR:逆转录-聚合酶链式反应(reverse transcription-polymerase chain reaction)

Taq:水生栖热菌(*Thermus aquaticus*)

Tris:三羟甲基氨基甲烷(tris hydroxymethyl aminomethane)

4 试剂和材料

4.1 除非另有说明,标准中使用的水为蒸馏水、去离子水或相当纯度的水。

4.2 二甲苯:分析纯。

4.3 中性树胶。

4.4 戴维森氏 AFA(Davidson's AFA)固定液按附录 A 中 A.1 的规定执行。

4.5 苏木精染色液按附录 A.2 的规定执行。

4.6 1%伊红储存液按附录 A.3 的规定执行。

4.7 1%焰红储存液按附录 A.4 的规定执行。

4.8 伊红-焰红染色液按附录 A.5 的规定执行。

4.9 黏片剂按附录 A.6 的规定执行。

4.10 95%乙醇:分析纯。

4.11 85%乙醇按附录 A.7 的规定执行。

4.12 80%乙醇按附录 A.8 的规定执行。

4.13 75%乙醇按附录 A.9 的规定执行。

4.14 50%乙醇按附录 A.10 的规定执行。

4.15 组织病理学检测阳性对照为受 IMNV 感染且显示明显病理变化的对虾肌组织切片。

4.16 组织病理学检测阴性对照为未受 IMNV 感染的正常对虾肌组织切片。

4.17 DEPC 水按附录 A.11 的规定执行或商品化试剂。

4.18 TRIzol™总 RNA 提取试剂,或其他等效产品。

4.19 氯仿:分析纯。

4.20 异丙醇:分析纯。

4.21 无水乙醇:分析纯。

4.22 无 RNA 酶的 75%乙醇按附录 A.12 的规定执行。

4.23 RNA 酶抑制剂(RNasin 或 RNase Inhibitor,40 U/μL),-20℃保存。

4.24 M-MLV 逆转录酶(200 U/μL),-20℃保存。

4.25 5×M-MLV 逆转录酶缓冲液,-20℃保存。

4.26 dNTPs(各 10 mmol/L),含 dATP、dTTP、dGTP、dCTP 各 10 mmol/L 的混合物,-20℃保存,用于逆转录。

4.27 dNTPs(各 2.5 mmol/L),含 dATP、dTTP、dGTP、dCTP 各 2.5 mmol/L 的混合物,-20℃保存,用于 PCR。

4.28 10×PCR 缓冲液,无 Mg^{2+} 离子,-20℃保存。

4.29 $MgCl_2$(25 mmol/L),-20℃保存。

4.30 *Taq* DNA 聚合酶(5 U/μL),-20℃保存。

4.31 套式 RT-PCR 外侧引物 4587F(10 μmol/L):5′-CGA-CGC-TGC-TAA-CCA-TAC-AA-3′。

4.32 套式 RT-PCR 外侧引物 4914R(10 μmol/L):5′- ACT-CGG-CTG-TTC-GAT-CAA-GT-3′。

4.33 套式 RT-PCR 内侧引物 4725NF(10 μmol/L):5′-GGC-ACA-TGC-TCA-GAG-ACA-3′。

4.34 套式 RT-PCR 内侧引物 4863NR(10 μmol/L):5′-AGC-GCT-GAG-TCC-AGT-CTT-G-3′。

4.35 套式 RT-PCR 检测阳性对照为已知受 IMNV 感染且套式 RT-PCR 结果显示阳性的对虾组织样品,-70℃保存。

4.36 套式 RT-PCR 检测阴性对照为已知未受 IMNV 感染且套式 RT-PCR 结果显示阴性的对虾组织样品,-70℃保存。

4.37 套式 RT-PCR 检测空白对照为 DEPC 水。

4.38 50×电泳缓冲液按附录 A.13 的规定执行。

4.39 1×电泳缓冲液按附录 A.14 的规定执行。

4.40 6×载样缓冲液。

4.41 琼脂糖。

4.42 DNA 分子量标准。

4.43 10 mg/mL EB 储存液按附录 A.15 的规定执行,或其他等效产品。

5 器材和设备

5.1 切片机。

5.2 组织脱水机。

5.3 包埋机。

5.4 染色机。

5.5 展片水浴锅。

5.6 平板烘片机。

5.7 显微镜。

5.8 PCR 仪。

5.9 电泳仪。

5.10 水平电泳槽。

5.11 紫外观察仪或凝胶成像仪。

5.12 高速冷冻离心机。

5.13 水浴锅或金属浴。

5.14 普通冰箱。

5.15 −80℃超低温冰箱。

5.16 电炉或微波炉。

5.17 微量移液器:量程 0.5μL~10 μL、2 μL~20 μL、20 μL~200 μL、100 μL~1 000 μL。

6 临床症状

发病急性期的对虾在横纹肌出现局部至弥散的白色坏死区,尤其是在末端腹节和尾扇,个别虾会在这些部位出现坏死发红。对虾仅在发病急性期出现行为变化,对虾在严重感染时或在网捕、饲喂、水温或盐度骤变等应激因素作用后,呈濒死状态并突发高死亡率,可持续数日。严重感染的对虾可能刚在应激前进食,肠道往往充盈食物。剖检可见配对淋巴器官肥大,是正常大小的 3 倍~4 倍。

7 采样

7.1 采样对象

食用对虾(*Penaeus esculentus*)、墨吉明对虾(*Fenneropenaeus merguiensis*)和凡纳滨对虾(*Litopenaeus vannamei*)等易感对虾。参见附录 B。

7.2 采样数量、方法和保存运输

应符合 GB/T 28630.4—2012 的要求。

7.3 样品的采集

适用于组织病理学检测时的样本,包括肌肉、鳃、心脏和淋巴器官。

适用于套式 RT-PCR 检测时的样本,包括除虾卵和幼体外的仔虾至成虾阶段。对虾仔虾取完整个体;幼虾至成虾阶段取肌肉、头胸(鳃、心脏、淋巴器官)、血淋巴。对于亲虾的非致死检测取血淋巴和游泳足。分子生物学检测时,仔虾或未达到 0.5 g 样品可以合并样本,个体稍大的虾可取个体进行检测。所取样品分别置于 1.5 mL 无 RNA 酶离心管中,立即进行 RNA 提取操作或加入相应体积 TRIzol ™试剂,暂时保存于−20℃。

8 组织病理学检测

8.1 修块

样品固定方法和切片前的取材修整,应符合 GB/T 28630.4—2012 的要求,保证标本的病灶部位能被有效地切片。

8.2 脱水

75%乙醇(1 h 45 min)→85%乙醇(1 h 45 min)→85%乙醇(1 h 45 min)→95%乙醇(45 min)→95%

乙醇(45 min)→无水乙醇(45 min)→无水乙醇(45 min)。

8.3 透明

无水乙醇∶二甲苯(1∶1)(25 min)→二甲苯(20 min)→二甲苯(20 min)。

8.4 浸蜡

纯石蜡(1 h 20 min)→纯石蜡(1 h 20 min)。

8.5 包埋

用包埋机进行包埋。

8.6 切片

用切片机切片,厚度 5 μm。对每个石蜡包埋块至少切取 2 块不连续的切片。

8.7 展片

展片水浴锅(40℃)中展片,用涂有一层黏片剂的载玻片捞出,置于平板烘片机上于 45℃烘片 2 h。

8.8 染色

二甲苯(5 min)→二甲苯(5 min)→无水乙醇(2 min)→无水乙醇(2 min)→95%乙醇(2 min)→95%乙醇(2 min)→80%乙醇(2 min)→80%乙醇(2 min)→50%乙醇(2 min)→蒸馏水(2 min)→蒸馏水(2 min)→蒸馏水(2 min)→苏木精染色液(5 min)→缓慢流动的自来水(6 min)→伊红-焰红染色液(2 min)→95%乙醇(1 min 20 s)→95%乙醇(2 min)→无水乙醇(2 min)→无水乙醇(2 min)→二甲苯(2 min 30 s)→二甲苯(2 min 30 s)→二甲苯(2 min 30 s)。

8.9 封片

滴加 2 滴中性树胶封片。

8.10 观察

显微镜下观察。

8.11 结果判定

8.11.1 IMN 的病灶主要出现在横纹肌(主要为骨骼肌,包括心肌)、结缔组织、血细胞及淋巴实质细胞。

8.11.2 急性期的患病对虾出现横纹肌纤维特征性的凝固性坏死,肌纤维间有明显水肿。个别患病对虾呈急性及陈旧病变的混合表现,肌纤维表现为以凝固性坏死至液化性坏死的进程,伴之血细胞中度渗出及堆积。在大多数晚期病灶中,血细胞及发炎的肌纤维被成纤维细胞松散的基质及结缔组织纤维所取代,散布在血细胞及新生的肌纤维之间,参见附录 C。

8.11.3 在患急、慢性 IMN 的对虾中常见由于淋巴器官球状体(LOS)的堆积导致的淋巴器官明显肥大,大量外逸的 LOS 也可见于鳃的血淋巴腔、心、触角腺管附近及腹神经索。由凡纳滨对虾野田村病毒(PvNV)引起凡纳滨对虾的白尾病具有类似的病变,需采用其他方法进行区别诊断。

9 套式 RT-PCR 检测

9.1 RNA 的提取

9.1.1 取 30 mg～50 mg 样品,加入 0.5 mL～1 mL TRIzol ™试剂,研磨,室温放置 5 min。4℃,12 000 r/min离心 5 min。取上清液至新的无 RNA 酶离心管中。提取过程同时设置阳性对照、阴性对照。

9.1.2 加入 1/5 体积的氯仿,混合至溶液乳化呈乳白色,室温放置 5 min。

9.1.3 4℃,12 000 r/min 离心 15 min。仔细吸取上层水相,移至新的无 RNA 酶离心管中。

9.1.4 加入等体积的异丙醇,上下颠倒混匀,室温放置 10 min。

9.1.5 4℃,12 000 r/min 离心 10 min,弃上清液。

9.1.6 加入 1 mL 无 RNA 酶的 75%乙醇(4℃预冷),上下颠倒洗涤沉淀,再于 4℃,7 000 r/min 离心5 min,小心弃上清液。室温晾干沉淀。

9.1.7 加入 20μL～100 μL 无 RNA 酶的水溶解沉淀,立即用于 RT-PCR 或保存于−70℃备用。

9.2 套式 RT-PCR

9.2.1 配制逆转录引物预混液体系，分装为 5 μL/管，使每反应管含 3 μL DEPC 水、各 1 μL 10 μmol/L 引物 4587F 和 4914R，保存于－20℃。临用前，加入 1 μL 待测 RNA 样品(浓度：1 ng/μL～1 000 ng/μL)。95℃～100℃预变性 3 min 后，即刻放入冰浴中冷却 2 min。同时设置以 DEPC 水为模板的空白对照。

9.2.2 配制逆转录酶预混物，配制方法：2μL 5×M-MLV 逆转录酶缓冲液、0.5 μL dNTPs(各 10 mmol/L)、0.25 μL RNase Inhibitor (40 U/μL)、0.5 μL M-MLV 逆转录酶(200 U/μL)，加 0.75 μL DEPC 水补足至 4 μL，混匀后，加至 9.2.1 中的样品管，稍离心，置于 42℃水浴锅或金属浴中反应 1 h，70℃ 15 min 后，可获得 cDNA 模板。

9.2.3 套式 PCR 反应体系：按照表 1 的要求，配制成除 *Taq* DNA 聚合酶以外的大体积预混物，分装保存于－20℃。临用前，加入相应体积的 *Taq* DNA 聚合酶，混匀，按 1 个反应体系/支分装到 0.2 mL PCR 管中。分别加入相应体积的各样品逆转录 cDNA。

表 1 套式 RT-PCR 的第一步 PCR 反应预混物所需试剂和组成

试　剂	25μL 体系	试剂终浓度
10× PCR 缓冲液(无 Mg^{2+})	2.5 μL	1× PCR 缓冲液
$MgCl_2$(25 mmol/L)	2 μL	2 mmol/L
dNTPs(各 2.5 mmol/L)	2 μL	200 μmol/L
外侧引物 4587F(10 μmol/L)	1.5 μL	0.6 μmol/L
外侧引物 4914R(10 μmol/L)	1.5 μL	0.6 μmol/L
灭菌双蒸水	14.2 μL	—
Taq DNA 聚合酶(5 U/μL)	0.3 μL	1.5 U
注：25 μL 体系的模板为 1 μL 逆转录 cDNA。		

9.2.4 将上述加有逆转录 cDNA 的 PCR 管按以下程序进行第一步 PCR 扩增：95℃预变性 2 min；95℃变性 30 s、60℃退火 30 s、72℃延伸 30 s，39 个循环；72℃延伸 7 min；4℃保温。

9.2.5 按照表 2 的要求，配制除 *Taq* DNA 聚合酶以外的大体积预混物。第二步 PCR 反应模板为第一步反应产物，扩增程序：95℃预变性 2 min；95℃变性 30 s、65℃退火 30 s、72℃延伸 30 s，39 个循环；72℃延伸 2 min；4℃保温。

表 2 套式 RT-PCR 的第二步 PCR 反应预混物所需试剂和组成

试　剂	25 μL 体系	试剂终浓度
10× PCR 缓冲液(无 Mg^{2+})	2.5μL	1× PCR 缓冲液
$MgCl_2$(25 mmol/L)	2μL	2 mmol/L
dNTPs(各 2.5 mmol/L)	2μL	200μmol/L
内侧引物 4725NF(10 μmol/L)	1.16μL	0.464 μmol/L
内侧引物 4863NR(10 μmol/L)	1.16μL	0.464 μmol/L
灭菌双蒸水	14.88μL	—
Taq DNA 聚合酶(5 U/μL)	0.3μL	1.5 U
注：25 μL 体系的模板为 1 μL 第一步 PCR 反应产物。		

9.2.6 可以使用同等逆转录或一步法 RT-PCR 效果的商品化试剂盒进行操作。RT-PCR 前，须将 RNA 模板 95℃～100℃预变性 3 min 后，迅速冰浴。

9.3 琼脂糖凝胶电泳及测序

9.3.1 配制 1.5%的琼脂糖凝胶，加入 10 mg/mL EB 至终浓度 0.5 μg/mL，摇匀。制备琼脂糖凝胶。

9.3.2 将 5μL PCR 反应产物与 1 μL 6×载样缓冲液混匀后加入加样孔中。同时设立 DNA 分子量标准对照。

9.3.3 在 1 V/cm～5 V/cm 的电压下电泳，使 DNA 由负极向正极移动。当载样缓冲液中溴酚蓝指示剂的色带迁移至琼脂糖凝胶的 1/2～2/3 处时停止电泳，将凝胶置于紫外观察仪或凝胶成像仪下观察或拍照。

9.3.4 如果观察到预期大小条带,对 PCR 扩增产物进行测序。

9.4 结果判定

9.4.1 阳性对照第一步 PCR 后在 328 bp 和/或第二步 PCR 后在 139 bp 处有特定条带、阴性对照在 328 bp 和 139 bp 处均无条带且空白对照不出现任何条带,实验有效。

9.4.2 检测样品第一步 PCR 后在 328 bp 处有条带和/或第二步 PCR 后在 139 bp 处有条带,且 PCR 产物测序结果同参考序列(参见附录 D)进行比对,结果符合的可判断为套式 RT-PCR 结果阳性;检测样品第一步 PCR 后在 328 bp 处无条带且第二步 PCR 后在 139 bp 处无条带,可判为套式 RT-PCR 结果阴性。

10 综合判定

10.1 疑似病例的判定

易感对虾在发病条件下出现典型的临床症状,或具有典型的病理学特征,或套式 RT-PCR 结果显示阳性,判定为疑似病例。

10.2 确诊病例的判定

易感对虾具有典型的病理学特征且套式 RT-PCR 结果显示阳性,判定为确诊病例。

附 录 A
(规范性附录)
试 剂 配 方

A.1 戴维森氏 AFA(Davidson's AFA)固定液

95%乙醇	330 mL
甲醛(37%)	220 mL
冰醋酸	115 mL
过滤海水	335 mL

混匀,室温密封储存。

A.2 苏木精染色液

温水(50℃～60℃)	1 000 mL
苏木素	1.0 g
碘酸钠	0.2 g
钾明矾	90.0 g
柠檬酸	1.0 g
水合三氯乙醛	50.0 g

按上述顺序混合,溶解后即可使用,室温储存。

A.3 1%伊红储存液

伊红 Y(水溶性)	5 g
水	500 mL

溶解后置于棕色瓶中,室温储存。

A.4 1%焰红储存液

焰红 B(水溶性)	1 g
水	100 mL

溶解后置于棕色瓶中,室温储存。

A.5 伊红-焰红染色液

1%伊红储存液	100 mL
1%焰红储存液	10 mL
95%乙醇	780 mL
冰醋酸	4 mL

混匀后即可使用,室温储存。

A.6 黏片剂

明胶	1 g
热水	100 mL

溶解后,加入:

苯酚	2 g

甘油 15 mL

混匀,在棕色瓶中室温储存。

A.7 85%乙醇

95%乙醇 850 mL

加水定容至 950 mL

混匀,室温储存。

A.8 80%乙醇

95%乙醇 800 mL

加水定容至 950 mL

混匀,室温储存。

A.9 75%乙醇

95%乙醇 750 mL

加水定容至 950 mL

混匀,室温储存。

A.10 50%乙醇

95%乙醇 500 mL

加水定容至 950 mL

混匀,室温储存。

A.11 DEPC水

灭菌双蒸水 1 000 mL

DEPC 1 mL

盖上瓶塞,用磁力搅拌器于37℃剧烈搅拌12 h,按50 mL/瓶～200 mL/瓶分装于无RNA酶的试剂瓶内,103.4 kPa 121℃高压蒸汽灭菌15 min,冷却后密封保存。

注意:DEPC有毒,应避免吸入、吞食和沾着皮肤,操作在通风橱中进行。

A.12 无RNA酶的75%乙醇

无水乙醇(新开瓶) 75 mL

加入无RNA酶的水 25 mL

在无RNA酶的玻璃量筒中配制,混匀,按1 mL/支～1.2 mL/支分装于无RNA酶的1.5 mL离心管中,保存于−20℃待用。

A.13 50×电泳缓冲液

Tris 242 g

冰乙酸57.1 mL

0.5 mol/L EDTA (pH 8.0) 100 mL

加水定容至 1 000 mL

室温储存。

A.14 1×电泳缓冲液

50×电泳缓冲液 20 mL

加水定容至　　　　1 000 mL

室温储存。

A.15　10 mg/mL EB 储存液

EB　　　　10 mg

水　　　　1 mL

磁力搅拌数小时以确保其完全溶解。室温保存于棕色瓶或用铝箔包裹的瓶中。

附　录　B
（资料性附录）
传染性肌坏死病（IMN）

B.1　传染性肌坏死病的发生与流行

传染性肌坏死病（Infectious myonecrosis，IMN）是由传染性肌坏死病毒（Infectious myonecrosis virus，IMNV）感染所引起的一种对虾急性传染性疾病。急性感染期，对虾横纹肌会出现局部至弥漫的白色坏死区域，通常最早出现在末端腹节及尾扇，有些对虾会出现末端腹节坏死发红。严重感染的对虾出现濒死症状，应激后突发高死亡率，并持续数日。IMNV 对凡纳滨对虾的致死率介于 40%～70%，感染虾群的饲料转化率比正常值高 1.5 倍～4.0 倍，甚至更高。

B.2　病原和病理学特征

IMNV 是一种单分病毒，病毒粒子呈二十面体结构，无囊膜，直径 40 nm，氯化铯浮力密度 1.366 g/mL。基因组为 8 226 bp～8 230 bp 的单片段双链 RNA。包含 2 个开放阅读框（Open reading frame，ORF），ORF1（470 nt～5 596 nt）编码一个可能的 RNA 结合蛋白和一个衣壳蛋白，ORF2（5 884 nt～8 133 nt）编码一个可能的 RNA 依赖的 RNA 聚合酶。IMNV 地理分布主要位于巴西东北部至印度尼西亚等东南亚周边，在养殖和野生对虾中都有检出，巴西与印度尼西亚分离株序列同源性极高。

IMN 急性和慢性感染能出现横纹肌及淋巴器官组织病变，由凡纳滨对虾野田村病毒（*Penaeus vannamei* nodavirus，PvNV）引起凡纳滨对虾的白尾病具有类似的病变。

B.3　宿主

易感宿主种类：食用对虾（*P. esculentus*）、墨吉明对虾（*F. merguiensis*）和凡纳滨对虾（*L. vannamei*）。非完全确认易感性的宿主种类：斑节对虾（*P. monodon*）和细角滨对虾（*L. stylirostris*）。另外，有报道在南方褐对虾（*P. subtilis*）PCR 结果显示 IMNV 阳性，但其感染活性尚未明确。

附　录　C
（资料性附录）
传染性肌坏死病组织病理学图例

IMNV 感染凡纳滨对虾的组织病理变化见图 C.1。

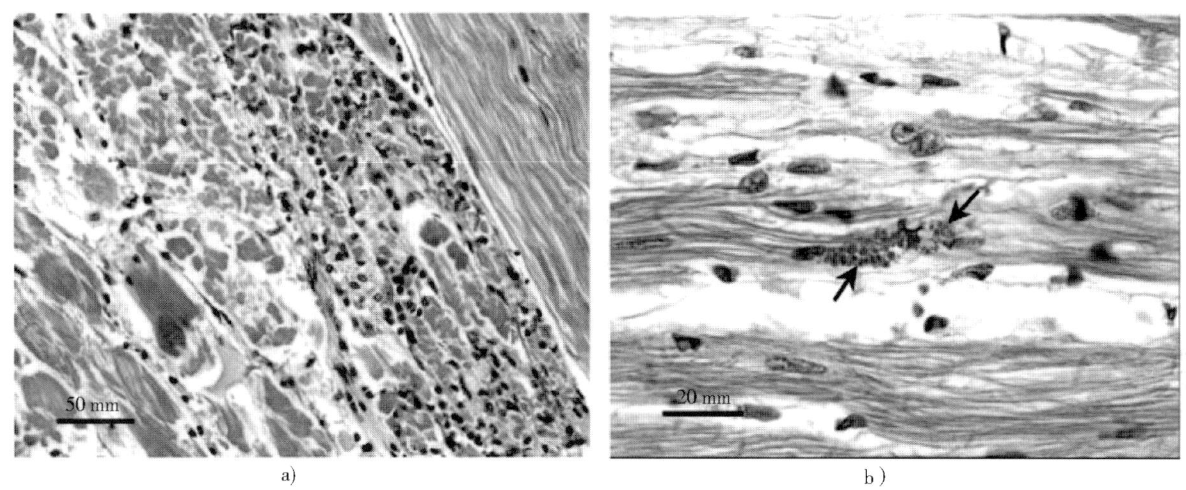

注 1：图 C.1 a)中，H-E 染色，横纹肌（骨骼肌）纤维特征性的凝固性坏死伴之血细胞中度渗出及堆积。作为参照，可见右上角正常的肌肉组织。

注 2：图 C.1 b)中，H-E 染色，可见肌肉细胞细胞核周围明显的浅嗜碱性到深嗜碱性包涵体（箭头指向）。

图 C.1　IMNV 感染凡纳滨对虾的组织病理变化

附 录 D
（资料性附录）
传染性肌坏死病毒（IMNV）套式 RT-PCR 检测产物序列

1 CGACGCTGCT AACCATACAA AACCTTTTGC TATTGAAGGA GGAAGACTCG TATATTTGGG
4587F
61 TGGAACAATT GCAAATACAA CCAATGTGGT AAACGCAATG CAGAGGAAAC AAAGGCTTTC
121 AAAACCGGCA TTCAAGTGGG CACATGCTCA GAGACAACGT GTATATGACA GCAGTCGTCC
4725NF
181 AGGGATGGAC GCAATCACAA AGTTGTGTGC ACGAAAGTCG GGTTTTATGA ATGCCCGTTC
241 CACAGCAATG ATGGCACCCA AGACTGGACT CAGCGCTGTT ATAGATCAAG CACCAAATAC
4863NR
301 ATCTCAAGAC TTGATCGAAC AGCCGAGT
4914R

注：下划线为 IMNV 套式 RT-PCR 检测外侧及内侧引物序列。

ICS 65.020.30
B 41

中华人民共和国水产行业标准

SC/T 7229—2019

鲤浮肿病诊断规程

Code of diagnosis for carp edema virus disease(CEVD)

2019-08-01 发布

2019-11-01 实施

中华人民共和国农业农村部 发布

前　言

本标准按照 GB/T 1.1—2009 给出的规则起草。

请注意本文件的某些内容可能涉及专利。本文件的发布机构不承担识别这些专利的责任。

本标准由农业农村部渔业渔政管理局提出。

本标准由全国水产标准化技术委员会(SAC/TC 156)归口。

本标准起草单位:全国水产技术推广总站、北京市水产技术推广站。

本标准主要起草人:徐立蒲、余卫忠、张文、曹欢、王静波、王姝、潘勇、张锋、梁艳、王立新、李清。

鲤浮肿病诊断规程

1 范围

本标准给出了鲤浮肿病的缩略语、试剂和材料、仪器和设备及临床症状，规定了采样、核酸检测及综合判定。

本标准适用于鲤浮肿病的流行病学调查、诊断、监测和检疫。

2 规范性引用文件

下列文件对于本文件的应用是必不可少的。凡是注日期的引用文件，仅注日期的版本适用于本文件。凡是不注日期的引用文件，其最新版本(包括所有的修改单)适用于本文件。

GB/T 6682　分析实验室用水规格和试验方法

GB/T 18088　出入境动物检疫采样

SC/T 7103　水生动物产地检疫采样技术规范

3 缩略语

下列缩略语适用于本文件。

CEV：鲤浮肿病毒(carp edema virus，CEV)

CEVD：鲤浮肿病(carp edema virus disease，CEVD)

4 试剂和材料

4.1 CEV 阳性物质：由农业农村部指定的水生动物病原微生物菌(毒)种保藏机构提供。

4.2 水：符合 GB/T 6682 中一级水的要求。

4.3 无水乙醇：分析纯，使用前预冷到－20℃。

4.4 荧光 PCR 2×预混合液(2×probe master mix)，商业试剂，－20℃保存。

4.5 套式 PCR 2×预混合液(2×master mix)，商业试剂，－20℃保存。

4.6 环介导等温扩增 2×反应缓冲液，商业试剂，－20℃保存。

4.7 Bst 酶：－20℃保存，酶浓度为 8 U/μL，避免反复冻融。

4.8 引物：荧光 PCR 和套式 PCR 引物浓度为 10 μmol/L，LAMP 引物浓度为 100 μmol/L，－20℃保存。

4.8.1 荧光 PCR 引物

上游引物 qF1：5′-AGTTTGTAKATTGTAGCATTTCC-3′；

下游引物 qR1：5′-GATTCCTCAAGGAGTTDCAGTAAA-3′；

探针：5′-FAM-AGAGTTTGTTTCTTGCCATACAAACT-BHQ1-3′；

扩增 CEV P4a 蛋白基因中 76 bp 的片段。

4.8.2 套式 PCR 引物

4.8.2.1 F1 和 R1 扩增 CEV P4a 蛋白基因中的 548 bp 片段，F2 和 R2 从该片段中再扩增 180 bp 片段。

上游引物 F1：5′-GCTGTTGCAACCATTTGAGA-3′；

下游引物 R1：5′-TGCAGGTTGCTCCTAATCCT-3′；

上游引物 F2：5′-GCTGCTGCACTTTTAGGAGG-3′；

下游引物 R2：5′-TGCAAGTTATTTCGATGCCA-3′。

4.8.2.2 BF 和 BR 扩增 CEV P4a 蛋白基因中的 528 bp 片段，IF 和 IR 从该片段中再扩增 478 bp 片段。

上游引物 BF：5′-ATGGAGTATCCAAAGTACTTAG-3′；

下游引物 BR:5′-CTCTTCACTATTGTGACTTTG-3′;

上游引物 IF:5′-GTTATCAATGAAATTTGTGTATTG-3′;

下游引物 IR:5′-TAGCAAAGTACTACCTCATCC-3′。

4.8.3 **LAMP 引物**

F3:TCCCACAGAATGTAATCTCAA;

B3:ACCTCATCCAAATTACGTAGT;

FIP:GTCTGTCTTCGATAAGACAATGACT-TGTGGAGTTTTTGAAGTATACTGT;

BIP:TCAATCTGAATTCCTTTCCAGAACA-CGTTGATACAATTCCAGAGC;

LF:TGCTCTAGTTCTAGGATTGT;

扩增 CEV P4a 蛋白基因片段。

5 仪器和设备

5.1 组织研磨器。

5.2 高压灭菌锅。

5.3 普通冰箱。

5.4 超低温冰箱。

5.5 低温离心机。

5.6 生物安全柜。

5.7 荧光 PCR 仪。

5.8 PCR 仪。

5.9 可控温水浴锅。

6 临床症状

发病鱼行动迟缓,有时呈昏睡症状。病鱼的症状包括:烂鳃、眼球凹陷、体表糜烂、出血、皮下组织水肿、吻端和鳍的基部溃疡等。其中最常见的症状是包括烂鳃在内的鳃丝损害症状。鳃组织在低倍镜观察显示上皮细胞的过度增殖导致鳃丝肿胀;高倍镜下表现出鳃细胞水肿、重度增生、鳃小片相互融合以及上皮细胞脱落。参见附录 A 的 A.6。

7 采样

按 SC/T 7103 的规定执行。取样数量按 GB/T 18088 的规定执行。体长≤4 cm 的鱼取整条;带卵黄囊的鱼去掉卵黄囊;体长 4 cm~6 cm 的鱼苗取鳃及所有内脏;体长大于 6 cm 的鱼则取鳃、肾。

8 核酸检测

8.1 DNA 抽提

8.1.1 将样品匀浆后按 1∶10 比例添加 PBS 缓冲液或细胞培养液,冻融 1 次,1 000 r/min 离心 10 min 后,取 450 μL 上清液。加入 1.5 mL 的离心管中。

8.1.2 加入 450 μL CTAB 溶液(见附录 B 的 B.1)混匀。25℃处理 2 h~2.5 h。

8.1.3 加入 600 μL 抽提液 1(见 B.2),混合混匀至少 30 s。12 000 r/min 离心 5 min,取上层水相(约 800 μL)置于新的 1.5 mL 离心管中。

8.1.4 加入 700 μL 抽提液 2(见 B.3),充分混匀至少 30 s。12 000 r/min 离心 5 min,取上层水相(约 600 μL)置于新的 1.5 mL 离心管中。

8.1.5 加入−20℃预冷的 1.5 倍体积的无水乙醇(约 900 μL),倒置数次混匀后,−20℃沉淀核酸 8 h 以上。

8.1.6 12 000 r/min 离心 30 min,小心弃去上清液。干燥 5 min~10 min 后加 11 μL DEPC 水溶解,用作 PCR 模板。

8.1.7 也可采用同等功效的核酸抽提试剂盒。

8.2 设立对照

设立阳性对照、阴性对照和空白对照。取已知含有 CEV 的阳性样品组织作为阳性对照;取 CEV 检测阴性的健康鱼组织作为阴性对照;取等体积的无菌去离子水代替模板作为空白对照。

8.3 荧光 PCR

8.3.1 反应体系

2×预混合液(2×probe master mix)10 μL、引物 qF1 和 qR1 各 0.8 μL、探针 0.4 μL、模板 2.5 μL、加 DEPC 水至 20 μL。瞬时离心,将 PCR 管置于荧光 PCR 仪。

8.3.2 反应条件

95℃ 2 min;95℃ 5 s、56℃ 31 s,共 40 个循环。

8.3.3 结果判定

阴性对照和空白对照应无 *Ct* 值;阳性对照 *Ct* 值<35,且出现典型扩增曲线,反应成立。待测样品 *Ct* 值≤35 且出现典型扩增曲线,可判为 PCR 阳性;若待测样品无 *Ct* 值,或无扩增曲线,可判为 PCR 阴性。待测样品 *Ct* 值>35,应进行一次重复检测。若重复检测后结果相同,可判为 PCR 阳性;否则判为 PCR 阴性。

8.4 套式 PCR

8.4.1 引物 F1/R1 和 F2/R2 分别扩增 CEV P4a 蛋白基因中 548 bp 和 180 bp 的片段

反应体系(50 μL)为 2×预混合液(2×master mix)25 μL,引物 F1、R1 各 2 μL,模板 5 μL,DEPC 水补至 50 μL。反应条件为 95℃预变性 4 min,95℃变性 1 min,55℃退火 1 min,72℃延伸 1 min,35 个循环后 72℃再延伸 10 min。如果第一步 PCR 后的产物在电泳时看不到特异的 DNA 带,取 5 μL 产物作模板;如果第一步 PCR 后的产物在电泳时能看到特异的 DNA 带,则需将产物按 1∶100 ~ 1∶1 000 稀释,取 5 μL 稀释后产物作模板,反应条件同上,加入引物 F2、R2 进行套式 PCR 扩增。

8.4.2 引物 BF/BR 和 IF/IR 分别扩增 CEV P4a 蛋白基因中 528 bp 和 478 bp 的片段

反应体系(50 μL)为 2×预混合液(2×master mix)25 μL,引物 BF、BR 各 2 μL,模板 5 μL,DEPC 水补至 50 μL。反应条件为 95℃预变性 4 min,95℃变性 1 min,45℃退火 1 min,72℃延伸 1 min,35 个循环后 72℃再延伸 10 min。如果第一步 PCR 后的产物在电泳时看不到特异的 DNA 带,取 5 μL 产物作模板;如果第一步 PCR 后的产物在电泳时能看到特异的 DNA 带,则需将产物按 1∶100 ~ 1∶1 000 稀释,取 5 μL 稀释后产物作模板,反应条件同上,加入引物 IF、IR 进行套式 PCR 扩增。

8.4.3 琼脂糖电泳

用 1×电泳缓冲液(见 B.4)配制 2%的琼脂糖凝胶(含 0.5 μg/mL EB,见 B.5,或其他等效商品化试剂)。将 5 μL 样品和 1 μL 6×上样缓冲液(见 B.6)混匀后加入样品孔,在电泳时设立 DNA 标准分子量做对照。5 V/cm 电泳约 0.5 h,当溴酚蓝到达底部时停止,将凝胶置于凝胶成像仪上观察。

8.4.4 测序

取 PCR 产物进行基因序列测定,将测序结果与 GenBank 中参考序列(见附录 C)进行同源性比对。

8.4.5 结果判定

PCR 扩增后,阳性对照会出现特异的 DNA 带,阴性对照和空白对照均没有该条带,反应成立。待测样品第一步 PCR 扩增有特异的 DNA 带(548 bp 或 528 bp),或第二步 PCR 扩增后有特异的 DNA 带(180 bp 或 478 bp),并经基因测序确定是 CEV 的,可判为 PCR 阳性;未扩增出条带的,或条带大小与特异的 DNA 带大小不一致,或经基因测序确定不是 CEV 的,判为 PCR 阴性。

8.5 LAMP 检测

8.5.1 反应体系

LAMP 2×反应缓冲液(含 dNTP)12.5 μL,8 U Bst DNA polymerase 1 μL,钙黄绿素(FD) 1 μL(包含有

0.5 mmol/L 钙黄绿素和 10 mmol/L $MnCl_2$),FIP 0.4 μL, BIP 0.4 μL, F3 0.1 μL,B3 0.1 μL,LF 0.2 μL,模板 2 μL,DEPC 水补至 25 μL。

8.5.2 反应条件

可控温水浴锅中,63℃恒温反应 60 min,80℃下恒温反应 5 min 以结束反应。轻轻混匀并在黑色背景下观察。

8.5.3 结果判定

阴性对照及空白对照反应管液体呈橙色,阳性对照反应管液体呈绿色,则反应成立;待测样品反应管液体呈绿色,则判为核酸阳性;待测样品反应管液体呈橙色,则判为核酸阴性。

9 综合判定

9.1 可疑判定

养殖的鲤或锦鲤出现临床症状,或 CEV 核酸阳性时判定为疑似。

9.2 确诊判定

养殖的鲤或锦鲤出现临床症状,荧光 PCR、套式 PCR、LAMP 检测中任意一种方法检测结果阳性,判定为 CEVD 阳性。

养殖的鲤或锦鲤无临床症状,荧光 PCR、套式 PCR、LAMP 检测中任意一种方法检测结果阳性,判定为 CEV 核酸阳性。

附　录　A
（资料性附录）
鲤浮肿病（CEVD）

A.1　疾病描述

鲤浮肿病(carp edema virus disease,CEVD),也称锦鲤昏睡病(koi sleepy disease, KSD),是一种由鲤浮肿病毒(carp edema virus,CEV)引起鲤和锦鲤死亡的一种病毒性传染病。

A.2　危害对象

各种规格的鲤、锦鲤。

A.3　流行水温

该病在水温 7℃～27℃均有发生。

A.4　临床症状

同池养殖的鲤或锦鲤行动迟缓,常聚集在池塘的水面或边缘处,或静置在池塘中,或在池底不动,呈昏睡状态。当受到触动时,病鱼会游动,但很快又继续处于昏睡状态。病鱼的症状包括:烂鳃、眼球凹陷、体表糜烂、出血、皮下组织水肿、吻端和鳍的基部溃疡等。其中最常见的症状是包括烂鳃在内的鳃丝损害症状。CEV 感染的鳃组织的病毒载量显著地高于肾、脾、表皮和肠腔等组织。鳃组织在低倍镜观察显示上皮细胞的过度增殖导致鳃丝肿胀;高倍镜下表现出鳃细胞水肿、重度增生、鳃小片相互融合以及上皮细胞脱落。

鲤浮肿病与锦鲤疱疹病毒病均具有烂鳃、眼凹陷等相似的症状,导致养殖者经常把 CEVD/KSD 误认为是锦鲤疱疹病毒病。因此在养殖生产中,当鲤或锦鲤出现烂鳃等症状,并有高死亡率时,应同时进行鲤浮肿病和锦鲤疱疹病毒病的检测,以确定病原。

人工感染试验的结果显示:感染后到鱼发病,体内各组织内的病毒量达到最大值,然后逐渐下降,12 d 后几乎为零。在流行病学调查中也发现,不久前刚发病恢复不久的渔场,即便在发病时显示有典型的 CEVD 临床症状,但在恢复期也很难检测到病毒。因此,在采样时需要注意这个问题。

A.5　病原

鲤浮肿病毒(carp edema virus,CEV),隶属于痘病毒科(Poxviridae),其基因是线性双链 DNA(dsDNA)。目前已知痘病毒科分为脊椎动物痘病毒亚科和昆虫痘病毒 2 个亚科,而 CEV 属于未定亚科的痘病毒,其大小约 200 nm×400 nm。

A.6　鳃丝显微镜观察

见图 A.1。

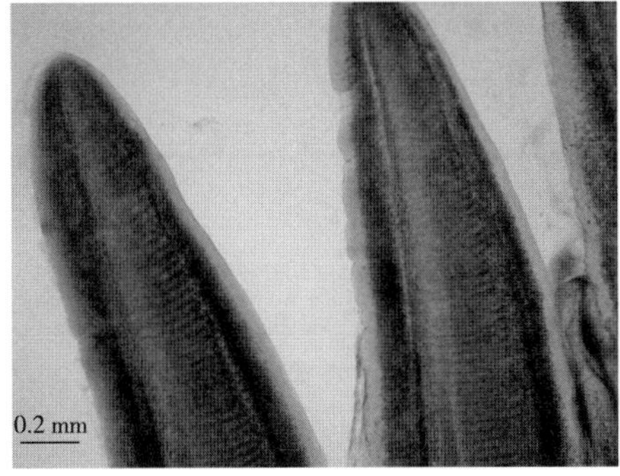

a)　正常锦鲤鳃丝

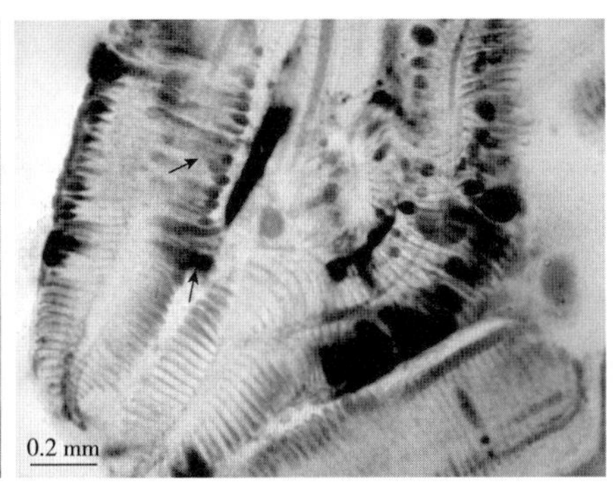

b)　发病锦鲤，鳃丝变粗并相互黏附、末端充血膨大成球状（箭头）

图 A.1　正常和发病锦鲤鳃丝显微镜观察

附　录　B
（规范性附录）
试剂及其配制

B.1　CTAB溶液（hexadecyl trimethy ammonium bromide，十六烷基三甲基溴化铵）

CTAB：按CTAB 2%，NaCl 1.4 mol/L，EDTA 20 mmoL/L，Tris-HCl 20 mmoL/L pH 7.5配制。配制时在60 mL水中顺序加入：8.19 g NaCl，0.744 g EDTA，1.21 g Tris，0.25 mL～0.3 mL浓HCl，调整pH为7.5～8.0，再加入2 g CTAB，搅拌待完全溶解后加水到100 mL。使用前，需加巯基乙醇至终浓度为0.25%。

B.2　抽提液1

1 moL/L Tris饱和酚∶氯仿∶异戊醇按25∶24∶1混合，密闭避光保存。

B.3　抽提液2

将氯仿∶异戊醇按24∶1的比例混合，密闭避光保存。

B.4　5×电泳缓冲液

Tris	54 g
硼酸	27.5 g
EDTA	2.922 g
水	1 000 mL

用5 moL/L的HCl调到pH 8.0。

B.5　EB（ethidium bromide，核酸染色剂）

用水配制成10 mg/mL的浓缩液。使用时，每10 mL电泳液或琼脂中加1 μL。

B.6　6×上样缓冲液

蔗糖	40 g
加水溶解，定容至	100 mL
溴酚蓝	0.25 g

溶解后，4℃保存。

附 录 C
（规范性附录）
PCR 扩增的序列

C.1 荧光 PCR 扩增产物的参考序列(76 bp)

AGTTTTGTATATTGTAGCATTTCCTAGTTTGTATGGCAAGAAACAAACTCTCTTTACTGTAA
CTCCTTGAGGAATC

注：划线处为引物序列，其中荧光 PCR 扩增产物引物序列依次是 qF1、探针、qR1。

C.2 套式 PCR 扩增产物的参考序列(548 bp)

GCTGTTGCAACCATTTGAGAATGAACTGAATCAACAAGTTGATATGCTTTGCATTTGCATCA
AAAGCAACAACTTGACGAGGGAATGATTGAGACAAAGTAGAGCTTCTTGTGTAATGCATAT
CTTGAGAAGCACGCTGCTCCACCTGCTACAATTCCAAGAGCATAATGATATTCAAGATCTAG
TCTAATTTGATCTGGAGAATAAGTATATGCTTTGATTCCATACAGTTTAATGAAATGCTCA
TAATTACCTTGTCCAAACAAAGTTAGATAAAATAGTTTTAGGATTGAAGCAAGAGCTGCTG
CACTTTTAGGAGGACAAGTAAAGTTACCACCAGCTCCTACAAGGAAAGCAATTGATTTTAT
ACTTGAAGAACATTCAAGAAGATTAGAGAAATTCTCAAGAATTAGAATTGCAACTTCTAGT
CTCTCTAGTTTTTCTAGATTTAGATTTAGGTTGGCATCGAAATAACTTGCATAATCTAGAA
GTTCATCAACATCAAATGTACTTACATCAAATAGGAAAGGATTAGGAGCAACCTGCA

注：划线处为引物序列，其中套式 PCR(548 bp)扩增产物引物序列依次是 F1、F2、R2、R1。

C.3 套式 PCR 扩增产物的参考序列(528 bp)

ATGGAGTATCCAAAGTACTTAGATTAATGTTATCAATGAAATTTGTGTATTGTGTTTT
TGTTAGTCCAAGAGTTTTCTTTTCGTCATTTGTTACTTTTTGTAGTTGTTTAATATTTGTGA
TAAGATTTCCATTGGCATAAAATCCTTCCCAGATTTGGGTTGAAACATGTTTTAGAGTTTTG
TATATTGTAGCATTTCCTAGTTTGTATGGCAAGAAACAAACTCTCTTTACTGTAACTCCTTG
AGGAATCTGATCTAGAATTCCACAATATGTAATCTCAAATTTGTTTGTGGAGTTTTTGAAA
TATACTACTTCATCATACAATCCTAGAACTAGAGCAAGATTAGAAGTCATTGTCTTGTCAAA
GACAGACATCTTATTCCAATCATCAATCTGGATTCCTTTCCAGAACATAACATTTGCAATTT
TAACTTGCTCTGGAATTGTATCAACGTATCCAATATCTTTCTTTACTACGTAATTTGGATGA
GGTAGTACTTTGCTAACAAAGTCACAATAATGAAGAG

注：划线处为引物序列，其中套式 PCR(528 bp)扩增产物引物序列依次是 BF、IF、IR、BR。

C.4 LAMP 检测扩增产物的参考序列(300 bp)

TCTTTACTGAAACTCCTTGAGGAATTTGATCTAGAATCCCACAGAATGTAATCTCAAAT
TTGTTTGTGGAGTTTTTGAAGTATACTGTTTCATCATACAATCCTAGAACTAGAGCAAGAT
TAGAAGTCATTGTCTTATCGAAGACAGACATCTTATTCCAATCATCAATCTGAATTCCTTTC
CAGAACATAACATTTGCAATTTTAACTTGCTCTGGAATTGTATCAACGTATCCAATATCTTT
CTTTACTACGTAATTTGGATGAGGTAGTACTTTGCTAACAAAGTCACAATAGTGAA

注：划线处为引物序列，其中 LAMP 检测扩增产物引物序列依次是 F3、IF2、LF、IF1、B1、B2、B3。

ICS 65.020.30
B 50

中华人民共和国水产行业标准

SC/T 7230—2019

贝类包纳米虫病诊断规程

Code of diagnosis for bonamiosis of mollusks

2019-08-01 发布　　2019-11-01 实施

中华人民共和国农业农村部　发布

前 言

本标准按照 GB/T 1.1—2009 给出的规则起草。

请注意本文件的某些内容可能涉及专利。本文件的发布机构不承担识别这些专利的责任。

本标准由农业农村部渔业渔政管理局提出。

本标准由全国水产标准化技术委员会(SAC/TC 156)归口。

本标准起草单位:中国水产科学研究院黄海水产研究所、全国水产技术推广总站、深圳海关。

本标准主要起草人:杨冰、白昌明、刘莹、黄倢、王崇明、李清、万晓媛、史成银、李晨、辛鲁生、余卫忠。

贝类包纳米虫病诊断规程

1 范围

本标准给出了贝类包纳米虫病(bonamiosis)诊断所需试剂和材料、器材和设备,规定了采样、PCR 检测和综合判定的要求。

本标准适用于贝类样品中牡蛎包纳米虫(*Bonamia ostreae*)和杀蛎包纳米虫(*Bonamia exitiosa*)感染的流行病学调查、诊断、检疫和监测。

2 规范性引用文件

下列文件对于本文件的应用是必不可少的。凡是注日期的引用文件,仅注日期的版本适用于本文件。凡是不注日期的引用文件,其最新版本(包括所有的修改单)适用于本文件。

SC/T 7205.1 牡蛎包纳米虫病诊断规程 第1部分:组织印片的细胞学诊断法

SC/T 7205.2 牡蛎包纳米虫病诊断规程 第2部分:组织病理学诊断法

SC/T 7205.3 牡蛎包纳米虫病诊断规程 第3部分:透射电镜诊断法

3 缩略语

下列缩略语适用于本文件。

bp:碱基对(base pair)

DNA:脱氧核糖核酸(deoxyribonucleic acid)

dNTPs:脱氧核糖核苷三磷酸(deoxy-ribonucleoside triphosphate)

EB:溴化乙啶(ethidium bromide)

EDTA:乙二胺四乙酸(ethylenediaminetetraacetic acid)

PCR:聚合酶链式反应(polymerase chain reaction)

SDS:十二烷基硫酸(sodium dodecyl sulfate)

Taq:水生栖热菌(*Thermus aquaticus*)

TE:Tris 盐酸和 EDTA 缓冲液(EDTA Tris · HCl)

Tris:三羟甲基氨基甲烷(tris hydroxymethyl aminomethane)

4 试剂和材料

4.1 除非另有说明,标准中使用的水为蒸馏水、去离子水或相当纯度的水。

4.2 无水乙醇:分析纯。

4.3 TE 缓冲液按附录 A 中 A.1 的规定执行。

4.4 抽提缓冲液按附录 A.2 的规定执行。

4.5 蛋白酶 K 按附录 A.3 的规定执行。

4.6 10 mol/L 乙酸铵按附录 A.4 的规定执行。

4.7 Tirs 饱和酚(pH≥7.8):分析纯。

4.8 酚/氯仿/异戊醇(25:24:1):分析纯。

4.9 氯仿/异戊醇(24:1):分析纯。

4.10 1×电泳缓冲液按附录 A.5 的规定执行。

4.11 70%乙醇按附录 A.6 的规定执行。

4.12 dNTP(各 2.5 mmol/L):生化试剂,含 dATP、dTTP、dGTP、dCTP 各 2.5 mmol/L 的混合物,

－20℃保存，用于PCR。

4.13 10×PCR缓冲液：生化试剂，无 Mg^{2+} 离子，随 *Taq* DNA聚合酶提供，－20℃保存。

4.14 $MgCl_2$(25 mmol/L)：生化试剂，－20℃保存。

4.15 *Taq* DNA聚合酶(5 U/μL)：生化试剂，－20℃保存。

4.16 正向引物Bo (10 μmol/L)：5′-CAT-TTA-ATT-GGT-CGG-GCC-GC-3′，－20℃保存。

4.17 反向引物Boas (10 μmol/L)：5′-CTG-ATC-GTC-TTC-GAT-CCC-CC-3′，－20℃保存。

4.18 阳性对照：已知受牡蛎包纳米虫或杀蛎包纳米虫感染的贝类组织样品，－70℃保存。

4.19 阴性对照：已知未受牡蛎包纳米虫或杀蛎包纳米虫感染的贝类组织样品，－70℃保存。

4.20 PCR检测空白对照为灭菌双蒸水。

4.21 琼脂糖。

4.22 DNA分子量标准。

4.23 10 mg/mL溴化乙锭(EB)储存液按附录A.7的规定执行，或其他等效产品。

5 器材和设备

5.1 PCR仪。

5.2 电泳仪。

5.3 水平电泳槽。

5.4 紫外观察仪或凝胶成像仪。

5.5 高速冷冻离心机。

5.6 水浴锅或金属浴。

5.7 普通冰箱。

5.8 －80℃超低温冰箱。

5.9 电炉或微波炉。

5.10 微量移液器：量程0.5μL～10 μL、2 μL～20 μL、20 μL～200 μL、100 μL～1 000 μL。

6 采样

6.1 采样对象

牡蛎等易感双壳贝类。贝类包纳米虫病特征参见附录B。

6.2 采样数量、方法和保存运输

应符合SC/T 7205.1的要求。

6.3 样品的采集

稚贝(附着后至2 mm)和幼贝(2 mm～3 cm)取内脏团；成贝(＞3 cm)取闭壳肌和消化腺。

样品采集后分别置于1.5 mL离心管中，立即进行DNA提取操作或暂时保存于－20℃的冰箱中。

7 PCR检测

7.1 DNA的提取

7.1.1 取30 mg～50 mg组织样品，加入抽提缓冲液500 μL，充分研磨，37℃温浴1 h。提取过程中同时设置阳性对照、阴性对照和空白对照。

7.1.2 加入2.5 μL 20 mg/mL蛋白酶K，至终浓度100 μg/mL，混匀后置于50℃水浴3 h，不时旋动。

7.1.3 将溶液冷却至室温，加入等体积平衡酚，颠倒混合10 min，于10 000 r/min离心3 min分离两相。

7.1.4 水相移至新1.5 mL离心管中，加入等体积酚/氯仿/异戊醇(25：24：1)，颠倒混合10 min，于10 000 r/min离心1 min分离两相。

7.1.5 水相移至一新 1.5 mL 离心管中，加入等体积氯仿/异戊醇(24∶1)，颠倒混合 10 min，于 10 000 r/min离心 1 min 分离两相。

7.1.6 水相移至一新 1.5 mL 离心管中，加入 100 μL 10 mol/L 乙酸铵，混匀后，再加入 2 倍体积预冷无水乙醇(－20℃)混匀，－20℃放置 2 h。10 000 r/min 离心 10 min，弃上清液。

7.1.7 用 70%乙醇洗涤沉淀 2 次，每次 10 000 r/min 离心 5 min，倾去上清液，沉淀于室温晾干。

7.1.8 加入 100 μL 灭菌双蒸水溶解 DNA。

7.1.9 若 DNA 样品需要保存，可溶解于 100 μL TE 缓冲液中并保存于 －20℃的冰箱中。

7.1.10 可以采用同等抽提效果的其他方法或使用商品化 DNA 抽提试剂盒。

7.2 PCR 扩增

7.2.1 PCR 反应体系：按照表 1 的要求，加入除 *Taq* DNA 聚合酶以外的各项试剂，配制成大体积的预混物，分装保存于－20℃的冰箱中。临用前，加入相应体积的 *Taq* DNA 聚合酶，混匀，按 1 个反应体系/支分装到 0.2 mL PCR 管中。分别加入各样品的模板 DNA(浓度：50 ng/μL～100 ng/μL)1 μL，同时设阳性对照、阴性对照和空白对照。

表 1 PCR 反应预混物所需试剂和组成

试　剂	25 μL 体系	试剂终浓度
10× PCR 缓冲液	2.5 μL	1× PCR 缓冲液
$MgCl_2$ (25 mmol/L)	2.5 μL	2.5 mmol/L
dNTPs (各 2.5 mmol/L)	2.0 μL	200 μmol/L
引物 Bo (10 μmol/L)	1.0 μL	0.4 μmol/L
引物 Boas (10 μmol/L)	1.0 μL	0.4 μmol/L
灭菌双蒸水	14.7 μL	—
Taq DNA 聚合酶 (5U/μL)	0.3 μL	1.5 U
注：25 μL 体系模板量 1 μL。		

7.2.2 将上述加有 DNA 模板的 PCR 管按以下程序进行扩增：94℃预变性 5 min；94℃变性 30 s、55℃退火 30 s、72℃延伸 30 s，35 个循环；72℃延伸 7 min，4℃保温。

7.3 琼脂糖凝胶电泳及测序

7.3.1 配制 1.5%的琼脂糖凝胶，加入 10 mg/mL EB 至终浓度 0.5 μg/mL，摇匀，制备琼脂糖凝胶。

7.3.2 将 5 μL PCR 反应产物与 1 μL 6×载样缓冲液混匀后加入加样孔中。同时设立 DNA 分子量标准对照。

7.3.3 在 1 V/cm～5 V/cm 的电压下电泳，使 DNA 由负极向正极移动。当载样缓冲液中溴酚蓝指示剂的色带迁移至琼脂糖凝胶的 1/2～2/3 处时停止电泳，将凝胶置于紫外观察仪或凝胶成像仪下观察或拍照。

7.3.4 如果观察到结果阳性，对 PCR 扩增产物进行测序。

7.4 结果判定

7.4.1 阳性对照在 300 bp 处有特定条带、阴性对照在 300 bp 处无条带且空白对照不出现任何条带，实验有效。

7.4.2 检测样品在 300 bp 处有条带，测序结果同参考序列(参见附录 C)进行比较，若序列中存在 *Hae*II 和 *Bgl*I 酶切位点，可判断待测样品为牡蛎包纳米虫 PCR 结果阳性，若序列中只存在 *Hae*II 的酶切位点，则判断待测样品为杀蛎包纳米虫 PCR 结果阳性。

8 综合判定

8.1 对已知贝类包纳米虫病流行区域的易感宿主(参见附录 B)样本，按 SC/T 7205.1 组织印片的细胞学方法或 SC/T 7205.2 中组织病理学方法规定检测结果呈阳性，且 PCR 检测结果阳性，则确诊为贝类包纳米虫病。

8.2 对已知贝类包纳米虫病流行区域和易感宿主以外的样本，按 SC/T 7205.1 中组织印片的细胞学方法或 SC/T 7205.2 中组织病理学方法规定检测结果呈阳性，且 PCR 和 SC/T 7205.3 中透射电镜检测结果均为阳性，则确诊为贝类包纳米虫病。

附 录 A
(规范性附录)
试 剂 配 方

A.1 TE 缓冲液 (pH 8.0)

1 mol/L Tris・HCl (pH 8.0)	10 mL
0.5 mol/L EDTA (pH 8.0)	2 mL
加水定容至	1 000 mL

高压蒸气灭菌,4℃储存。

A.2 抽提缓冲液

1 mol/L Tris・HCl (pH 8.0)	1 mL
0.5 mol/L EDTA (pH 8.0)	20 mL
1 mg/mL 胰 RNA 酶	2 mL
10% SDS	5 mL
加水定容至	100 mL

混匀,室温储存。

A.3 20 mg/mL 蛋白酶 K

蛋白酶 K	20 mg
水	1 mL

溶解后分装于无菌离心管中(0.25 mL/管),−20℃下保存。

A.4 10 mol/L 乙酸铵

乙酸铵	77 g
水	30 mL

加水定容至 100mL,经 0.45 μm 滤膜过滤除菌。4℃储存。

A.5 1×电泳缓冲液

Tris	4.8 g
冰乙酸	1.1 mL
0.5 mol/L EDTA (pH 8.0)	20 mL
加水定容至	1 000 mL

室温储存。

A.6 70%乙醇

无水乙醇	70 mL
加水 30 mL,混匀,定容至	100 mL

分装后,室温储存。

A.7 10 mg/mL 溴化乙锭(EB)储存液

溴化乙锭(EB)	10 mg
水	1 mL

磁力搅拌数小时以确保其完全溶解。室温保存于棕色瓶或用铝箔包裹的瓶中。

附 录 B
(资料性附录)
贝类包纳米虫病及其主要病原简介

B.1 贝类包纳米虫病(Bonamiosis)是一种由包纳米虫(*Bonamia* spp.)感染贝类血细胞,从而引起宿主生理功能紊乱和死亡的致死性疾病,可感染牡蛎等多种贝类。贝类包纳米虫病给贝类养殖业造成较大经济损失。牡蛎包纳米虫(*Bonamia ostreae*)和杀蛎包纳米虫(*B. exitiosus*)作为该病的2种主要病原,被世界动物卫生组织(OIE)《水生动物卫生法典》(2016版)列为需通报的贝类动物病原。包纳米虫是一种寄生于贝类血细胞内的原生动物,感染后可随血淋巴液快速扩散到全身,在鳃、胃,外套膜上皮细胞、间质细胞间及坏死结缔组织中可观察到此类寄生虫。包纳米虫在血细胞内不断增殖,很快引发全身性疾病,最终导致贝类死亡。包纳米虫生活史简单,完成整个生活史只需一个宿主。包纳米虫发育阶段可分为单核体[uninucleate,图B.1a)]、双核体(binucleate)、多核原质体[multinucleate plasmodia,图B.1b)]、产孢体(sporont)、成孢子细胞(sporoblast)和孢子(spore,图B.2)6个发育时期。

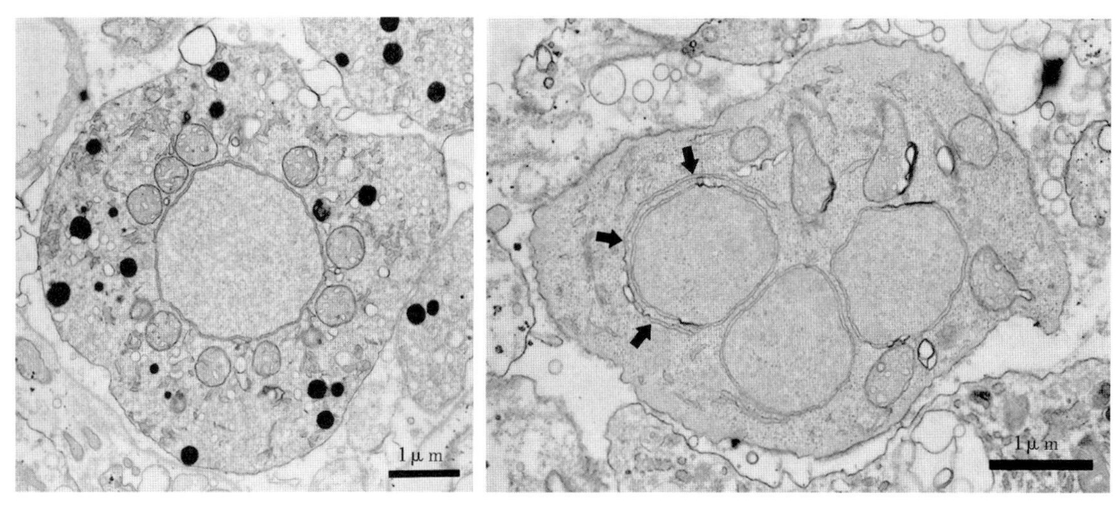

a) 单核体　　b) 三核原质体

注1:图B.1 a)中大量线粒体围绕在细胞核周围,大量黑色圆点为脂肪颗粒。

注2:图B.1 b)中箭头示核周围的线状内质网。

图B.1 处于营养生长期的包纳米虫

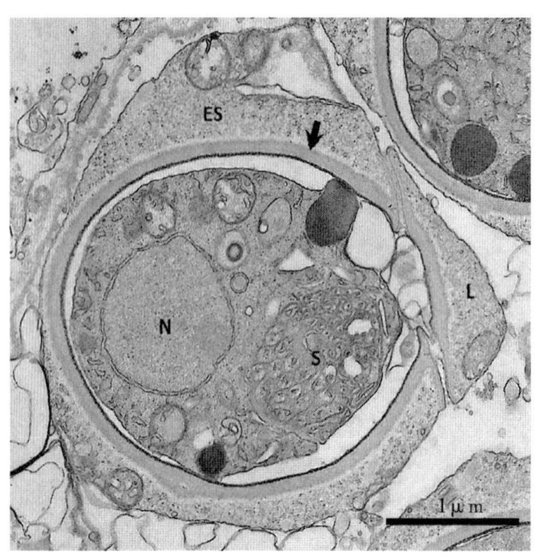

说明：

N ——细胞核；

S ——小球体；

ES——孢子外壁；

L ——鳃盖。

注：箭头示孢子壁。

图 B.2 即将发育成熟的孢子

B.2 牡蛎包纳米虫天然宿主为欧洲牡蛎(*Ostrea edulis*)，人工感染实验显示近江牡蛎(*Crasssotrea ariakensis*)也可感染，长牡蛎(*C. gigas*)、沟纹帘蛤(*Ruditapes decussatus*)、菲律宾蛤仔(*R. philippinarum*)、紫贻贝(*Mytilus edulis*)和地中海贻贝(*M. galloprovincialis*)对该寄生虫不敏感。杀蛎包纳米虫可以感染智利牡蛎(*O. chilensis*)、澳大利亚牡蛎(*O. angasi*)、欧洲牡蛎和普罗旺斯牡蛎(*O. stentina*)。此外，自澳大利亚牡蛎和智利牡蛎中检测到包纳米虫未定种。有证据表明，包纳米虫感染引起的病理变化和宿主的种类有关。例如，澳大利亚牡蛎中的包纳米虫更容易感染上皮细胞，即使轻微的感染也能造成上皮组织血细胞大量渗出，并造成局部坏死。在欧洲牡蛎中，包纳米虫感染也会引起严重的血细胞渗出，但虫体常见于渗出到各组织器官结缔组织的血细胞内，有时也见于血细胞外。在普罗旺斯牡蛎中，包纳米虫感染却不引起血细胞渗出。

B.3 牡蛎包纳米虫和杀蛎包纳米虫全年均可检出，感染率在0%～80%，且均呈季节性变化。牡蛎包纳米虫感染从秋季开始发生，感染率和感染强度随温度降低而增加，晚冬和早春时期达到高峰。在南半球，杀蛎包纳米虫病流行高峰是1月～4月，而在9月和10月几乎检测不到。温度(低于7℃或高于26℃)、盐度(高于40)、饥饿和扰动等应激性因素，可以引起杀蛎包纳米虫在智利牡蛎群体中的感染率升高。

B.4 已知牡蛎包纳米虫的地理分布范围包括欧洲多个国家(法国、爱尔兰、意大利、荷兰、葡萄牙、西班牙和英国)以及加拿大(不列颠哥伦比亚省)和美国(加利福尼亚州、缅因州和华盛顿州)。杀蛎包纳米虫的地理分布范围包括澳大利亚(西澳大利亚州、维多利亚州和塔斯马尼亚州)、新西兰(南岛和下北岛一带)、意大利(亚得里亚海)、法国(地中海沿岸)和英国(康沃尔郡)。目前我国尚无包纳米虫感染的报道，但存在大量对该类寄生虫易感的养殖和野生贝类。随着近年来我国从包纳米虫疫区国家进口鲜活贝类贸易活动的增多，广州和温州出入境检验检疫局分别于2012年和2016年从进口牡蛎中检测到该类寄生虫，说明其对我国野生和养殖贝类构成潜在威胁。

附 录 C
（资料性附录）
牡蛎包纳米虫和杀蛎包纳米虫 PCR 产物序列

C.1 牡蛎包纳米虫 PCR 产物序列

1 CATTTAATTG GTCGGGCCGC TGGTCCTGAT CCTTTACTTT GAGAAAATTA AAGTGCTCAA
Bo
61 AGCAGGCTCG CGCCTGAATG CATTAGCATG GAATAATAAG ACACGACTTC ***GGCGCCGCCT***
121 ***CGGC***GGTTGT TTTGTTGGTT TTGAGCTGGA GTAATGATTG ATAGAAACAA TTGGGGGTGC
181 TAGTATCGCC GGGCCAGAGG TAAAATTCTT TAATTCCGGT GAGACTAACT TATGCGAAAG
241 CATTCACCAA GCGTGTTTTC TTTAATCAAG AACTAAAGTT GGGGGATCGA AGACGATCAG
Boas

注：单下划线为 PCR 引物结合位点；波浪线为 *Hae*Ⅱ 酶酶切位点，双下划线为 *Bgl*Ⅰ 酶酶切位点。

C.2 杀蛎包纳米虫 PCR 产物序列

1 CATTTAATTG GTCGGGCCGC TGGTCCTGAT CCTTTACTTT GAGAAAATTA AAGTGCTCAA
Bo
61 AGCAGGCTCG CGCCTGAATG CATTAGCATG GAATAATAAG ACACGACTTC ***GGCGCC***CGCCT
121 CTCGTGGCGG TTGTTTTGTT GGTTTTGAGC TGGAGTAATG ATTGATAGAA ACAATTGGGG
181 GTGCTAGTAT CGCCGGGCCA GAGGTAAAAT TCTTTAATTC CGGTGAGACT AACTTATGCG
241 AAAGCATTCA CCAAGCGTGT TTTCTTTAAT CAAGAACTAA AGTTGGGGGA TCGAAGACGA
Boas
301 TCAG

注：单下划线为 PCR 引物结合位点；波浪线为 *Hae*Ⅱ 酶酶切位点，双下划线为 *Bgl*Ⅰ 酶酶切位点。

ICS 65.020.30
B 50

中华人民共和国水产行业标准

SC/T 7231—2019

贝类折光马尔太虫病诊断规程

Code of diagnosis for marteiliosis of mollusks

2019-08-01 发布　　　　2019-11-01 实施

中华人民共和国农业农村部　发布

前　言

本标准按照 GB/T 1.1—2009 给出的规则起草。

请注意本文件的某些内容可能涉及专利。本文件的发布机构不承担识别这些专利的责任。

本标准由农业农村部渔业渔政管理局提出。

本标准由全国水产标准化技术委员会(SAC/TC 156)归口。

本标准起草单位:中国水产科学研究院黄海水产研究所、全国水产技术推广总站、深圳海关。

本标准主要起草人:白昌明、杨冰、温智清、王崇明、黄倢、李清、万晓媛、史成银、李晨、辛鲁生、余卫忠。

贝类折光马尔太虫病诊断规程

1 范围

本标准给出了贝类折光马尔太虫病(marteiliosis)诊断所需试剂和材料、器材和设备,规定了采样、PCR 检测和综合判定的要求。

本标准适用于贝类样品中折光马尔太虫(*Marteilia refringens*)感染的流行病学调查、诊断、检疫和监测。

2 规范性引用文件

下列文件对于本文件的应用是必不可少的。凡是注日期的引用文件,仅注日期的版本适用于本文件。凡是不注日期的引用文件,其最新版本(包括所有的修改单)适用于本文件。

SC/T 7205.1 牡蛎包纳米虫病诊断规程 第1部分:组织印片的细胞学诊断法

SC/T 7207.1 牡蛎马尔太虫病诊断规程 第1部分:组织印片的细胞学诊断法

SC/T 7207.2 牡蛎马尔太虫病诊断规程 第2部分:组织病理学诊断法

SC/T 7207.3 牡蛎马尔太虫病诊断规程 第3部分:透射电镜诊断法

3 缩略语

下列缩略语适用于本文件。

bp:碱基对(base pair)

DNA:脱氧核糖核酸(deoxyribonucleic acid)

dNTPs:脱氧核糖核苷三磷酸(deoxy-ribonucleoside triphosphate)

EB:溴化乙啶(ethidium bromide)

EDTA:乙二胺四乙酸(ethylenediaminetetraacetic acid)

PCR:聚合酶链式反应(polymerase chain reaction)

SDS:十二烷基硫酸(sodium dodecyl sulfate)

Taq:水生栖热菌(*Thermus aquaticus*)

TE:Tris 盐酸和 EDTA 缓冲液(EDTA Tris · HCl)

Tris:三羟甲基氨基甲烷(tris hydroxymethyl aminomethane)

4 试剂和材料

4.1 除非另有说明,标准中使用的水为蒸馏水、去离子水或相当纯度的水。

4.2 无水乙醇:分析纯。

4.3 TE 缓冲液的配制按附录 A 中 A.1 的规定执行。

4.4 抽提缓冲液的配制按附录 A.2 的规定执行。

4.5 蛋白酶 K 的配制按附录 A.3 的规定执行。

4.6 10 mol/L 乙酸铵的配制按附录 A.4 的规定执行。

4.7 Tirs 饱和酚(pH≥7.8):分析纯。

4.8 酚/氯仿/异戊醇(25:24:1):分析纯。

4.9 氯仿/异戊醇(24:1):分析纯。

4.10 1×电泳缓冲液的配制按附录 A.5 的规定执行。

4.11 70%乙醇的配制按附录 A.6 的规定执行。

4.12　dNTP(各 2.5 mmol/L):生化试剂,含 dATP、dTTP、dGTP、dCTP 各 2.5 mmol/L 的混合物,−20℃保存,用于 PCR。

4.13　10×PCR 缓冲液:生化试剂,无 Mg^{2+} 离子,随 *Taq* DNA 聚合酶提供,−20℃保存。

4.14　$MgCl_2$(25 mmol/L):生化试剂,−20℃保存。

4.15　*Taq* DNA 聚合酶(5 U/μL):生化试剂,−20℃保存。

4.16　正向引物 Pr4(10 μmol/L):5′-CCG-CAC-ACG-TTC-TTC-ACT-CC-3′,−20℃保存。

4.17　反向引物 Pr5(10 μmol/L):5′-CTC-GCG -AGT-TTC-GAC-AGA-CG -3′,−20℃保存。

4.18　阳性对照:已知受折光马尔太虫感染的贝类组织样品,−70℃保存。

4.19　阴性对照:已知未受折光马尔太虫感染的贝类组织样品,−70℃保存。

4.20　PCR 检测空白对照为灭菌双蒸水。

4.21　琼脂糖。

4.22　DNA 分子量标准。

4.23　10 mg/mL 溴化乙锭(EB)储存液按附录 A.7 的规定执行,或其他等效产品。

5　器材和设备

5.1　PCR 仪。

5.2　电泳仪。

5.3　水平电泳槽。

5.4　紫外观察仪或凝胶成像仪。

5.5　高速离心机。

5.6　水浴锅或金属浴。

5.7　普通冰箱。

5.8　−80℃超低温冰箱。

5.9　电炉或微波炉。

5.10　微量移液器:量程 0.5 μL～10 μL、2 μL～20 μL、20 μL～200 μL、100 μL～1 000 μL。

6　采样

6.1　采样对象

牡蛎等易感双壳贝类。贝类折光马尔太虫病特征参见附录 B。

6.2　采样数量、方法和保存运输

应符合 SC/T 7205.1 的要求。

6.3　样品的采集

稚贝(附着后至 2 mm)和幼贝(2 mm～3 cm)取内脏团;成贝(>3 cm)取胃、肠道、消化腺和闭壳肌。样品采集后分别置于 1.5 mL 离心管中,立即进行 DNA 提取操作或暂时保存于−20℃的冰箱中。

7　PCR 检测

7.1　DNA 的提取

7.1.1　取 30 mg～50 mg 组织样品,加入抽提缓冲液 500 μL,充分研磨,37℃温浴 1 h。提取过程同时设置阳性对照、阴性对照。

7.1.2　加入 2.5 μL 20 mg/mL 蛋白酶 K,至终浓度 100 μg/mL,混匀后置于 50℃水浴 3 h,不时旋动。

7.1.3　将溶液冷却至室温,加入等体积平衡酚,颠倒混合 10 min,于 10 000 r/min 离心 3 min 分离两相。

7.1.4　水相移至新的 1.5 mL 离心管中,加入等体积酚/氯仿/异戊醇(25∶24∶1),颠倒混合 10 min,于

10 000 r/min 离心 1 min 分离两相。

7.1.5 水相移至一新的 1.5 mL 离心管中，加入等体积氯仿/异戊醇(24∶1)，颠倒混合 10 min，于 10 000 r/min 离心 1 min 分离两相。

7.1.6 水相移至一新的 1.5 mL 离心管中，加入 100 μL 10 mol/L 乙酸铵，混匀后，再加入 2 倍体积预冷无水乙醇(－20℃)混匀，－20℃放置 2 h。10 000 r/min 离心 10 min，弃上清液。

7.1.7 用 70%乙醇洗涤沉淀 2 次，每次 10 000 r/min 离心 5 min，倾去上清液，沉淀于室温晾干。

7.1.8 加入 100 μL 灭菌双蒸水溶解 DNA。

7.1.9 若 DNA 样品需要保存，可溶解于 100 μL TE 缓冲液中并保存于 －20℃的冰箱中。

7.1.10 可以采用同等抽提效果的其他方法或使用商品化 DNA 抽提试剂盒。

7.2 PCR 扩增

7.2.1 PCR 反应体系：按照表 1 的要求，加入除 *Taq* DNA 聚合酶以外的各项试剂，配制成大体积的预混物，分装保存于－20℃的冰箱中。临用前，加入相应体积的 *Taq* DNA 聚合酶，混匀，按 1 个反应体系/支分装到 0.2 mL PCR 管中。分别加入各样品的模板 DNA(浓度：50 ng/μL～100 ng/μL)1 μL，同时设阳性对照、阴性对照和空白对照。

表 1 PCR 反应预混物所需试剂和组成

试　　剂	25 μL 体系	试剂终浓度
10× PCR 缓冲液	2.5 μL	1× PCR 缓冲液
$MgCl_2$ (25 mmol/L)	2.5 μL	2.5 mmol/L
dNTPs (各 2.5 mmol/L)	2.0 μL	200 μmol/L
引物 Pr4 (10 μmol/L)	1.0 μL	0.4 μmol/L
引物 Pr5 (10 μmol/L)	1.0 μL	0.4 μmol/L
灭菌双蒸水	14.7 μL	—
Taq DNA 聚合酶 (5 U/μL)	0.3μL	1.5 U
注：25 μL 体系模板量 1 μL。		

7.2.2 将上述加有 DNA 模板的 PCR 管按以下程序进行扩增：94℃预变性 5 min；94℃变性 30 s，55℃退火 30 s，72℃延伸 30 s，35 个循环；72℃延伸 7 min，4℃保温。

7.3 琼脂糖凝胶电泳及测序

7.3.1 配制 1.5 %的琼脂糖凝胶，加入 10 mg/mL EB 至终浓度 0.5 μg/mL，摇匀。制备琼脂糖凝胶。

7.3.2 将 5 μL PCR 反应产物与 1 μL 6×载样缓冲液混匀后加入加样孔中。同时设立 DNA 分子量标准对照。

7.3.3 在 1 V/cm～5 V/cm 的电压下电泳，使 DNA 由负极向正极移动。当载样缓冲液中的溴酚蓝指示剂的色带迁移至琼脂糖凝胶的 1/2 ～ 2/3 处时停止电泳，将凝胶置于紫外观察仪或凝胶成像仪下观察或拍照。

7.3.4 如果观察到结果阳性，对 PCR 扩增产物进行测序。

7.4 结果判定

7.4.1 阳性对照在 413 bp 处有特定条带、阴性对照在 413 bp 处无条带且空白对照不出现任何条带，实验有效。

7.4.2 检测样品在 413 bp 处有条带，测序结果同参考序列(参见附录 C)进行比较，若序列符合可判断待测样品为折光马尔太虫 PCR 阳性。

8 综合判定

8.1 对已知贝类折光马尔太虫病流行区域的易感宿主(参见附录 B)样本，按 SC/T 7207.1 中组织印片的细胞学方法或 SC/T 7207.2 中组织病理学方法规定检测结果呈阳性，且 PCR 检测结果阳性，则确诊为贝类折光马尔太虫病。

8.2 对已知贝类折光马尔太虫病流行区域和易感宿主以外的样本，按 SC/T 7207.1 组织印片的细胞学方法或 SC/T 7207.2 组织病理学方法规定检测结果呈阳性，且 PCR 和 SC/T 7207.3 透射电镜检测结果均为阳性，则确诊为贝类折光马尔太虫病。

附 录 A
(规范性附录)
试 剂 配 方

A.1 TE 缓冲液(pH 8.0)

1 mol/L Tris·HCl(pH 8.0)	10 mL
0.5 mol/L EDTA(pH 8.0)	2 mL
加水定容至	1 000 mL

高压蒸气灭菌,4℃储存。

A.2 抽提缓冲液

1 mol/L Tris·HCl(pH 8.0)	1 mL
0.5 mol/L EDTA(pH 8.0)	20 mL
1 mg/mL 胰 RNA 酶	2 mL
10% SDS	5 mL
加水定容至	100 mL

混匀,室温储存。

A.3 20 mg/mL 蛋白酶 K

蛋白酶 K	20 mg
水	1 mL

溶解后分装于无菌离心管中(0.25 mL/管),−20℃下保存。

A.4 10 mol/L 乙酸铵

乙酸铵	77 g
水	30 mL

加水定容至 100 mL,经 0.45 μm 滤膜过滤除菌。4℃储存。

A.5 1×电泳缓冲液

Tris	48 g
冰乙酸	1.1 mL
0.5 mol/L EDTA(pH 8.0)	20 mL
加水定容至	1 000 mL

室温储存。

A.6 70%乙醇

无水乙醇	70 mL
加水 30 mL,混匀,定容至	100 mL

分装后,室温储存。

A.7 10 mg/mL 溴化乙锭(EB)储存液

溴化乙锭(EB)	10 mg
水	1 mL

磁力搅拌数小时以确保其完全溶解。室温保存于棕色瓶或用铝箔包裹的瓶中。

附 录 B
(资料性附录)
贝类折光马尔太虫病及其病原简介

B.1 贝类折光马尔太虫病也称 Aber 病,该病是由丝足虫门(Cercozoa)、无孔目(Paramyxida)、马尔太虫属(*Marteilia*)的折光马尔太虫(*Marteilia refringens*)感染易感双壳贝类引起的病害。马尔太虫早期感染发生在胃、消化管和鳃的上皮细胞(图 B.1),病变也主要发生在双壳贝类的消化系统,可引起生理功能紊乱。发病个体表现出体征不健康、瘦弱、能量(糖原)耗竭、消化腺变色、生长停滞和死亡等一系列症状,死亡与寄生虫孢子形成相关。该病全年都可能会发生,给贝类养殖业造成较大经济损失。世界动物卫生组织(OIE)《水生动物卫生法典》(2016 版)将折光马尔太虫列为需通报的贝类动物病原。

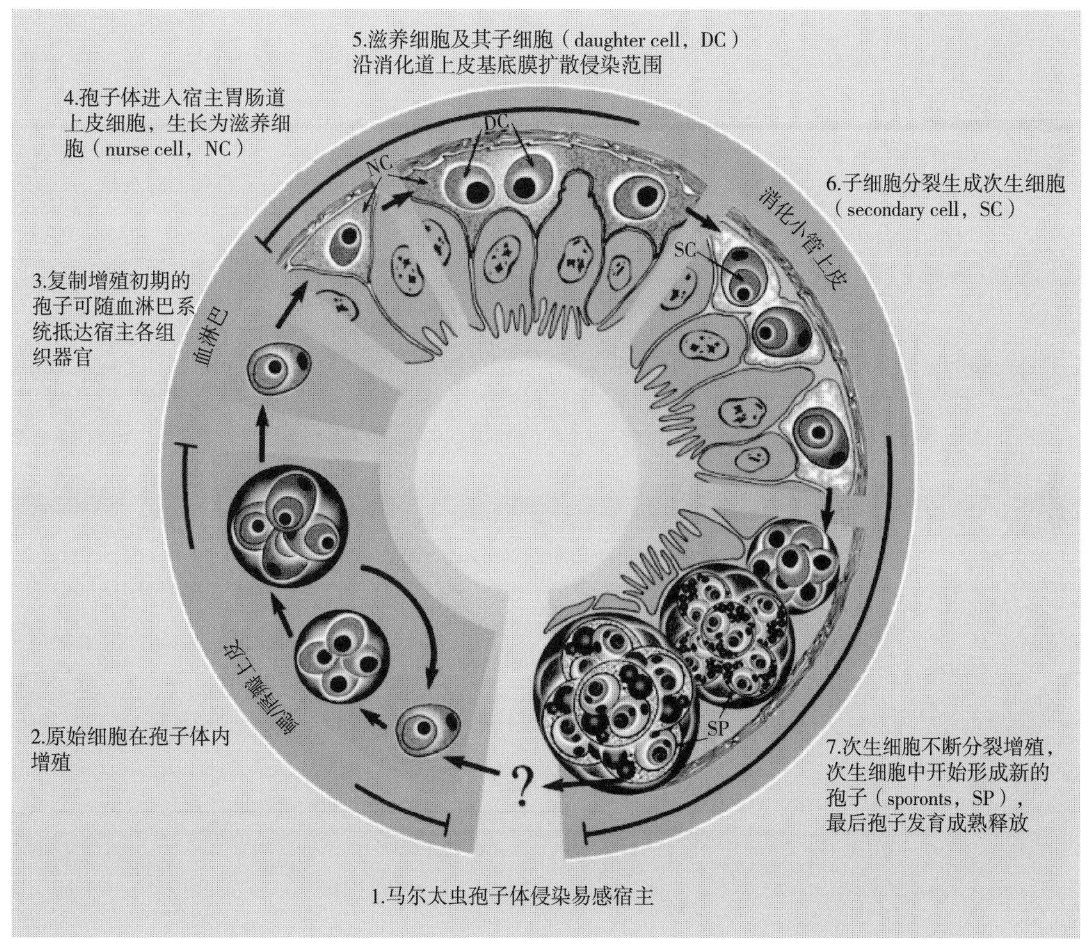

图 B.1 马尔太虫不同发育阶段及其在牡蛎体内分布模式图

B.2 折光马尔太虫分为 O 型和 M 型,其易感宿主种类广泛,包括欧洲牡蛎(*Ostrea edulis*)、普罗旺斯牡蛎(*O. stentina*)、紫贻贝(*Mytilus edulis*)、地中海贻贝(*M. galloprovincialis*)、沟纹竹蛏(*Solen marginatus*)和黑贻贝(*Xenostrobus securis*)。其他马尔太虫(*Marteilia* spp.)还可感染智利牡蛎(*O. chilensis*)、阿根廷牡蛎(*O. puelchana*)和密鳞牡蛎(*O. denselamellosa*),但感染这些牡蛎的马尔太虫未被鉴定到种。在欧洲鸟尾蛤(*Cerastoderma edule*)、沟纹帘蛤(*Ruditapes decussatus*)、菲律宾蛤仔(*R. philippinarum*)和美洲牡蛎(*Crassostrea virginica*)等双壳贝类中,曾观察到包括成熟期在内不同发育阶段的类马尔太虫寄生虫。此外,一种桡足类小型节肢动物(*Paracartia grani*)也显示出对折光马尔太虫的易感性，且被认为在该寄生虫的水平传播过程中起作用。

B.3　目前已知的折光马尔太虫地理分布主要集中在地中海和北大西洋沿岸，包括阿尔巴尼亚、克罗地亚、法国、希腊、意大利、摩洛哥、葡萄牙、西班牙、突尼斯和英国。受季节、养殖方式等因素的影响，折光马尔太虫在不同宿主、不同地区和不同季节的感染率变化很大，在欧洲牡蛎群体中可高达 98%。牡蛎感染该寄生虫后，在夏季和秋季温度较高的季节，死亡率较高，一般在 50%～90%，死亡发生和寄生虫孢子形成过程密切相关。贻贝对寄生虫的敏感性比牡蛎低，死亡率达 40%。有研究报道初次接触该病原的贻贝，在疫区养殖 6 个月后，死亡率达 100%。目前我国仅有一例有关折光马尔太虫感染养殖贝类的报道，且仅为 PCR 扩增的阳性结果，并未引起贝类死亡。使用组织病理和 PCR 检测方法，已在我国养殖紫贻贝中检测到马尔太虫样寄生虫，其 18S rRNA 基因与折光马尔太虫的基因相似度为 88%。虽然目前我国尚无折光马尔太虫感染导致贝类死亡的报道，但随着近年来我国从折光马尔太虫病疫区国家进口鲜活贝类贸易活动的日益增多，该类寄生虫对我国贝类养殖业构成潜在威胁。

附 录 C
(资料性附录)
折光马尔太虫 PCR 产物序列

1 CCGCACACGT TCTTCACTCC GACAGTAGCC GGTCGAAGGC TTCGAAGCTA GCAGTGGTGT
Pr4
61 GGCGTTCGTC GTTCGCTACG CTGTCGGAGA GTACCTAGCG GGTTTCGCTA CTCGTTTTTA
121 CGCGTCCCGG CGCTCTCTGC GGGCTCGGCG ACGATCGCGC GTGCCTCCCG AGGCTGCAGA
181 CTACGCGCGA ACACACTACT CTTCGCTTCC GATCGTCGCA AACAGGAAGC GGCTCTCATG
241 TCCGGCACGG ATAGTCGCAA TCCGTGACGC TCGTTAGAAC CGGCAACATC ATCGTGTCGT
301 CGTAGACGAT AGCACGGTAC AGTCAGGCGA GTGCTCTCGT TGCCCTTTCC CCAACGGGCG
361 TGCTGTGTTC AACAAGCGAA TAATATCAGA TCACGTCTGT CGAAACTCGC GAG
Pr5

注:下划线标注为 PCR 引物结合位点。

ICS 65.150
B 50

中华人民共和国水产行业标准

SC/T 9429—2019

淡水渔业资源调查规范　河流

Technical specification for freshwater fishery resources survey in river

2019-08-01 发布　　2019-11-01 实施

中华人民共和国农业农村部　发布

前　　言

本标准按照 GB/T 1.1—2009 给出的规则起草。

请注意本文件的某些内容可能涉及专利。本文件的发布机构不承担识别这些专利的责任。

本标准由农业农村部渔业渔政管理局提出。

本标准由全国水产标准化技术委员会渔业资源分技术委员会(SAC/TC 156/SC 10)归口。

本标准起草单位:中国水产科学研究院珠江水产研究所、中国水产科学研究院长江水产研究所、中国水产科学研究院黑龙江水产研究所。

本标准主要起草人:李新辉、刘绍平、刘伟、赖子尼、张迎秋、李捷、李跃飞、武智。

淡水渔业资源调查规范　河流

1　范围

本标准规定了河流渔业资源的调查方案设计、调查内容和要求、渔业资源量估算的基本要求和方法。

本标准适用于河流渔业生物资源的调查与评估。

2　规范性引用文件

下列文件对于本文件的应用是必不可少的。凡是注日期的引用文件，仅注日期的版本适用于本文件。凡是不注日期的引用文件，其最新版本(包括所有的修改单)适用于本文件。

GB/T 5147　渔具分类、命名及代号

GB/T 8588—2001　渔业资源基本术语

GB/T 12763.6—2007　海洋调查规范　第6部分:海洋生物调查

HJ 710.7—2014　生物多样性观测技术导则　内陆水域鱼类

SC/T 9102.3　渔业生态环境监测规范　第3部分:淡水

SC/T 9403—2012　海洋渔业资源调查规范

SC/T 9407　河流漂流性鱼卵、仔鱼采样技术规范

SC/T 9427　河流漂流性鱼卵仔鱼资源评估方法

SL 167　水库渔业资源调查规范

3　术语和定义

GB/T 8588 和 SC/T 9403 界定的术语和定义适用于本文件。为了便于使用，以下重复列出了 GB/T 8588 和 SC/T 9403 中的一些术语和定义。

3.1

渔业资源　fishery resources

河流中具有开发与利用价值的水生生物种类和数量的总称，主要包括鱼类、虾类、蟹类和贝类的成体、幼体或幼虫及卵和配子。

[SC/T 9403—2012，定义 3.2]

3.2

资源量评估　fish stock assessment

根据某一目标水域的渔业资源调查资料，利用科学方法或模型进行定量或定性地确定渔业生物种群的种类、数量、生物量、时空分布和变动趋势。

[SC/T 9403—2012，定义 3.5]

3.3

单位捕捞努力量渔获量　catch per unit of effort (CPUE)

在规定的时期内，一个单位捕捞努力量渔获的平均重量或数量。

[GB/T 8588—2001，定义 3.3.23.5]

4　调查方案

4.1　设计原则

根据调查任务编制调查方案，内容包括调查站点、时间、方法、专业配备、人员素质、船只、器材设备和

预期成果等。

4.2 技术要求

4.2.1 调查内容

河流渔业资源调查的主要内容包括：

a) 鱼类、虾类、蟹类和贝类等有经济利用价值的渔业生物种类组成、数量和生物量分布；
b) 渔业生物的群落结构；
c) 主要渔业生物种类的体长、体重、年龄、性别、性腺成熟度和食性等生物学特征；
d) 主要渔业生物种类的资源量；
e) 鱼卵和仔鱼的种类组成和资源量；
f) 浮游生物或初级生产力调查。

4.2.2 调查方式

调查方式包括渔获物调查(包括捕捞采样调查和渔获物抽样调查)、声学调查和鱼卵仔鱼调查等。

4.2.3 调查时间

为准确反映渔业资源结构和动态，以及其他调查目的和要求，渔业资源调查按以下方式进行：

a) 资源损失评估时，至少进行1次调查；
b) 季节动态调查应不少于2次；
c) 全年资源调查应按春、夏、秋、冬4季进行；
d) 河流季节性冰封的情况下，根据调查目的和鱼类生活史周期设置调查时间。

4.3 调查设备与器材

4.3.1 采样工具

根据调查任务，应选用能涵盖渔业对象的渔具，违禁渔具需经渔业主管部门批准，主要渔具包括：

a) 鱼类的采样渔具分为刺网类、围网类、拖网类、地拉网类、张网类、敷网类、抄网类、掩罩类、陷阱类、钓具类、耙刺类、笼壶类、诱捕类；
b) 虾类的主要采样渔具包括虾簺、地笼、网簖；
c) 蟹类采样方式包括踩蹓、罾捕、蟹簖、撒网、蟹钓、蟹拖网、蟹笼、铲钓、丝网、牵网、拦网、蟹绳和鳜鱼筒等；
d) 贝类的主要采样渔具为耙具。

4.3.2 仪器

回声探测仪，安装声学数据采集和后处理软件的计算机，导航定位仪，航速仪等。

4.3.3 器具

标本箱、解剖器具、解剖盘、电子天平、卷尺、量鱼板、放大镜、鳞片袋、纱布、广口瓶、标签、记录本。

4.3.4 试剂

体积分数5%～10%甲醛溶液、70%～75%乙醇溶液。

4.4 渔获样品的处理和分析

渔获样品的处理和分析按以下步骤操作：

a) 渔获样品的收集：采集的渔获物应分别收集，并放入标记采集时间、地点和渔具类型的标签；
b) 样品保存：不具备现场分析条件的情况下，应及时冷冻保存；特殊样品宜用纱布(袋)包裹，放入标记采样信息的标签，置于浓度为5%～10%的甲醛溶液或70%～75%的乙醇溶液的容器内保存，并向较大的个体体腔内注射固定液，以体腔鼓胀为宜。固定液的体积应为动物体积的10倍以上，应在2 d～3 d后更换一次；
c) 样品分类和测量：每网次渔获物均应鉴定至种或其他最低分类阶元，按种或其他最低分类阶元计数和称重，并测量体长范围(贝类除外)和体重范围，记录表参见附录A中的表A.1；
d) 收集生物学测定样品：进行生物学测定的物种，每个物种随机取样50尾(个)，应包括不同发育阶段的个体，不足50尾(个)的全部取样，放入标记采集时间、地点和渔具类型的标签，现场进行生物学测定，或者冷冻保存后带回实验室进行测定；

e) 生物学测定：按 GB/T 12763.6—2007 中 14.3.4 的规定，对鱼类、虾类和蟹类进行生物学测定；贝类生物学测定参数见附录 B，记录表参见表 A.2 和表 A.3。

5 渔业资源调查

5.1 渔获物数据采集

5.1.1 站点设置

调查站点应根据受评估河流的环境空间梯度或功能特征进行设置，一般应在目标河流或河段的上游、中游、下游设置采样点。在产卵场、河流汇口、保护区要增设采样点。涉及水坝应在水坝上、下游增设采样点。

5.1.2 渔具作业时间

根据不同渔获物类型选择渔具和作业时间。定置刺网宜过夜作业 12 h，流刺网作业 3 h，钓具作业 3 h～5 h，笼壶类渔具作业 24 h，耙刺类作业 3 h～5 h。

5.1.3 渔获物数据采集

综合考虑各种作业方式，每种作业方式不少于 3 船次（网次）。记录采样站点、渔获物重量、渔船功率、渔具分类、作业时间等信息。渔具分类按 GB/T 5147 的规定执行，并统计分析渔获物结构和渔船单日渔获量，记录表参见表 A.4。

5.2 声学调查数据采集

5.2.1 河流环境要求

水深范围＞ 5 m，按通常声学调查船速 10 km/h 转换，相对流速＜2.7 m/s。

5.2.2 调查船和仪器设备安装

5.2.2.1 装有回声探测-积分系统、自噪声较低的声呐探测船。

5.2.2.2 设备安装有垂直安装（具有 5 m 盲区）和水平安装 2 种方式：

a) 垂直安装：将回声探测仪的换能器垂直固定在距船首 1/3 船体长度的调查船船舷处，换能器入水深度至少 0.5 m 且应超过船底；

b) 水平安装：将换能器水平置于目的水深，保证较大的探测水深范围，发射波束方向与水面平行。

5.2.3 回声探测仪校正

调查开始前，锚定调查船，换能器应调整到“被动”模式，采用标准球方法对回声探测-积分系统进行声学校正，校正指标包括收发信号增益与波束参数。

5.2.4 声学数据的采集

5.2.4.1 起始水层至少应为换能器近场距离（R_b）的 2 倍。换能器近场与远场分界面的距离 R_b（m）按式（1）计算。

$$R_b = \frac{a^2}{\lambda} \quad \cdots\cdots (1)$$

式中：

a ——换能器的直径或长边，单位为米（m）；

λ ——波长，单位为米（m）。

5.2.4.2 终止水层应为研究区域的最大水深。

5.2.4.3 水层厚度划分，基本等间距设置，根据水深宜选 2 m、5 m、10 m 或 20 m。

5.2.5 调查航线

根据监测目的进行河流全段或区段式探测，保证有效航程不小于调查区域面积平方根的 6 倍。选择以下探测路径：

a) 随机平行断面；

b) 等距平行断面；

c) 分区等距平行断面；

d） 系统“Z”字形断面。

5.2.6 调查航速

调查时的走航船速宜为4 km/h～12 km/h，根据水深和脉冲宽度等实际情况选择被动噪声最小时的速度。

5.2.7 观测记录

探测过程中应填写观测记录，内容包括航程、时间、水深、经纬度、天气、渔获物、渔船等信息。

5.3 鱼卵仔鱼调查

漂流性鱼卵仔鱼的采样调查按SC/T 9407的规定执行，沉黏性鱼卵仔鱼调查按HJ 710.7—2014中5.3.2的规定执行。

5.4 浮游生物数据采集

浮游生物数据采集按SC/T 9102.3的规定执行。

6 渔业资源量评估

6.1 渔获物调查法

6.1.1 单位捕捞努力量渔获量(CPUE)法

CPUE按式(2)计算。

$$\mathrm{CPUE}=\frac{C}{N\times t} \qquad (2)$$

式中：

CPUE——单位捕捞努力量渔获量，单位为千克每网每小时或尾每网每小时[kg/(net·h)或ind/(net·h)]；

C ——某规格渔具的总渔获量，单位为千克或尾(kg或ind)；

N ——渔具个数；

t ——采样时间，单位为小时(h)。

调查河段的渔业资源量F按式(3)计算。

$$F=\mathrm{CPUE}\times\frac{A}{S}\times\frac{365\times 24}{t} \qquad (3)$$

式中：

F ——调查河段的渔业资源量，单位为千克(kg)；

A ——调查河段总面积，单位为平方米(m^2)；

S ——单次捕捞作业面积，单位为平方米(m^2)；

365——1年按365 d计算；

24 ——1 d按24 h计算。

F_i为调查河段中某资源类型(鱼类、虾类、蟹类或贝类)的渔业资源量，按式(4)计算。

$$F_i=F\times W_i\ \% \qquad (4)$$

式中：

$W_i\%$——调查河段中某资源类型(鱼类、虾类、蟹类或贝类)的平均重量比例。

6.1.2 单船渔获量法

调查河段中渔船的单日平均渔获量$\bar{Y}_d$，按式(5)计算。

$$\bar{Y}_d=\frac{\sum_{b=1}^{u} Y_d}{u} \qquad (5)$$

式中：

$\bar{Y}_d$ ——一定时期内调查河段中渔船的单日平均渔获量，单位为千克每船每天[kg/(船·d)]；

u ——调查河段中作业的渔船数量，单位为船；

b ——渔船标号；

Y_d ——某艘渔船某日的渔获量，单位为千克(kg)。

调查河段的年渔获量 Y_a，按式(6)计算。

$$Y_a = \sum_{m=1}^{12} (\bar{Y}_{dm} \times \bar{T}_m) \times N \quad \cdots\cdots (6)$$

式中：

Y_a ——调查河段的年渔获量，单位为千克每年(kg/年)；

m ——调查月份；

$\bar{Y}_{dm}$——m 月份中调查河段的单日平均渔获量，单位为千克每船每天[kg/(船·d)]；

$\bar{T}_m$——调查月份中所有渔船的平均作业天数，单位为天每月(d/月)，$\bar{T}_m = \frac{\sum_{j=1}^{N} T_m}{N}$，$T_m$ 为渔船各月份的作业天数，单位为天每月(d/月)；

N ——该河段的渔船总数量。

调查河段中某类渔业资源的年渔获量Y_{ai}，按式(7)计算。

$$Y_{ai} = Y_a \times W_i \% \quad \cdots\cdots (7)$$

式中：

Y_{ai} ——调查河段中某类渔业资源的年渔获量，单位为千克每年(kg/年)。

6.2 声学评估法

6.2.1 渔业总资源量估算

6.2.1.1 声学回波计数法

将调查河流划分成 n 个河段，利用鱼类个体密度估算鱼类资源量 B，按式(8)计算。

$$B = \sum_{i=1}^{n} (\rho_i \times V_i \times \bar{W}_i) \quad \cdots\cdots (8)$$

式中：

B ——调查河流的鱼类资源量，单位为千克(kg)；

i ——河段编号；

ρ_i ——i 河段的鱼类密度，单位为尾每立方米(ind/m^3)；

V_i ——i 河段的水体体积，单位为立方米(m^3)；

$\bar{W}_i$——i 河段中的鱼类平均体重，单位为千克每尾(kg/ind)。

V_i按式(9)计算。

$$V_i = \frac{1}{3}\pi \times \tan\left(\frac{\theta'_i}{2}\right) \times \tan\left(\frac{\phi'_i}{2}\right) \times (R_{2i}^3 - R_{1i}^3) \quad \cdots\cdots (9)$$

式中：

θ'_i ——i 河段中换能器的横向有效检测角度；

ϕ'_i ——i 河段中换能器的纵向有效检测角度；

R_{2i} ——i 河段中的探测水深，单位为米(m)；

R_{1i} ——i 河段中换能器 1 m 以下的水深，单位为米(m)。

ρ_i按式(10)计算。

$$\rho_i = \frac{N_i}{P_i V_i} \quad \cdots\cdots (10)$$

式中：

N_i ——i 河段中探测到的鱼类的个体数，单位为尾(ind)；

P_i ——i 河段中探测到的脉冲数量。

$\bar{W}_i$ 按式(11)计算。

$$\bar{W}_i = \sum_{j=1}^{N_s} (W_{ij} \times N_{ij}\ \%) \quad \cdots\cdots (11)$$

式中：

N_s ——i 河段中的鱼类物种总数；

j ——代表鱼类物种；

W_{ij} ——i 河段中鱼种 j 的平均体重，单位为千克每尾(kg/尾)；

$N_{ij}\%$——i 河段中鱼种 j 的个体数百分比。

6.2.1.2 声学回波积分法

将研究河流划分成 n 个河段，基于鱼类回波数据估算鱼类资源量 B，按式(12)估算。

$$B = \sum_{i=1}^{n} (\bar{\rho}_i \times A_i \times \bar{W}_i) \quad \cdots\cdots (12)$$

式中：

A_i——i 河段的水体面积，单位为平方千米(km^2)。

$\bar{\rho}_i$ 按式(13)计算。

$$\bar{\rho}_i = \frac{S_a}{\sigma_{bs}} \times 10^{-6} \quad \cdots\cdots (13)$$

式中：

$\bar{\rho}_i$ ——i 河段的鱼类平均密度，单位为尾每平方千米(ind/km^2)；

S_a——i 河段中回声探测的平均面积散射系数，单位为平方米每平方米(m^2/m^2)；

σ_{bs}——i 河段中回声探测的后向散射截面，单位为平方米每尾(m^2/ind)，$\sigma_{bs} = 10^{TS \times 0.1}$，$TS$ 为鱼类目标强度，单位为分贝(dB)，在多数鱼类呈单体目标形式存在的情况下，通过现场测定法获得。

6.2.2 分种类资源量评估

根据获得的总资源量，结合渔获物各种类百分比，推算各种类资源量。

6.3 鱼卵仔鱼估算法

6.3.1 天然漂流性鱼卵仔鱼资源量估算

漂流性鱼卵仔鱼资源量的估算按 SC/T 9427 的规定执行。

6.3.2 沉黏性鱼卵仔鱼资源量估算

基于鱼卵附着介质面积(黏草性鱼卵仔鱼测算水草面积，黏沙砾性鱼卵仔鱼测算沙砾面积)估算鱼卵仔鱼资源量。

$$C = c \times \frac{A}{S} \quad \cdots\cdots (14)$$

式中：

C ——调查河段的沉黏性鱼卵仔鱼资源量，单位为粒或尾(粒或 ind)；

c ——按照 HJ 710.7—2014 中 5.3.2 规定的采样方式，采集到的鱼卵数量，单位为粒或尾(粒或 ind)；

A ——研究河段的介质面积(黏草性鱼类测算水草面积，黏沙砾性鱼卵测算沙砾面积)，单位为平方米(m^2)；

S ——按照 HJ 710.7—2014 中 5.3.2 规定的沉黏性鱼卵采样方式设定的采样面积，单位为平方米(m^2)。

6.4 水体生产力估算法

6.4.1 浮游生物生物量测算法

浮游植物和浮游动物的生物量，按 SL 167 测算。浮游植物食性鱼类生产力和浮游动物食性鱼类生产力按式(15)估算。

$$F_P = \left[m_P \times \left(\frac{P}{B}\right) \times \alpha \right] / E \quad \cdots\cdots (15)$$

式中：
F_P ——滤食性鱼类生产力，单位为千克每公顷（kg/hm²）；
m_P ——浮游生物年平均生物量，单位为千克每公顷（kg/hm²）；
P ——主要饵料生物的现存量；
B ——主要饵料生物的生产量；
α —— 饵料利用率；
E ——饵料系数。

在浮游植物鱼类生产力计算中，$\left(\frac{P}{B}\right)$ 取 50，α 取 30%，E 取 30～40；在浮游动物鱼类生产力计算中，$\left(\frac{P}{B}\right)$ 取 20，α 取 50%，E 取 7～10。

6.4.2 初级生产力测算法

依据净初级生产力估算浮游植物的净产量，按 SL 167 测算。鲢、鳙生产力分别按式（16）和式（17）计算。

$$F_H = \frac{P_G \times f \times K \times a \times H_y}{E_H \times J} \quad (16)$$

式中：
F_H——鲢的鱼类生产力；
P_G——浮游植物毛产量；
f ——浮游植物的净产量与毛产量之比（0.78），$f=\frac{P_N}{P_G}$，P_N 为浮游植物净产量；
K ——氧的热当量（3.51）；
a ——允许鱼类对浮游植物净产量的最大利用率（0.8）；
H_y——鲢相对搭配比例，通常鲢的比例大于鳙；
E_H——浮游植物对鲢的能量转化系数（39.18）；
J ——鲜鱼肉的热当量（1.2）。

$$F_A = \frac{P_G \times f \times K \times a \times A_r}{E_A \times J} \quad (17)$$

式中：
F_A——鳙的鱼类生产力；
A_r——鳙相对搭配比例，通常鳙的比例小于鲢；
E_A——浮游植物对鳙的能量转化系数（22.69）。

因此，式（16）和式（17）分别简化为式（18）和式（19）：

$$F_H = 0.03261\, P_G \quad (18)$$

$$F_A = 0.02413\, P_G \quad (19)$$

6.5 经验估算法

6.5.1 基于水域面积的渔业资源量估算

$$F_a = A_a \times \rho \quad (20)$$

式中：
F_a ——调查河段的渔业资源量，单位为千克（kg）；
A_a ——调查河段的水域面积，单位为平方米（m²）；
ρ ——单位水域面积的渔业资源密度，单位为千克每平方米（kg/m²），宜为近 5 年调查结果的平均值。

6.5.2 基于径流量的渔业资源量估算

$$F_v = V \times \rho_v \quad (21)$$

式中：

F_v ——调查河段的渔业资源量，单位为克(g)；

V ——调查河段的径流量，单位为立方米(m^3)；

ρ_v ——单位径流量的渔业资源密度，单位为克每立方米(g/m^3)，宜为近5年调查结果的平均值。

附 录 A
(资料性附录)
记 录 表

A.1 渔获物分析记录表

见表 A.1。

表 A.1 渔获物分析记录表

调查时间:________ 河流区段:________ 第____页,共____页

采样站点			渔获生物类型			渔具		渔船编号	
总渔获量,kg			样品量,kg			体长范围		体重范围	
种类和组成									
种名	尾数	数量百分比 %	重量,kg	重量百分比 %	种名	尾数	数量百分比 %	重量,kg	重量百分比 %

记录人:________ 记录日期:________ 校核人:________ 校核日期:________

A.2 双壳类生物学测定记录表

见表 A.2。

表 A.2 双壳类生物学测定记录表

调查时间：______________ 河流区段：______________ 第____页，共____页

编号	长度，mm			重量，g		性别			备注
	壳高	壳长	壳宽	带壳重	去壳重	♀	♂	☿	

记录人：______________ 记录日期：______________ 校核人：______________ 校核日期：______________

A.3 腹足类生物学测定记录表

见表 A.3。

表 A.3 腹足类生物学测定记录表

调查时间：______________________________ 河流区段：______________________________ 第_____页，共_____页

编号	长度，mm		重量，g		性别			备注
	壳高	壳长	带壳重	去壳重	♀	♂	☿	

记录人：________________ 记录日期：________________ 校核人：________________ 校核日期：________________

A.4 渔船作业属性和渔获物调查记录表

见表 A.4。

表 A.4 渔船作业属性和渔获物调查记录表

第_____页,共_____页

调查时间:__________ 河流区段:__________ 采样站点:__________ 渔获生物类型:__________ 渔船总数量:__________

渔船编号	载重,t	渔船功率,kW	渔具分类(式+型+类)	渔具主尺度	网目尺寸,目	作业方式	作业起止时间	单船单日渔获量,kg/(船·d)

记录人:__________ 测算日期:__________ 校核人:__________ 校核日期:__________

附　录　B
（规范性附录）
贝类生物学测定参数

B.1　双壳类

壳高，壳顶至腹缘的距离。

壳长，前后两端之间的距离，壳顶尖端所向的一端通常为前端，反向之端为后端。

壳宽，左右两壳间的最大距离。

带壳重，外壳及内部结构的总重。

去壳重，去除外壳之后的内部结构的重量。

双壳类多数雌雄异体，雄性精巢为白色，雌性卵巢为黄色。

B.2　腹足类

壳高，壳口底部到壳顶的距离。

壳宽，壳口左右两侧的最大距离。

壳口高度，壳口底部至上端的距离。

壳口宽度，壳口外唇至内唇的距离。

带壳重，贝壳和身体的总重。

去壳重，去除贝壳后的身体（头、足和内脏囊）的总重。

腹足类，雌雄同体或雌雄异体，存在性转变的现象。

ICS 65.150
B 52

中华人民共和国水产行业标准

SC/T 9430—2019

水生生物增殖放流技术规范　鳜

Technical specification for the stock enhancement of hydrobios—Mandarin fish

2019-08-01 发布　　2019-11-01 实施

中华人民共和国农业农村部　发布

前　　言

本标准按照 GB/T 1.1—2009 给出的规则起草。

请注意本文件的某些内容可能涉及专利。本文件的发布机构不承担识别这些专利的责任。

本标准由农业农村部渔业渔政管理局提出。

本标准由全国水产标准化技术委员会渔业资源分技术委员会(SAC/TC 156/SC 10)归口。

本标准起草单位:中国科学院水生生物研究所、武汉市江夏区农业委员会水产管理办公室、武汉市梁子湖水产集团有限公司。

本标准主要起草人:李为、刘家寿、张堂林、叶少文、戈光华、程庆武、李钟杰。

水生生物增殖放流技术规范　鳜

1　范围

本标准规定了鳜(*Siniperca chuatsi* Basilewsky)增殖放流的水域条件、本底调查、苗种质量、检验、放流操作、资源保护与监测、效果评价等技术要求。

本标准适用于鳜的增殖放流。

2　规范性引用文件

下列文件对于本文件的应用是必不可少的。凡是注日期的引用文件，仅注日期的版本适用于本文件。凡是不注日期的引用文件，其最新版本(包括所有的修改单)适用于本文件。

GB/T 20361　水产品种孔雀石绿和结晶紫残留量的测定 高效液相色谱荧光检测法

GB/T 27638　活鱼运输技术规范

农业部 783 号公告—1—2006　水产品种硝基呋喃类代谢物残留量的测定　液相色谱-串联质谱法

农业部 958 号公告—14—2007　水产品中氯霉素、甲砜霉素、氟甲砜霉素残留量的测定　气相色谱法-质谱法

NY/T 5361 无公害农产品　淡水养殖产地环境条件

SC/T 1032.1—1999　鳜养殖技术规范　亲鱼

SC/T 1032.5—1999　鳜养殖技术规范　苗种

SC/T 9401—2010　水生生物增殖放流技术规程

3　水域条件

应符合 SC/T 9401—2010 中第 4 章的规定，且满足下述条件：

a)　放流水域现在或历史上有鳜自然分布记录；

b)　底质应符合 NY/T 5361 的要求。

4　本底调查

按 SC/T 9401—2010 中第 5 章的规定执行，重点评估水域的鳜现存量、种群结构及其饵料资源。

5　苗种质量

5.1　苗种来源

应符合 SC/T 9401—2010 中第 6 章和 SC/T 1032.5—1999 中第 3 章的规定。

5.2　苗种质量

5.2.1　种质要求

亲本来源和质量应符合 SC/T 9401—2010 中第 6 章和 SC/T 1032.1—1999 中第 2 章的规定。

5.2.2　规格要求

以全长 4 cm～6 cm 为宜。

5.2.3　质量要求

应符合表 1 规定的要求。

表 1　苗种质量要求

项　　目	要　　求
感官质量	同时符合 SC/T 9401—2010 中 6.4 和 SC/T 1032.5—1999 中 5.1 的要求
可数指标	规格合格率≥90%，死亡率、伤残率及体色异常率之和<5%
病害	不得检出的病害参见附录 A
药物残留	氯霉素、孔雀石绿、硝基呋喃类代谢物不得检出

6　检验

6.1　检验资质

须由具备水产品质量检验资质的机构检验，并出具检验合格文件。

6.2　检验项目与方法

按表 2 的规定执行。

表 2　检验项目与方法

检验项目	检验方法
感官质量	按照表 1 要求肉眼观察感官质量
可数指标	取样混合后统计死亡率、伤残率和体色异常率之和
病害	按附录 A 给出的方法进行
氯霉素	按照农业部 958 号公告—14—2007 的方法进行
孔雀石绿	按照 GB/T 20361 的方法进行
硝基呋喃类代谢物	按照农业部 783 号公告—1—2006 的方法进行
注：规格合格率以放流前现场测定为准	

6.3　检验规则

6.3.1　抽样规则

随机取样，感官质量、可数指标的检验每次取样量不少于 100 尾；病害检验和药物残留检测取样量不少于 50 尾。

6.3.2　时效规则

检验内容须在增殖放流前 7 d 内组织检验。

6.3.3　组批规则

以一个增殖放流批次作为一个检验批次。

6.3.4　判定规则

除规格合格率以放流时的现场测定为准外，其他任一项目检验不合格，则判定该批次苗种不合格；若对判定结果有异议，可复检一次，并以复检结果为准。

7　放流操作

7.1　前期放流条件

现场查验放流苗种检验检疫报告，按 SC/T 9401—2010 中 6.6 规定的方法测算规格合格率，确认苗种质量达标后，方可实施放流。

7.2　包装

宜采用容积 20 L 的双层塑料袋充氧装运。每袋加水体积占塑料袋容积的 30%～40%，水温超过 26℃时可加入适量冰块降温；鱼种装入塑料袋后，将袋内空气排出，再充足氧气，扎紧袋口，放在泡沫箱或纸箱内。

7.3　计数

按 SC/T 9401—2010 中 9.1.3 规定的方法进行计数，抽样比例应符合 SC/T 9401—2010 中 9.2.2 的规定。

7.4 运输

7.4.1 运输方式

宜选择空调车(船)运输,装鱼箱应紧密且整齐排列,避免阳光暴晒和剧烈晃动。其他未限定的运输条件应符合 GB/T 27638 的规定。

7.4.2 运输密度

装运前应禁食 12 h,运输水温不宜超过 26℃,运输时间不宜超过 12 h。运输密度根据运输时间和苗种规格确定,按表 3 执行。

表 3 苗种运输密度

时间,h	<3			3~6			6~12		
全长,cm	2.0~4.0	4.0~6.0	6.0~8.0	2.0~4.0	4.0~6.0	6.0~8.0	2.0~4.0	4.0~6.0	6.0~8.0
密度,尾/袋	150~250	100~150	<100	120~200	80~120	<80	90~150	60~90	<60

7.5 投放

7.5.1 放流时间

华南地区宜在 5 月上中旬放流;长江中下游地区和华北地区宜在 5 月下旬至 6 月上中旬放流;东北和西北地区宜在 6 月下旬至 7 月上旬放流。

7.5.2 气象条件

宜选择晴朗、多云或阴天进行增殖放流;避免高温和大雨天气,水面最大风力 5 级以下。

7.5.3 放流地点

宜选择水生植物覆盖区、沿岸带等生境异质性较高的区域,湖泊和水库等水体应远离其进出水口。

7.5.4 放流密度

应根据水域饵料鱼生产量及放养后鳜的生长和存活情况来确定。放养量估算公式见式(1):

$$N=\frac{B_0\times\frac{P}{B}\times U}{W\times F\times S} \quad\cdots\cdots(1)$$

式中:

N ——鳜放养量,单位为尾;

B_0 ——放流水体饵料鱼生物量,单位为克(g);

P/B ——饵料鱼的周转率,取值范围为 2~2.5;

U ——鳜对饵料鱼生产量的利用率,取值范围为 10%~20%;

W ——鳜经过 1 周年后所能达到的平均个体重量,单位为克(g);

F ——饵料系数,取值为 4;

S ——鳜周年存活率,取值范围为 40%~60%。

对于我国东部湖泊,全长 4 cm~6 cm 的鳜苗种放养量一般为 5 尾/667 m^2~10 尾/667 m^2,其他地区湖泊可根据饵料鱼生物量酌情增减。

7.5.5 放流方式

苗种运达目的地后,用机动船将苗种运至预定的放流地点,人工将苗种尽可能贴近水面(距离水面不超过 0.5 m)缓慢分散投放,船速小于 1.8 km/h。

7.6 记录

按 SC/T 9401—2010 中附录 B 的规定执行。

8 资源保护与监测

按 SC/T 9401—2010 中第 12 章的规定执行。在条件允许的情况下进行人工标志,标志方法参见附录 B。

9 效果评价

按 SC/T 9401—2010 中第 13 章的规定执行。

附 录 A
(资料性附录)
鳜苗种主要病害症状

鳜苗种主要病害症状见表 A.1。

表 A.1 鳜苗种主要病害症状

病害种类	症 状
车轮虫、斜管虫病	病鱼的皮肤和鳃部出现苍白色,鳃丝呈块状腐烂,并伴有淤泥;病鱼体色发黑,时缓时急地转圈,行动呆滞,浮游于水面
水霉病	鱼苗感染时鱼苗浮于水面,行动呆滞,烦躁不安,体表黏液增多
小瓜虫病	鱼体感染初期,胸、背、尾鳍和体表皮肤均有白点状分布,此时病鱼照常觅食活动,几天后白点布满全身,鱼体失去活动能力,常呈呆滞状,浮于水面,游动迟钝,食欲不振,体质消瘦,皮肤伴有出血点,有时左右摆动,并在水族箱壁、水草、沙石旁侧身迅速游动蹭痒,游泳逐渐失去平衡
白皮病	发病初期,病鱼尾柄出现白点并迅速向前扩大蔓延,以至背鳍与臀鳍基部呈白色;严重时鳜尾鳍会烂掉或残缺不全,病鱼头部朝下,尾鳍向上,鱼体与水面近似垂直游动,不久就会死亡
暴发性出血病	鳃盖及各鳍条、体侧有不同程度的出血斑点,鳃丝充血,肠内有淡黄色物质,后期出现眼下球和鳃盖充血,离群独游,很快死亡
肠炎病	病鱼不摄食,体色发黑,肠道有气泡及积水,病鱼的直肠至肛门段充血红肿;轻压腹部有黄色黏液和血脓流出
烂鳃病	病鱼鳃丝腐烂发白,鳃片表面尤以鳃丝末端黏液较多,并黏附污泥;病鱼常常离群独游水面,游动缓慢,体色发黑,头部乌黑,食欲减退或不摄食,体形消瘦而导致死亡

附 录 B
（资料性附录）
鳜微型编码金属标标志方法

宜采用微型编码金属标(具磁性和编码,直径 0.6 mm,长度 1 mm)进行体内标志,标志鱼体全长宜大于 3 cm,标志时,应避开大风大雨天气,夏季应避开中午高温时段;标志场地宜靠近苗种培育池,要求场地阴凉通风,平坦无障碍物,便于鱼苗的运送和标志操作过程中取水排水便利。标志前,宜采用 40 mg/L 的丁香酚或 100 mg/L 的 MS-222 进行麻醉,麻醉剂的浓度以鱼苗在 20 s～30 s 内麻醉侧翻,麻醉后放入无麻醉剂的水中能够在 30 s～60 s 内恢复苏醒为宜。鳜苗种的最佳标志部位为侧线和背鳍基部之间的中间位置。鱼体标志完成后用检测仪监测金属标是否保持在体内,确认标志成功后迅速将鱼苗轻轻地放在盛有清水的容器中复苏。鱼苗苏醒后,转入备用容器对鱼体伤口进行浸泡消毒(宜采用 20 mL/L 的高锰酸钾溶液浸泡消毒 5 min)。标志工作应由经过培训的熟练人员进行。

ICS 65.150
B 50

中华人民共和国水产行业标准

SC/T 9431—2019

水生生物增殖放流技术规范　拟穴青蟹

Technical specification for the stock enhancement of hydrobios—Mud crab

2019-08-01 发布　　2019-11-01 实施

中华人民共和国农业农村部　发布

前　言

本标准按照 GB/T 1.1—2009 给出的规则起草。

请注意本文件的某些内容可能涉及专利。本文件的发布机构不承担识别这些专利的责任。

本标准由农业农村部渔业渔政管理局提出。

本标准由全国水产标准化技术委员会渔业资源分技术委员会(SAC/TC 156/SC 10)归口。

本标准起草单位:浙江省海洋水产研究所。

本标准主要起草人:徐开达、周永东、梁君、刘连为、李鹏飞、王伟定、王好学、张洪亮、毕远新、卢占晖、胡翠林、朱文斌。

水生生物增殖放流技术规范　拟穴青蟹

1　范围

本标准规定了拟穴青蟹(*Scylla paramamosain*)增殖放流的海域条件、本底调查、放流苗种质量、检验、放流操作、资源保护与监测、效果评价等技术要求。

本标准适用于拟穴青蟹的增殖放流。

2　规范性引用文件

下列文件对于本文件的应用是必不可少的。凡是注日期的引用文件,仅注日期的版本适用于本文件。凡是不注日期的引用文件,其最新版本(包括所有的修改单)适用于本文件。

GB/T 20361　水产品中孔雀石绿和结晶紫残留量的测定　高效液相色谱荧光检测法

农业部 783 号公告—1—2006　水产品中硝基呋喃类代谢物残留量的测定　液相色谱-串联质谱法

农业部 958 号公告—14—2007　水产品中氯霉素、甲砜霉素、氟甲砜霉素残留量的测定　气相色谱法-质谱法

SC/T 2016—2012　拟穴青蟹　亲蟹和苗种

SC/T 9401—2010　水生生物增殖放流技术规程

SC/T 9415—2015　水生生物增殖放流技术规范　三疣梭子蟹

3　海域条件

应符合 SC/T 9401—2010 中第 4 章的规定,且应满足下述条件:

a)　有淡水输入的沿岸水域;

b)　滩涂或附近有滩涂,或者底质为泥质或泥沙质海域;

c)　小型贝类、甲壳类等饵料生物丰富。

4　本底调查

按 SC/T 9401—2010 中第 5 章的规定执行。

5　放流苗种质量

5.1　苗种来源

应符合 SC/T 9401—2010 中 6.1 的要求。育苗单位应持有蟹类苗种生产许可证。

5.2　种质要求

亲蟹来源应符合 SC/T 9401—2010 中 6.2 的要求,亲蟹质量应符合 SC/T 2016—2012 中第 4 章的要求。

5.3　规格要求

仔蟹Ⅱ期～Ⅳ期(头胸甲宽 6 mm～12 mm,体重 0.025 g～0.22 g)。

5.4　质量要求

放流苗种质量应符合表 1 的要求。

表 1　放流苗种质量要求

项　目	要　求
感官质量	同时符合 SC/T 9401—2010 中 6.4 和 SC/T 2016—2012 中 5.1 的要求
可数指标	规格合格率≥90%,死亡率与伤残率之和≤10%

表 1（续）

项　目	要　　求
疫病	白斑综合征病毒(WSSV)不得检出
药物残留	氯霉素、孔雀石绿、硝基呋喃类代谢物不得检出

6 检验

6.1 检验资质

由具备水产品质量检验资质的机构检验，并出具检验合格文件。

6.2 检验内容与方法

按表 2 的要求进行。

表 2　检验内容与方法

检验内容	检验方法
感官质量	按照 SC/T 2016—2012 中 6.2.2 的方法进行
可数指标	混合后随机取样，统计死亡率和伤残率之和
白斑综合征病毒(WSSV)	按照 SC/T 2016—2012 中 6.2.4 的方法进行
氯霉素	按照农业部 958 号公告—14—2007 的方法进行
孔雀石绿	按照 GB/T 20361 的方法进行
硝基呋喃类代谢物	按照农业部 783 号公告—1—2006 的方法进行
注：规格合格率以放流前现场测量为准。	

6.3 检验规则

6.3.1 抽样规则

随机取样，常规质量检验每次取样量不少于 100 只；病害检验和药物残留检测取样量不少于 50 只。

6.3.2 时效规则

药物残留检验须在放流前 15 d 内检验有效，其他检验在放流前 7 d 内检验有效。

6.3.3 组批规则

以一个增殖放流批次作为一个检验组批。

6.3.4 判定规则

6.3.4.1　除规格合格率以现场测量为准外，表 2 中其他任一项检验内容不合格，则判定该批次苗种不合格。

6.3.4.2　若对判定结果有异议，可复检一次，并以复检结果为准。

7 放流操作

7.1 放流前期准备

现场查验放流苗种检验报告，测算规格合格率，确认苗种质量达标后，方可实施放流。

7.2 包装

包装要求（工具和措施）执行 SC/T 9401—2010 中第 8 章的规定，包装方法按照 SC/T 2016—2012 中 9.2.2 的“苗种干运法”进行。苗种包装好之后将已装苗箱层叠收纳，并放置阴凉处，待随机抽样计数。

7.3 运输

运输过程及运输成活率符合 SC/T 9401—2012 中第 10 章的要求。运输时间宜控制在 2 h 以内，如运输时间超过 2 h，中途每间隔 1 h 喷水保湿。

7.4 计数

按不少于已装苗实有箱数的 0.5%随机抽样，最低不少于 3 箱。按照 SC/T 9415—2015 中 8.3 的“重量计数法”，求得平均每箱苗种数量及本计数批次苗种数量。

7.5 投放

按 SC/T 9401—2010 中 11.3.1 的“常规投放法”执行，且满足下述条件：

a) 出苗至投放宜控制在 5 h 以内；

b) 放流时间宜在 5 月～9 月；

c) 避开高温天和大雨天，海面最大风力 7 级以下。

7.6 记录

放流现场数据等由放流工作人员记入 SC/T 9401—2010 的附录 B 中。

8 资源保护与监测

按 SC/T 9401—2010 中第 12 章的规定执行。

9 效果评价

按 SC/T 9401—2010 中第 13 章的规定执行。

ICS 65.150
B 50

中华人民共和国水产行业标准

SC/T 9432—2019

水生生物增殖放流技术规范　海蜇

Technical specification for the stock enhancement of hydrobios—Jellyfish

2019-08-01 发布　　2019-11-01 实施

中华人民共和国农业农村部　发布

前　言

本标准依据 GB/T 1.1—2009 给出的规则起草。

请注意本文件的某些内容可能涉及专利。本文件的发布机构不承担识别这些专利的责任。

本标准由农业农村部渔业渔政管理局提出。

本标准由全国水产标准化技术委员会渔业资源分技术委员会(SAC/TC156/SC 10)归口。

本标准起草单位:浙江省海洋水产研究所、山东省水生生物资源养护管理中心、山东省海洋资源与环境研究院。

本标准主要起草人:周永东、王云中、李鹏飞、徐开达、李凡、刘连为、张洪亮、徐汉祥、张焕君、王忠明、蒋日进、王好学。

水生生物增殖放流技术规范　海蜇

1　范围

本标准规定了海蜇(*Rhopilema esculentum*)增殖放流的海域条件、本底调查、放流苗种质量、检验、放流操作、资源监测、效果评价等技术要求。

本标准适用于海蜇的增殖放流。

2　规范性引用文件

下列文件对于本文件的应用是必不可少的。凡是注日期的引用文件，仅注日期的版本适用于本文件。凡是不注日期的引用文件，其最新版本(包括所有的修改单)适用于本文件。

GB11607　渔业水质标准

SC/T 2059—2014　海蜇　苗种

SC/T 9401—2010　水生生物增殖放流技术规程

3　海域条件

应符合SC/T 9401—2010中第4章的规定，且应满足下述条件：

a)　有淡水径流入海的内湾或浅海海域，浮游动物丰富；

b)　表层盐度10～25，表层水温16℃～25℃。

4　本底调查

按SC/T 9401—2010中第5章的规定执行。

5　放流苗种质量

5.1　苗种来源

应符合SC/T 9401—2010中6.1的要求。育苗单位应持有海蜇苗种生产许可证。

5.2　苗种质量

5.2.1　种质要求

亲体来源应符合SC/T 9401—2010中6.2的要求。

5.2.2　规格要求

根据海蜇苗种伞径大小，放流苗种规格分为3类(表1)。

表1　海蜇放流苗种规格分类

分　类	伞径 D，mm
小规格苗(一类)	$5 \leqslant D < 10$
中规格苗(二类)	$10 \leqslant D < 15$
大规格苗(三类)	$D \geqslant 15$

5.2.3　质量要求

应符合表2要求。

表2　放流苗种质量要求

项　　目	要　　求
感官质量	同时符合SC/T 9401—2010中6.4和SC/T 2059—2014中4.1.2的要求

表 2（续）

项　目	要　　求
可数指标	一类：规格合格率≥95%，死亡率≤3%，畸形率≤3%，伤残率≤2%
	二类：规格合格率≥90%，死亡率≤2%，畸形率≤2%，伤残率≤2%
	三类：规格合格率≥85%，死亡率≤1%，畸形率≤1%，伤残率≤1%

6　检验

6.1　检验资质

由具备水产品质量检验资质的机构检验，并出具检验合格文件。

6.2　检验内容与方法

按表 3 的要求进行。

表 3　检验内容与方法

检验内容	检验方法
感官质量	现场目测
可数指标	现场测量，并按照 SC/T 2059—2014 中 5.2 和 5.3.2 的方法执行

6.3　检验规则

6.3.1　抽样规则

按照 SC/T 9401—2010 中 9.1.3 和 9.2.2 的规定执行，苗种抽样采用随机抽样数量法，每批次重复取样 3 次。

6.3.2　时效规则

规格合格率、感官质量、死亡率、畸形率和伤残率以放流时的现场测量为准。

6.3.3　组批规则

同一地点来源且同一批次的放流苗种为一个检验批次。

6.3.4　判定规则

按照 6.3.1 的规定对苗种进行抽检，表 2 中有一项检测结果不达标即判定该批次苗种不合格，不合格苗种不准放流。若对判定结果有异议，可复检一次，并以复检结果为准。

7　放流操作

7.1　放流前期准备

按表 3 规定的方法测算规格合格率、死亡率、畸形率和伤残率，确认苗种质量达标后，方可实施放流。放流前 1 d～2 d 须停止投喂，以防止运输过程中排泄物增多造成水质污染。

7.2　包装

宜采用塑料袋、泡沫塑料箱和其他盛水器具充氧运输。包装工具按照 SC/T 9401—2010 中表 3 的规定执行。装苗密度按照表 4 规定执行。装苗用水应符合 GB 11607 的要求。按照 SC/T 9401—2010 中 8.2.1 的规定提前做好装苗用水的温盐调节。

表 4　海蜇放流苗种装苗密度

苗种规格	装苗密度，只/L	水体容量：氧气容量
一类	1 500～2 500	1：1.6
二类	800～1 500	1：1.8
三类	≤800	1：2.0

7.3　运输

用冷藏车和货车，渔船或运输船只运输皆可。温差宜控制在 2℃以内，运输时间以不超过 12 h 为宜

(包括装袋时间)。运输过程中避免剧烈颠簸、阳光暴晒和雨淋。运输成活率达到90%以上。

7.4 计数

执行6.3.1的规定。

7.5 投放

7.5.1 投放时间

宜选择5月~6月。

7.5.2 气象条件

符合SC/T 9401—2010中11.2的规定。

7.5.3 投放方法

7.5.3.1 常规投放

执行SC/T 9401—2010中11.3.1的规定。

7.5.3.2 虹吸投放

将苗种贴近水面倒入船甲板上或岸边的放流桶内,利用连接放流桶和海平面之间的PVC或硅胶软管之间的压力差,将海蜇苗种放流入海。

7.6 记录

现场放流数据按照SC/T 9401—2010中附录B记录。

8 资源监测

按SC/T 9401—2010中第12章的规定执行。

9 效果评价

按照SC/T 9401—2010中第13章的规定执行。

ICS 65.020.01
B 50

中华人民共和国水产行业标准

SC/T 9433—2019

水产种质资源描述通用要求

General rules for description of fishery germplasm resource

2019-08-01 发布 2019-11-01 实施

中华人民共和国农业农村部 发布

前　言

本标准按照 GB/T 1.1—2009 给出的规则起草。

请注意本文件的某些内容可能涉及专利。本文件的发布机构不承担识别这些专利的责任。

本标准由农业农村部渔业渔政管理局提出。

本标准由全国水产标准化技术委员会渔业资源分技术委员会(SAC/TC 156/SC 10)归口。

本标准起草单位:中国水产科学研究院长江水产研究所、中国水产科学研究院南海水产研究所、中国水产科学研究院、中国水产科学研究院黑龙江水产研究所、中国水产科学研究院黄海水产研究所、中国水产科学研究院东海水产研究所。

本标准主要起草人:梁宏伟、刘永新、肖雅元、郑先虎、郭华阳、罗相忠、吴彪、高保全、马春艳、张殿昌、方辉、李纯厚、马凌波、柳淑芳。

水产种质资源描述通用要求

1 范围

本标准规定了水产种质资源描述的基本信息、样本采集信息、生物学特性、遗传学特性和营养组分的描述方法和技术要求。

本标准适用于水产种质资源收集、保存和鉴定评价过程中的描述。

2 规范性引用文件

下列文件对于本文件的应用是必不可少的。凡是注日期的引用文件,仅注日期的版本适用于本文件。凡是不注日期的引用文件,其最新版本(包括所有的修改单)适用于本文件。

GB/T 8588—2001 渔业资源基本术语

GB/T 18654.3 养殖鱼类种质检验 第3部分:性状测定

GB/T 18654.12 养殖鱼类种质检验 第12部分:染色体组型分析

GB/T 18654.13 养殖鱼类种质检验 第13部分:同工酶电泳分析

GB/T 22213—2008 水产养殖术语

GB/T 34748 水产种质资源基因组DNA的微卫星分析

SC/T 9428—2016 水产种质资源保护区划定与评审规范

SN/T 4625 DNA条形码筛选与质量要求

3 术语和定义

GB/T 8588、GB/T 22213、SC/T 9428界定的以及下列术语和定义适用于本文件。为了便于使用,以下重复列出了GB/T 8588、GB/T 22213、SC/T 9428中的某些术语和定义。

3.1

种 species

具有相同的形态和生理特征、相对稳定的遗传特性,个体间能正常繁殖后代,并有一定自然分布区域的水生动植物。

3.2

品种 variety;breed

经人工选育成的、遗传性状稳定、具有不同于原种或同种内其他群体的优良经济性状的水生动植物。

[GB/T 22213—2008,定义2.38]

3.3

水产种质资源 fishery germplasm resource

具有重要经济价值、遗传育种价值、生态保护价值和科学研究价值,可为捕捞、养殖等渔业生产以及其他人类活动所开发利用和科学研究的水生生物资源。

[SC/T 9428—2016,定义2.1]

3.4

野生种 wild species

自然生态系统中所有未经人工选育的水生动植物种。

3.5

引进种 introduced species

为引进并在非原产地进行繁育和养殖的水产物种。

3.6

培育种　cultivated variety

利用水产种质资源通过一定的技术手段培育而形成的品种或品系。

4　基本信息

4.1　代码

4.1.1　代码组成

代码应包括水产种质资源物种类别、物种名称、保存单位、保存形式、保存时间、个体编号。

4.1.2　组成规则

各组代码应符合以下编码原则：

a) 物种类别由2位阿拉伯数字组成，其中：01——鱼类、02——甲壳类、03——贝类、04——藻类、05——两栖爬行类、06——其他；

b) 物种名称为物种拉丁名，如草鱼由 *Ctenopharyngodon idellus* 表示；

c) 保存单位为保存单位的社会信用统一代码，如中国水产科学研究院长江水产研究所由12100000420170006C表示；

d) 保存形式由2位阿拉伯数字组成，其中：01——活体资源、02——标本资源、03——细胞资源、04——基因资源、05——其他；

e) 保存时间由6位阿拉伯数字组成，前4位代表年，后2位代表月；

f) 个体编号按物种的保存顺序采用阿拉伯数字编码，编号＜1000000时，用6位阿拉伯数字表示(000001～999999)。编号＞1000000时，则顺次添加字母进行扩充(即000001，000002，……，999998，999999，AAAAAA，AAAAAB，……，ZZZZZZ)。

示例：

01-*Ctenopharyngodon idellus*-12100000420170006C-01-201809-000001表示：种质资源为鱼类-物种名称为草鱼-保存单位为中国水产科学研究院长江水产研究所-保存形式为活体-保存时间为2018年9月-该种质资源编号为000001。

4.2　名称

应包括该物种的中文名称、学名，可包括英文名、别名。

4.3　分类信息

应包括该物种的门、纲、目、科、属、种。

4.4　图像信息

应包括能够反映该物种典型特征的外形图，格式为JPEG、TIF，像素不低于1 200万，图像大小不小于2 M。

4.5　地理分布

应包括该物种的自然地理分布范围。

4.6　资源来源

应明确资源来源。可分为野生种、引进种和培育种3类。

4.7　资源状况

宜包括该物种的资源现状、经济价值、开发利用情况，引进种应包括引种时间和引入地区。

5　样本采集信息

一般应包括采集时间、采集地点、样本性别、样本数量、样本规格、取样部位，遗传连锁图谱还应包括作图群体类型。

6　生物学特性

6.1　形态

应包括该物种外部形态的可描述性状、可数性状和可量性状,其描述内容按 GB/T 18654.3 的规定执行。

6.2 食性

应包括该物种的摄食习性。可分为草食性、碎屑食性、肉食性及杂食性,其描述内容按 GB/T 8588—2001 中 3.1.55.1～3.1.55.4 的规定执行。

6.3 生长

应包括生长方程、生长最佳时期与雌雄生长差异等。

6.4 繁殖

应包括该物种性成熟年龄(单位:月或年)、性成熟规格、繁殖周期、生殖方式(有性生殖、无性生殖)、繁殖季节、繁殖力等。

6.5 栖息环境

应包括该物种栖息的水域类型,以及水温、盐度、溶氧量、pH 等理化条件。

7 遗传学特性

7.1 基本内容

含细胞遗传学、生化遗传学、分子遗传学与基因组学。

7.2 染色体

应包括染色体组型图、染色体数目、核型公式等信息。染色体组型分析按 GB/T 18654.12 的规定执行。

7.3 同工酶

应包括同工酶名称、同工酶分析图片、电泳图中的酶带名称、酶带的迁移率、平均杂合度、等位基因频率、同工酶的活性强度等信息。描述内容按 GB/T 18654.13 的规定执行。

7.4 线粒体 DNA(mt DNA)

应包括技术名称、引物信息、PCR 扩增条件、扩增片段大小、扩增片段序列、单倍型间的遗传距离、群体内遗传多样性程度、平均杂合度、多态信息含量、平均遗传距离等信息。

7.5 限制性片段长度多态性(RFLP)

应包括引物信息、PCR 扩增条件、内切酶、酶切条件、电泳图、酶切条带数、条带大小、等位基因数、基因纯合度、平均杂合度、多态信息含量、平均遗传距离等信息。

7.6 扩增片段长度多态性(AFLP)

应包括内切酶、接头序列、引物信息、PCR 扩增条件、电泳图、多态性位点数、片段大小、等位基因数、基因纯合度、平均杂合度、多态信息含量、平均遗传距离等信息。

7.7 微卫星 DNA(SSR)

应包括座位名称、引物信息、PCR 扩增条件、微卫星序列、微卫星 DNA 大小、微卫星类型、等位基因数、扩增片段大小、平均杂合度、多态信息含量、平均遗传距离等信息。微卫星分析按 GB/T 34748 的规定执行。

7.8 单核苷酸多态性(SNP)

应包括座位名称、引物信息、PCR 扩增条件、等位基因数、扩增片段序列、扩增片段大小、平均杂合度、多态信息含量、平均遗传距离等信息。

7.9 DNA 条形码

应包括引物信息、PCR 扩增条件、条形码序列等信息。其筛选与质量要求按 SN/T 4625 的规定执行。

7.10 遗传连锁图谱

应包括实验方法、标记类型、标记数量、连锁群数量、图谱总长度、平均图距等信息。

7.11 基因组信息

应包括测序方法、基因组大小、组装方法、contig N50、scaffold N50 等信息。

8 营养组分

应包括粗蛋白含量(%)、粗脂肪含量(%)、粗灰分含量(%)、水分含量(%)、脂肪酸组成和氨基酸组成等指标。

ICS 65.150
B 50

中华人民共和国水产行业标准

SC/T 9434—2019

水生生物增殖放流技术规范 金乌贼

Technical specification for the stock enhancement of hydrobios—Golden cuttlefish

2019-08-01 发布 2019-11-01 实施

中华人民共和国农业农村部 发布

前　言

本标准按照 GB/T 1.1—2009 给出的规则起草。

请注意本文件的某些内容可能涉及专利。本文件的发布机构不承担识别这些专利的责任。

本标准由农业农村部渔业渔政管理局提出。

本标准由全国水产标准化技术委员会渔业资源分技术委员会(SAC/TC 156/SC 10)归口。

本标准起草单位:烟台大学、山东省水生生物资源养护管理中心。

本标准主要起草人:桑承德、于本淑、董天威、卢晓、张秀梅、王雪梅、涂忠、王立军、董晓煜、曲维涛、姜海滨、郭栋、刘丽娟、陈四清、杨建敏、冯启超、许庆昌、王运国、于永强、曲江波、李海州、李帅。

水生生物增殖放流技术规范　金乌贼

1　范围

本标准规定了金乌贼(*Sepia esculenta* Hoyle,1885)增殖放流的海域条件、本底调查、苗种质量、检验、放流条件、放流操作、放流资源保护与监测、效果评价等技术要求。

本标准适用于金乌贼增殖放流。

2　规范性引用文件

下列文件对于本文件的应用是必不可少的。凡是注日期的引用文件,仅注日期的版本适用于本文件。凡是不注日期的引用文件,其最新版本(包括所有的修改单)适用于本文件。

GB/T 8588—2001　渔业资源基本术语

GB/T 20361　水产品中孔雀石绿和结晶紫残留量的测定　高效液相色谱荧光检测法

农业部 783 号公告—1—2006　水产品中硝基呋喃类代谢物残留量的测定　液相色谱-串联质谱法

NY 5070—2002　无公害食品　水产品中渔药残留限量

SC/T 2084—2018　金乌贼

SC/T 3018　水产品中氯霉素残留量的测定　气相色谱法

SC/T 9401—2010　水生生物增殖放流技术规程

3　术语和定义

GB/T 8588—2001 和 SC/T 9401—2010 界定的术语和定义适用于本文件。为了便于使用,以下重复列出了 GB/T 8588—2001 中的某些术语和定义。

3.1

胴背长　mantle length

头足类胴体背部中线的长度。

[GB/T 8588—2001,定义 3.1.16]

4　海域条件

符合 SC/T 9401—2010 中第 4 章的规定,同时满足下述条件:

a)　潮流畅通的海湾或浅海海域,底质为岩礁、沙砾、沙质,适宜大型海藻(草)生长为宜;

b)　水温≥16℃,盐度 26～35;

c)　浮游动物总生物量较丰富。

5　本底调查

应符合 SC/T 9401—2010 中第 5 章的规定。

6　苗种质量

6.1　来源

放流苗种须由具备生产资质的苗种场供应。苗种场应符合以下要求:

a)　持有有效的金乌贼苗种生产许可证;

b)　具备温度、盐度、pH、溶解氧等水质指标监测和苗种质量检测能力;

c)　亲体应符合 SC/T 2084—2018 中 6.2 的规定,且来源于拟增殖放流海域或是原种场保育的本地原种,胴体完整、色泽正常、游动有力、体重 150 g 以上。

6.2 质量

6.2.1 苗种规格

增殖放流苗种分为受精卵和胴背长≥10 mm 幼体 2 种规格。

6.2.2 质量要求

应符合表 1 的要求。

表 1 质量要求

项 目	要 求	
	受精卵	幼体
感官质量	规格整齐、外观完整	规格整齐、活力强、外观完整、体表光洁、体色正常、无触腕脱出
可数指标	—	规格合格率≥85%;死亡率、伤残率、畸形率之和<10%
药物残留	氯霉素、孔雀石绿、硝基呋喃代谢物不得检出	

7 检验

7.1 检验资质

由具备国家认定资质条件的水产品质量检验机构检验。

7.2 检验项目及方法

应符合表 2 的要求。

表 2 检验项目与方法

检验项目		检验方法	
		受精卵	幼体
常规质量	感官质量	按照表 1 要求肉眼观察感官质量	
	可数指标	—	取样混合后统计死亡率、伤残率、畸形率之和
氯霉素		先用 NY 5070—2002 中附录 A 的方法筛选,阳性样品再通过 SC/T 3018 中的方法进行确认	
孔雀石绿		按照 GB/T 20361 的方法进行	
硝基呋喃类代谢物		按照农业部 783 号公告—1—2006 的方法进行	
注:规格合格率以放流前现场测量为准。			

7.3 检验规则

7.3.1 抽样规则

随机取样,常规质量检验每次取样量不少于 100 只,药物残留检测取样不少于 75 g。

7.3.2 时效规则

常规检验在增殖放流前 7 d 内检验有效,药物残留检测在增殖放流前 15 d 内有效。

7.3.3 组批规则

以一个增殖放流批次作为一个检验组批。

7.3.4 判定规则

7.3.4.1 任一检验项目检验不合格,则判定该批次苗种为不合格。

7.3.4.2 若对判定结果有异议,可复检一次,并以复检结果为准。

8 放流条件

8.1 水温条件

放流海域表层水温回升至 16℃以上时择机投放。

8.2 气象条件

非中雨以上、海上最大风力 6 级以下,且放流海域轻浪以下的天气。

8.3 前期准备

8.3.1 苗种供应单位根据拟增殖放流水域的温度、盐度提前调节培育用水、运输用水，温差≤2℃；盐差≤3。

8.3.2 放流工作人员现场查验苗种质量检验检疫报告，除规格合格率外，相关指标均符合 6.2.2 的要求。

8.3.3 幼体放流时，放流工作人员现场逐池随机捞取苗种累计不少于 50 只，放入水深 5 mm～10 mm 的培养皿中，由精度为 1 mm 的直尺测量其胴背长，计算规格合格率≥85%。

8.3.4 放流工具备齐，工作人员到位。

9 放流操作

9.1 受精卵放流

9.1.1 收集

使用规格为 400 mm×200 mm、网目尺寸为 20 mm 左右的双层无毒聚乙烯网片收集。

9.1.2 计数

受精卵暂养 20 d～25 d 后，组织计数。将已附卵网片全部称重，根据未附卵单片网片湿重和附卵网片总重，计算出受精卵总重量，再随机取约 0.5 kg 计算千克重卵数，求出放流受精卵数量。

9.1.3 运输

使用活水车运输，应有避荫和控温设施，运输过程水温升高不得超过 2℃。

9.1.4 投放

将附卵网片挂入由网目尺寸为 20 mm 的无结节聚乙烯网衣围成的长方体(600 mm×500 mm×500 mm)网笼内，每间隔 50 mm～60 mm 固定一个附卵网片，然后将网笼固定在适宜放流海域养殖筏架等设施上。

9.2 幼体放流

9.2.1 受精卵孵化

9.2.1.1 采用 9.1.1 的方法收集受精卵。

9.2.1.2 用 30 目～40 目筛绢制作底面积约为 10 m^{2}的简易网箱并将其固定在充氧育苗池中，网箱底部离池底 200 mm 左右，水温 20℃～24℃。将附卵网片轻轻放入网箱中，每个网箱受精卵数量控制在 2 万粒以内；将未附着或脱落的受精卵盛放在网目尺寸为 5 mm 的聚乙烯网筐中进行孵化，网筐系于网箱一角，约 1/4 露出水面。

9.2.1.3 每日将附卵网片和网筐轻轻提至水面再放回池中，冲洗受精卵表面杂质，重复操作 1 次～2 次；每日观察网筐中受精卵孵化情况，若有幼体孵出，将网筐完全没入水中，轻轻晃动，待幼体从网筐游出后，再将网筐复位，每日操作 1 次。

9.2.2 包装

9.2.2.1 轻轻收拢网箱使幼体较集中后，将幼体轻轻、均匀舀入已注入约 6 L 海水的双层无毒聚乙烯袋(20 L)中，每袋不超过 300 只，充氧扎口后装入规格相同的包装箱中，一箱 2 袋，箱口用胶带密封。

9.2.2.2 在苗种场或放流码头避荫并整齐排列，摆成长方体垛状，每垛长不超过 13 箱，宽不超过 4 箱，高不超过 4 箱，每垛四周预留 1 m 左右空间，等待计数、装运。

9.2.3 计数

抽样数量法，按每批次 1%随机抽样，不少于 3 箱，对箱中样品逐个计数求出平均每箱幼体数量，进而求得本计量批次幼体的总数量。每批次不超过 600 箱，边装边计边放，不得压苗待计。

9.2.4 运输

9.2.4.1 陆上运输使用保温车，箱内控温 20℃以下，途中减少剧烈颠簸，护送人员应随时检查苗种状态。

9.2.4.2 高温天气海上运输时，应采取搭建凉棚、铺盖遮阴网等遮光措施。

9.2.4.3 运输成活率达到 90%以上。

9.2.5 投放

9.2.5.1 人工将放流苗种尽可能贴近水面(距水面不超过 1 m)顺风缓慢放入增殖放流水域。在船上投放时,船速小于 0.5 m/s。放流苗种从出池到投放入海,时间控制在 5 h 以内。

9.2.5.2 随船人员应身着救生衣。

9.3 现场记录

9.3.1 验收人员按照 SC/T 9401—2010 中附录 B 的格式现场填写记录表相关工作人员根据分工在记录表相应位置签字,连同放流影像资料、苗种检验报告副本等原始资料由项目承担单位存档。

9.3.2 影像资料主要包括公示、规格测量、装苗、抽样、计数、装运、投放等关键环节的图片或视频资料。影像资料应根据放流单位、放流种类、放流日期、放流批次等层层建立文件夹,文件夹及单个影像资料应有标题。

10 放流资源保护与监测

按 SC/T 9401—2010 中第 12 章的规定进行。

11 效果评价

按 SC/T 9401—2010 中第 13 章的规定进行。

ICS 65.150
B 50

中华人民共和国水产行业标准

SC/T 9435—2019

水产养殖环境(水体、底泥)中孔雀石绿的测定 高效液相色谱法

Determination of malachite green in water and sediment from the aquaculture environment—High performance liquid chromatography

2019-08-01 发布

2019-11-01 实施

中华人民共和国农业农村部 发布

前　　言

本标准按照 GB/T 1.1—2009 给出的规则起草。

请注意本文件的某些内容可能涉及专利。本文件的发布机构不承担识别这些专利的责任。

本标准由农业农村部渔业渔政管理局提出。

本标准由全国水产标准化技术委员会渔业资源分技术委员会(SAC/TC 156/SC 10)归口。

本标准起草单位:中国水产科学研究院南海水产研究所。

本标准主要起草人:邓建朝、李来好、岑剑伟、杨贤庆、魏涯、杨少玲。

水产养殖环境(水体、底泥)中孔雀石绿的测定　高效液相色谱法

1　范围

本标准规定了水产养殖环境(水体、底泥)中孔雀石绿的高效液相色谱测定方法的原理、试剂和材料、仪器和设备、分析步骤、结果计算、精密度和定量限。

本标准适用于水产养殖环境(水体、底泥)中孔雀石绿的测定。

2　规范性引用文件

下列文件对于本文件的应用是必不可少的。凡是注日期的引用文件,仅注日期的版本适用于本文件。凡是不注日期的引用文件,其最新版本(包括所有的修改单)适用于本文件。

GB/T 6682　分析实验室用水规格和试验方法

GB 17378.5　海洋监测规范　第5部分:沉积物分析

3　原理

孔雀石绿经硼氢化钾还原为其代谢产物隐色孔雀石绿后,水样经过滤,底泥试样经乙腈和二氯甲烷混合溶剂提取,所得样液加入甲酸酸化,经固相萃取柱富集、净化,反相色谱柱分离,荧光检测器检测,外标法定量。

4　试剂和材料

4.1　试剂

4.1.1　水:符合GB/T 6682中一级水的要求。

4.1.2　乙腈(C_2H_3N):色谱纯。

4.1.3　甲醇(CH_3OH):色谱纯。

4.1.4　二氯甲烷(CH_2Cl_2):色谱纯。

4.1.5　甲酸(CH_2O_2):分析纯。

4.1.6　冰乙酸(CH_3COOH):分析纯。

4.1.7　硼氢化钾(KBH_4):分析纯。

4.1.8　乙酸铵(CH_3COONH_4):分析纯。

4.2　溶液配制

4.2.1　3%甲酸溶液:移取3 mL甲酸,用水定容至100 mL。

4.2.2　硼氢化钾溶液(0.03 mol/L):称取0.081 g硼氢化钾,用水溶解,定容至50 mL,现用现配。

4.2.3　硼氢化钾溶液(0.2 mol/L):称取0.54 g硼氢化钾,用水溶解,定容至50 mL,现用现配。

4.2.4　乙酸铵溶液(5 mol/L):称取38.5 g无水乙酸铵,用水溶解,定容至100 mL。

4.2.5　乙酸铵甲醇溶液(0.25 mol/L):移取5 mL乙酸铵溶液用甲醇定容至100 mL。

4.2.6　乙酸铵缓冲溶液(0.125 mol/L):称取9.64 g无水乙酸铵溶解于1 L水中,用冰乙酸调pH至4.5。

4.2.7　80%乙腈水:量取80 mL乙腈与20 mL水混合。

4.3　标准品

孔雀石绿草酸盐标准品[Malachite green oxalate salt,$2(C_{23}H_{25}N_2)\cdot 2(C_2HO_4)\cdot C_2H_2O_4$,CAS号:

2437-29-8]:纯度≥98%。

4.4 标准溶液配制

4.4.1 孔雀石绿标准储备溶液:准确称取标准品,用乙腈稀释配制成 100 μg/mL 的标准储备液,−18℃避光保存,有效期 3 个月。

4.4.2 孔雀石绿标准中间溶液(1 μg/mL):吸取 1.00 mL 孔雀石绿的标准储备溶液至 100 mL 容量瓶,用乙腈稀释至刻度,−18℃避光保存。

4.4.3 孔雀石绿标准工作溶液:根据检测需要移取一定体积的标准中间溶液,加入 0.4 mL 0.03 mol/L 硼氢化钾溶液,用乙腈准确稀释至 2.00 mL,配置适当浓度的标准工作溶液。标准工作溶液需现配现用。

4.5 材料

4.5.1 酸性氧化铝:粒度为 100 目~200 目(75 μm~150 μm)。

4.5.2 MCX 混合型阳离子交换柱:3 mL/60 mg。使用前,依次用 3 mL 乙腈、3 mL 甲酸溶液预淋洗。

4.5.3 微孔滤膜:0.22 μm,通用型。

5 仪器和设备

5.1 高效液相色谱仪:配荧光检测器。

5.2 电子天平:感量 0.000 1 g、感量 0.01 g。

5.3 涡旋振荡器。

5.4 超声波清洗器:频率 40 kHz。

5.5 离心机:≥3 000 r/min。

5.6 固相萃取装置:12 孔或 24 孔。

5.7 pH 计。

5.8 可控温氮吹浓缩仪。

5.9 注射器:50 mL 或 100 mL。

6 分析步骤

6.1 样品处理

6.1.1 水样处理

水样经 0.45 μm 滤膜过滤后,准确移取 100 mL 水样于三角瓶中,加入 1 mL 0.2 mol/L 硼氢化钾溶液,充分振荡 1 min~2 min,再加入 3 mL 甲酸调节水样 pH,待净化。

6.1.2 底泥处理

准确称取 10.00 g 于 50 mL 离心管内,依次加入 5 g 酸性氧化铝、10 mL 乙腈和 10 mL 二氯甲烷、1 mL 0.2 mol/L 硼氢化钾溶液,涡旋振荡 1 min,超声提取 10 min,4 000 r/min 离心 10 min,将上清液移至 100 mL 的三角瓶。底泥用 10 mL 乙腈和 10 mL 二氯甲烷,重复提取一次,合并上清液。收集液加入适量甲酸,使甲酸所占样液体积分数为 3%(V/V),待净化。

另取 10.00 g 底泥样品,按照 GB 17378.5 中规定的方法进行含水率测定。

6.2 净化

将已活化的 MCX 固相萃取小柱连接到固相萃取仪,将注射器通过 SPE 转接头连接到固相萃取柱上端,然后将水样或底泥样液加载到注射器,让样液以小于 3 mL/min 流速通过小柱。样品过柱后,以 5 mL 乙腈清洗三角瓶,转入小柱,弃去流出液,减压抽干。用 5 mL 0.25 mol/L 乙酸铵甲醇溶液洗脱,减压抽干。将洗脱液氮吹浓缩近干,用 2.00 mL 80%乙腈水溶液溶解残渣,经过 0.22 μm 滤膜过滤,供液相色谱分析。

6.3 测定

6.3.1 色谱参考条件

a) 色谱柱：C_{18}柱，250 mm×4.6 mm(内径)，5 μm，或性能相当者；

b) 色谱柱温：35℃；

c) 流动相：乙腈＋乙酸铵缓冲溶液(0.125 mol/L，pH 4.5)＝(80＋20，V/V)；

d) 荧光检测器：激发波长 265 nm，发射波长 360 nm；

e) 流速：1.5 mL/min；

f) 进样量：50 μL。

6.3.2 色谱测定与确证

将标准工作溶液和待测溶液分别注入高效液相色谱中，以保留时间定性，以待测液峰面积代入标准曲线中定量，样品中孔雀石绿质量浓度应在标准工作曲线质量浓度范围内。标准溶液和试样溶液色谱图参见附录 A。

6.4 空白实验

除不加试样外，均按 6.1～6.3 测定步骤进行。

7 结果计算

水样中孔雀石绿的含量按式(1)计算，测试结果需扣除空白值，并保留 3 位有效数字。

$$X_1 = \frac{c_s \times A \times V}{A_s \times V_0} \qquad (1)$$

式中：

X_1 ——水样中待测组分的含量，单位为毫克每升(mg/L)；

c_s ——待测组分标准工作液的浓度，单位为微克每毫升(μg/mL)；

A_s ——待测组分标准工作液的峰面积；

A ——样品中待测组分的峰面积；

V ——样液最终定容体积，单位为毫升(mL)；

V_0 ——样品体积，单位为毫升(mL)。

底泥试样中孔雀石绿的含量按式(2)计算，测试结果需扣除空白值，并保留 3 位有效数字。

$$X_2 = \frac{c_s \times A \times V}{A_s \times m \times (1-W)} \qquad (2)$$

式中：

X_2 ——样品中待测组分的残留量，单位为毫克每千克(mg/kg)；

m ——样品质量，单位为克(g)；

W —— 样品含水率，单位为质量分数(%)。

8 精密度

在重复性条件下获得的 2 次独立测定结果的绝对差值与其算术平均值的比值(百分率)，应符合附录 B 的要求。

在再现性条件下获得的 2 次独立测定结果的绝对差值与其算术平均值的比值(百分率)，应符合附录 C 的要求。

9 定量限

水体中孔雀石绿的定量限为 0.1 μg/L；底泥中孔雀石绿的定量限为 1.0 μg/kg。

附　录　A
(资料性附录)
标准溶液和试样溶液色谱图

A.1　孔雀石绿标准溶液色谱图

见图 A.1。

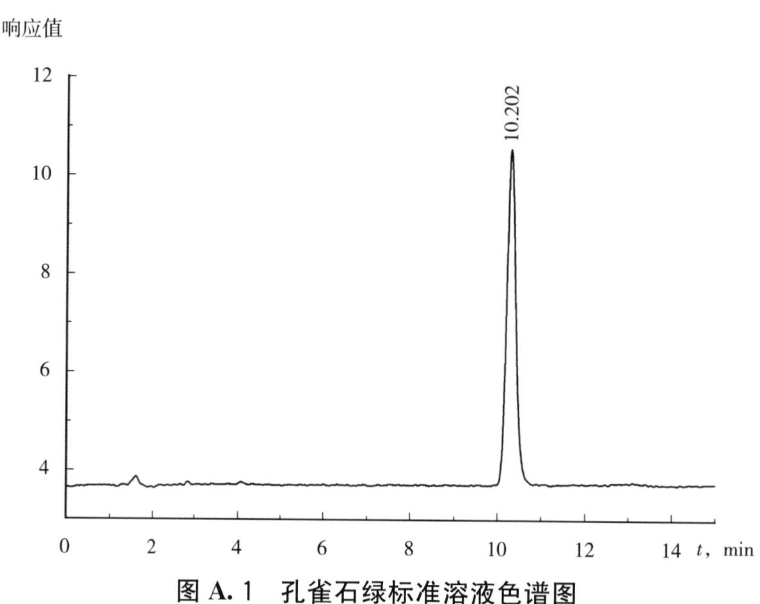

图 A.1　孔雀石绿标准溶液色谱图

A.2　水体空白样品色谱图

见图 A.2。

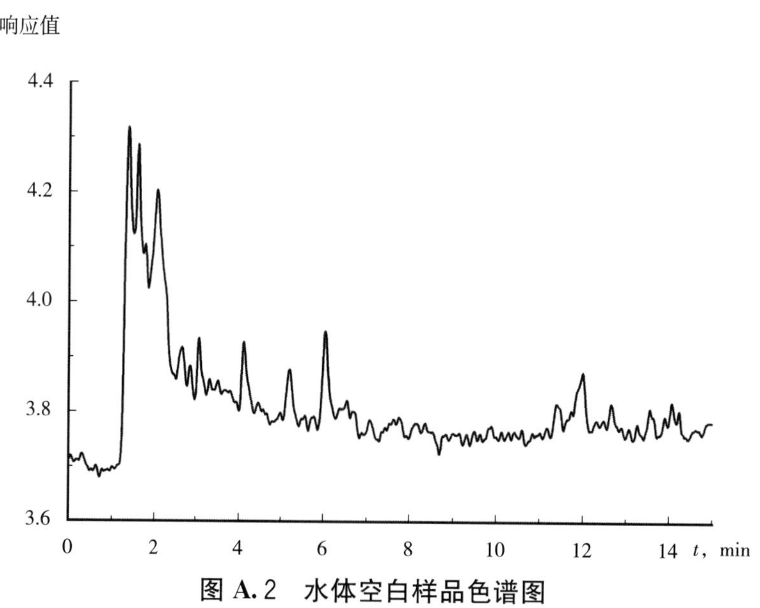

图 A.2　水体空白样品色谱图

A.3 水体添加 0.1 μg/L 孔雀石绿色谱图

见图 A.3。

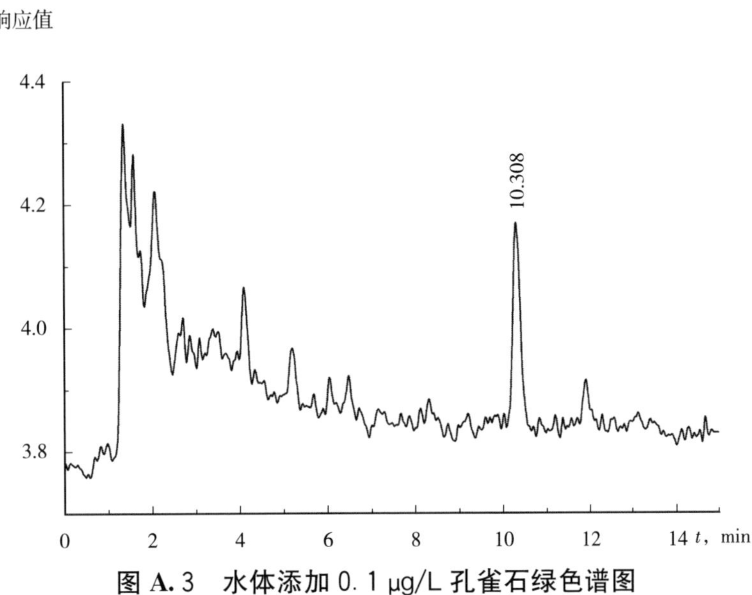

图 A.3 水体添加 0.1 μg/L 孔雀石绿色谱图

A.4 水体添加 1 μg/L 孔雀石绿色谱图

见图 A.4。

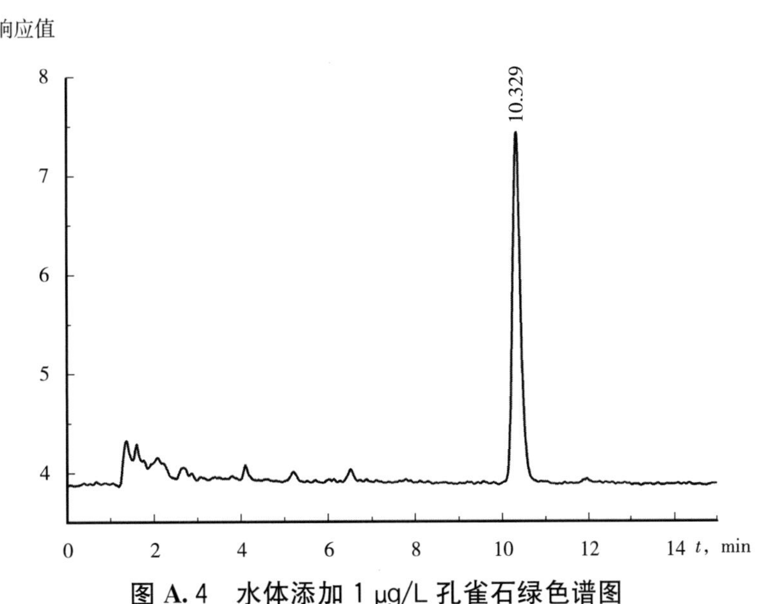

图 A.4 水体添加 1 μg/L 孔雀石绿色谱图

A.5 水体添加 2 μg/L 孔雀石绿色谱图

见图 A.5。

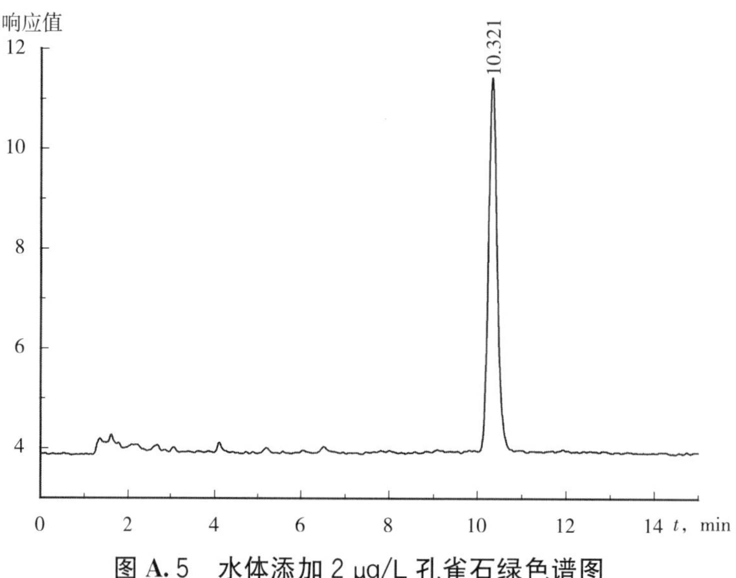

图 A.5 水体添加 2 μg/L 孔雀石绿色谱图

A.6 底泥空白色谱图

见图 A.6。

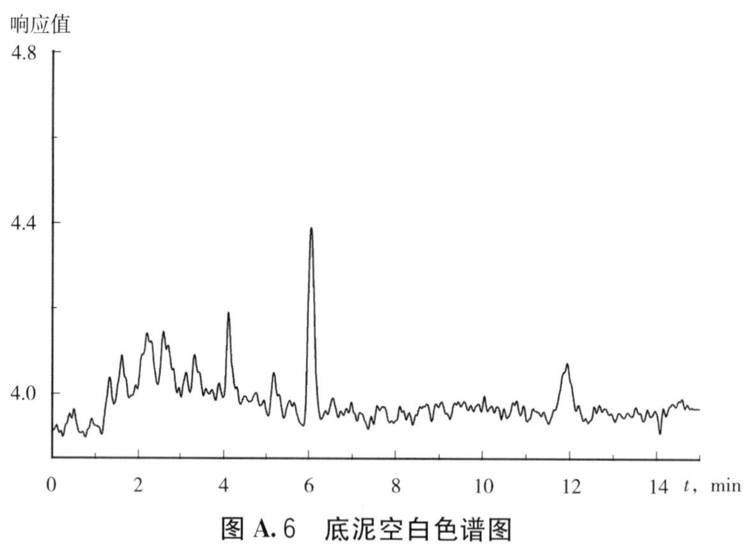

图 A.6 底泥空白色谱图

A.7 底泥添加 1 μg/kg 孔雀石绿色谱图

见图 A.7。

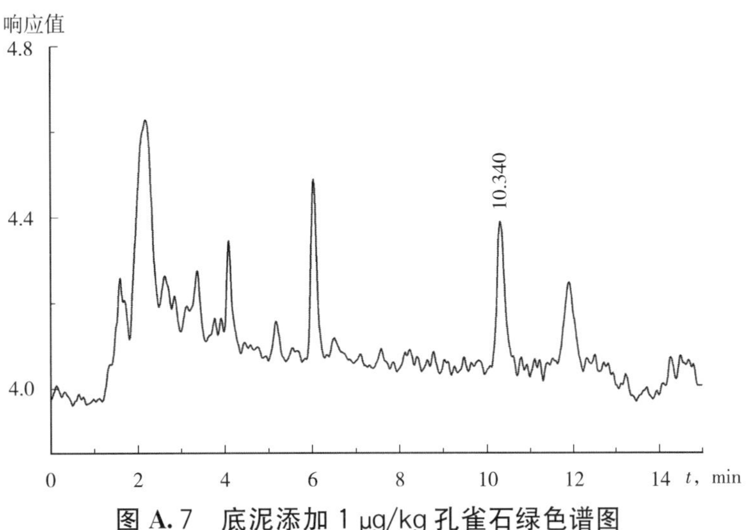

图 A.7 底泥添加 1 μg/kg 孔雀石绿色谱图

A.8 底泥添加 10 μg/kg 孔雀石绿色谱图

见图 A.8。

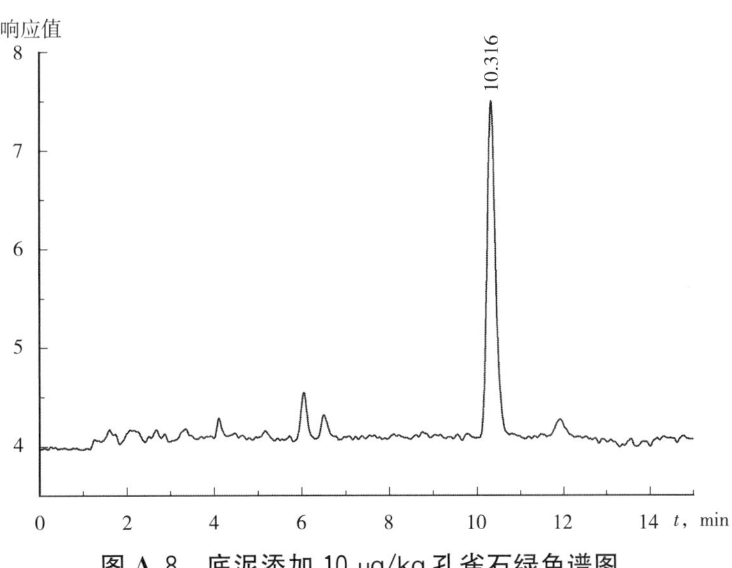

图 A.8 底泥添加 10 μg/kg 孔雀石绿色谱图

A.9　底泥添加 50 μg/kg 孔雀石绿色谱图

见图 A.9。

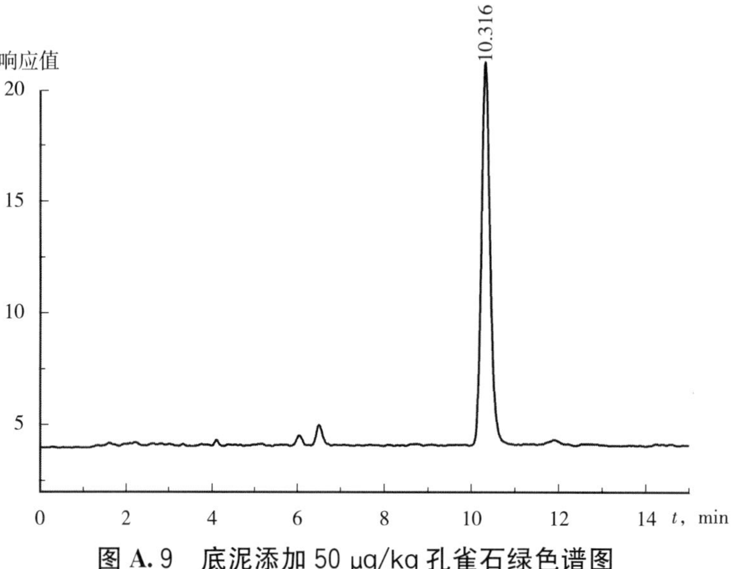

图 A.9　底泥添加 50 μg/kg 孔雀石绿色谱图

附 录 B
（规范性附录）
实验室内重复性要求

实验室内重复性要求见表 B.1。

表 B.1 实验室内重复性要求

被测组分含量（X） mg/L（水样）或 mg/kg（底泥）	精密度 %
$X \leqslant 0.001$	36
$0.001 < X \leqslant 0.01$	32
$0.01 < X \leqslant 0.1$	22
$0.1 < X \leqslant 1$	18
$X > 1$	14

附　录　C
（规范性附录）
实验室间再现性要求

实验室间再现性要求见表 C.1。

表 C.1　实验室间再现性要求

被测组分含量(X) mg/L(水样)或 mg/kg(底泥)	精密度 %
$X \leqslant 0.001$	54
$0.001 < X \leqslant 0.01$	46
$0.01 < X \leqslant 0.1$	34
$0.1 < X \leqslant 1$	25
$X > 1$	19

附录

中华人民共和国农业农村部公告
第 127 号

《苹果腐烂病抗性鉴定技术规程》等 41 项标准业经专家审定通过，现批准发布为中华人民共和国农业行业标准，自 2019 年 9 月 1 日起实施。

特此公告。

附件：《苹果腐烂病抗性鉴定技术规程》等 41 项农业行业标准目录

农业农村部

2019 年 1 月 17 日

附件：

《苹果腐烂病抗性鉴定技术规程》等41项农业行业标准目录

序号	标准号	标准名称	代替标准号
1	NY/T 3344—2019	苹果腐烂病抗性鉴定技术规程	
2	NY/T 3345—2019	梨黑星病抗性鉴定技术规程	
3	NY/T 3346—2019	马铃薯抗青枯病鉴定技术规程	
4	NY/T 3347—2019	玉米籽粒生理成熟后自然脱水速率鉴定技术规程	
5	NY/T 3413—2019	葡萄病虫害防治技术规程	
6	NY/T 3414—2019	日晒高温覆膜法防治韭蛆技术规程	
7	NY/T 3415—2019	香菇菌棒工厂化生产技术规范	
8	NY/T 3416—2019	茭白储运技术规范	
9	NY/T 3417—2019	苹果树主要害虫调查方法	
10	NY/T 3418—2019	杏鲍菇等级规格	
11	NY/T 3419—2019	茶树高温热害等级	
12	NY/T 3420—2019	土壤有效硒的测定　氢化物发生原子荧光光谱法	
13	NY/T 3421—2019	家蚕核型多角体病毒检测　荧光定量PCR法	
14	NY/T 3422—2019	肥料和土壤调理剂　氟含量的测定	
15	NY/T 3423—2019	肥料增效剂　3,4-二甲基吡唑磷酸盐(DMPP)含量的测定	
16	NY/T 3424—2019	水溶肥料　无机砷和有机砷含量的测定	
17	NY/T 3425—2019	水溶肥料　总铬、三价铬和六价铬含量的测定	
18	NY/T 3426—2019	玉米细胞质雄性不育杂交种生产技术规程	
19	NY/T 3427—2019	棉花品种枯萎病抗性鉴定技术规程	
20	NY/T 3428—2019	大豆品种大豆花叶病毒病抗性鉴定技术规程	
21	NY/T 3429—2019	芝麻品种资源耐湿性鉴定技术规程	
22	NY/T 3430—2019	甜菜种子活力测定　高温处理法	
23	NY/T 3431—2019	植物品种特异性、一致性和稳定性测试指南　补血草属	
24	NY/T 3432—2019	植物品种特异性、一致性和稳定性测试指南　万寿菊属	
25	NY/T 3433—2019	植物品种特异性、一致性和稳定性测试指南　枇杷属	
26	NY/T 3434—2019	植物品种特异性、一致性和稳定性测试指南　柱花草属	
27	NY/T 3435—2019	植物品种特异性、一致性和稳定性测试指南　芥蓝	
28	NY/T 3436—2019	柑橘属品种鉴定　SSR分子标记法	
29	NY/T 3437—2019	沼气工程安全管理规范	
30	NY/T 1220.1—2019	沼气工程技术规范　第1部分:工程设计	NY/T 1220.1—2006
31	NY/T 1220.2—2019	沼气工程技术规范　第2部分:输配系统设计	NY/T 1220.2—2006
32	NY/T 1220.3—2019	沼气工程技术规范　第3部分:施工及验收	NY/T 1220.3—2006
33	NY/T 1220.4—2019	沼气工程技术规范　第4部分:运行管理	NY/T 1220.4—2006
34	NY/T 1220.5—2019	沼气工程技术规范　第5部分:质量评价	NY/T 1220.5—2006
35	NY/T 3438.1—2019	村级沼气集中供气站技术规范　第1部分:设计	

（续）

序号	标准号	标准名称	代替标准号
36	NY/T 3438.2—2019	村级沼气集中供气站技术规范　第2部分:施工与验收	
37	NY/T 3438.3—2019	村级沼气集中供气站技术规范　第3部分:运行管理	
38	NY/T 3439—2019	沼气工程钢制焊接发酵罐技术条件	
39	NY/T 3440—2019	生活污水净化沼气池质量验收规范	
40	NY/T 3441—2019	蔬菜废弃物高温堆肥无害化处理技术规程	
41	NY/T 3442—2019	畜禽粪便堆肥技术规范	

中华人民共和国农业农村部公告
第 196 号

《耕地质量监测技术规程》等 123 项标准业经专家审定通过，现批准发布为中华人民共和国农业行业标准，自 2019 年 11 月 1 日起实施。

特此公告。

附件：《耕地质量监测技术规程》等 123 项农业行业标准目录

农业农村部
2019 年 8 月 1 日

附件：

《耕地质量监测技术规程》等 123 项农业行业标准目录

序号	标准号	标准名称	代替标准号
1	NY/T 1119—2019	耕地质量监测技术规程	NY/T 1119—2012
2	NY/T 3443—2019	石灰质改良酸化土壤技术规范	
3	NY/T 3444—2019	牦牛冷冻精液生产技术规程	
4	NY/T 3445—2019	畜禽养殖场档案规范	
5	NY/T 3446—2019	奶牛短脊椎畸形综合征检测 PCR 法	
6	NY/T 3447—2019	金川牦牛	
7	NY/T 3448—2019	天然打草场退化分级	
8	NY/T 821—2019	猪肉品质测定技术规程	NY/T 821—2004
9	NY/T 3449—2019	河曲马	
10	NY/T 3450—2019	家畜遗传资源保种场保种技术规范　第 1 部分：总则	
11	NY/T 3451—2019	家畜遗传资源保种场保种技术规范　第 2 部分：猪	
12	NY/T 3452—2019	家畜遗传资源保种场保种技术规范　第 3 部分：牛	
13	NY/T 3453—2019	家畜遗传资源保种场保种技术规范　第 4 部分：绵羊、山羊	
14	NY/T 3454—2019	家畜遗传资源保种场保种技术规范　第 5 部分：马、驴	
15	NY/T 3455—2019	家畜遗传资源保种场保种技术规范　第 6 部分：骆驼	
16	NY/T 3456—2019	家畜遗传资源保种场保种技术规范　第 7 部分：家兔	
17	NY/T 3457—2019	牦牛舍饲半舍饲生产技术规范	
18	NY/T 3458—2019	种鸡人工授精技术规程	
19	NY/T 822—2019	种猪生产性能测定规程	NY/T 822—2004
20	NY/T 3459—2019	种猪遗传评估技术规范	
21	NY/T 3460—2019	家畜遗传资源保护区保种技术规范	
22	NY/T 3461—2019	草原建设经济生态效益评价技术规程	
23	NY/T 3462—2019	全株玉米青贮霉菌毒素控制技术规范	
24	NY/T 566—2019	猪丹毒诊断技术	NY/T 566—2002
25	NY/T 3463—2019	禽组织滴虫病诊断技术	
26	NY/T 3464—2019	牛泰勒虫病诊断技术	
27	NY/T 3465—2019	山羊关节炎脑炎诊断技术	
28	NY/T 1187—2019	鸡传染性贫血诊断技术	NY/T 681—2003， NY/T 1187—2006
29	NY/T 3466—2019	实验用猪微生物学等级及监测	
30	NY/T 575—2019	牛传染性鼻气管炎诊断技术	NY/T 575—2002
31	NY/T 3467—2019	牛羊饲养场兽医卫生规范	
32	NY/T 3468—2019	猪轮状病毒间接 ELISA 抗体检测方法	
33	NY/T 3363—2019	畜禽屠宰加工设备　猪剥皮机	NY/T 3363—2018 (SB/T 10493—2008)
34	NY/T 3364—2019	畜禽屠宰加工设备　猪胴体劈半锯	NY/T 3364—2018 (SB/T 10494—2008)
35	NY/T 3469—2019	畜禽屠宰操作规程　羊	
36	NY/T 3470—2019	畜禽屠宰操作规程　兔	
37	NY/T 3471—2019	畜禽血液收集技术规范	

（续）

序号	标准号	标准名称	代替标准号
38	NY/T 3472—2019	畜禽屠宰加工设备　家禽自动掏膛生产线技术条件	
39	NY/T 3473—2019	饲料中纽甜、阿力甜、阿斯巴甜、甜蜜素、安赛蜜、糖精钠的测定　液相色谱-串联质谱法	
40	NY/T 3474—2019	卵形鲳鲹配合饲料	
41	NY/T 3475—2019	饲料中貂、狐、貉源性成分的定性检测　实时荧光 PCR 法	
42	NY/T 3476—2019	饲料原料　甘蔗糖蜜	
43	NY/T 3477—2019	饲料原料　酿酒酵母细胞壁	
44	NY/T 3478—2019	饲料中尿素的测定	
45	NY/T 132—2019	饲料原料　花生饼	NY/T 132—1989
46	NY/T 123—2019	饲料原料　米糠饼	NY/T 123—1989
47	NY/T 124—2019	饲料原料　米糠粕	NY/T 124—1989
48	NY/T 3479—2019	饲料中氢溴酸常山酮的测定　液相色谱-串联质谱法	
49	NY/T 3480—2019	饲料中那西肽的测定　高效液相色谱法	
50	SC/T 7228—2019	传染性肌坏死病诊断规程	
51	SC/T 7230—2019	贝类包纳米虫病诊断规程	
52	SC/T 7231—2019	贝类折光马尔太虫病诊断规程	
53	SC/T 4047—2019	海水养殖用扇贝笼通用技术要求	
54	SC/T 4046—2019	渔用超高分子量聚乙烯网线通用技术条件	
55	SC/T 6093—2019	工厂化循环水养殖车间设计规范	
56	SC/T 7002.15—2019	渔船用电子设备环境试验条件和方法　温度冲击	
57	SC/T 6017—2019	水车式增氧机	SC/T 6017—1999
58	SC/T 3110—2019	冻虾仁	SC/T 3110—1996
59	SC/T 3124—2019	鲜、冻养殖河豚鱼	
60	SC/T 5108—2019	锦鲤售卖场条件	
61	SC/T 5709—2019	金鱼分级　水泡眼	
62	SC/T 7016.13—2019	鱼类细胞系　第 13 部分：鲫细胞系(CAR)	
63	SC/T 7016.14—2019	鱼类细胞系　第 14 部分：锦鲤吻端细胞系(KS)	
64	SC/T 7229—2019	鲤浮肿病诊断规程	
65	SC/T 2092—2019	脊尾白虾　亲虾	
66	SC/T 2097—2019	刺参人工繁育技术规范	
67	SC/T 4050.1—2019	拖网渔具通用技术要求　第 1 部分：网衣	
68	SC/T 4050.2—2019	拖网渔具通用技术要求　第 2 部分：浮子	
69	SC/T 9433—2019	水产种质资源描述通用要求	
70	SC/T 1143—2019	淡水珍珠蚌鱼混养技术规范	
71	SC/T 2093—2019	大泷六线鱼　亲鱼和苗种	
72	SC/T 4049—2019	超高分子量聚乙烯网片　绞捻型	
73	SC/T 9434—2019	水生生物增殖放流技术规范　金乌贼	
74	SC/T 1142—2019	水产新品种生长性能测试　鱼类	
75	SC/T 4048.1—2019	深水网箱通用技术要求　第 1 部分：框架系统	
76	SC/T 9429—2019	淡水渔业资源调查规范　河流	
77	SC/T 2095—2019	大型藻类养殖容量评估技术规范　营养盐供需平衡法	
78	SC/T 3211—2019	盐渍裙带菜	SC/T 3211—2002
79	SC/T 3213—2019	干裙带菜叶	SC/T 3213—2002
80	SC/T 2096—2019	三疣梭子蟹人工繁育技术规范	

（续）

序号	标准号	标准名称	代替标准号
81	SC/T 9430—2019	水生生物增殖放流技术规范　鳜	
82	SC/T 1137—2019	淡水养殖水质调节用微生物制剂　质量与使用原则	
83	SC/T 9431—2019	水生生物增殖放流技术规范　拟穴青蟹	
84	SC/T 9432—2019	水生生物增殖放流技术规范　海蜇	
85	SC/T 1140—2019	莫桑比克罗非鱼	
86	SC/T 2098—2019	裙带菜人工繁育技术规范	
87	SC/T 6137—2019	养殖渔情信息采集规范	
88	SC/T 2099—2019	牙鲆人工繁育技术规范	
89	SC/T 3053—2019	水产品及其制品中虾青素含量的测定　高效液相色谱法	
90	SC/T 1139—2019	细鳞鲷	
91	SC/T 9435—2019	水产养殖环境(水体、底泥)中孔雀石绿的测定　高效液相色谱法	
92	SC/T 1141—2019	尖吻鲈	
93	NY/T 1766—2019	农业机械化统计基础指标	NY/T 1766—2009
94	NY/T 985—2019	根茬粉碎还田机　作业质量	NY/T 985—2006
95	NY/T 1227—2019	残地膜回收机　作业质量	NY/T 1227—2006
96	NY/T 3481—2019	根茎类中药材收获机　质量评价技术规范	
97	NY/T 3482—2019	谷物干燥机质量调查技术规范	
98	NY/T 1830—2019	拖拉机和联合收割机安全技术检验规范	NY/T 1830—2009
99	NY/T 2207—2019	轮式拖拉机能效等级评价	NY/T 2207—2012
100	NY/T 1629—2019	拖拉机排气烟度限值	NY/T 1629—2008
101	NY/T 3483—2019	马铃薯全程机械化生产技术规范	
102	NY/T 3484—2019	黄淮海地区保护性耕作机械化作业技术规范	
103	NY/T 3485—2019	西北内陆棉区棉花全程机械化生产技术规范	
104	NY/T 3486—2019	蔬菜移栽机　作业质量	
105	NY/T 1828—2019	机动插秧机　质量评价技术规范	NY/T 1828—2009
106	NY/T 3487—2019	厢式果蔬烘干机　质量评价技术规范	
107	NY/T 1534—2019	水稻工厂化育秧技术规程	NY/T 1534—2007
108	NY/T 209—2019	农业轮式拖拉机　质量评价技术规范	NY/T 209—2006
109	NY/T 3488—2019	农业机械重点检查技术规范	
110	NY/T 364—2019	种子拌药机　质量评价技术规范	NY/T 364—1999
111	NY/T 3489—2019	农业机械化水平评价　第2部分:畜牧养殖	
112	NY/T 3490—2019	农业机械化水平评价　第3部分:水产养殖	
113	NY/T 3491—2019	玉米免耕播种机适用性评价方法	
114	NY/T 3492—2019	农业生物质原料　样品制备	
115	NY/T 3493—2019	农业生物质原料　粗蛋白测定	
116	NY/T 3494—2019	农业生物质原料　纤维素、半纤维素、木质素测定	
117	NY/T 3495—2019	农业生物质原料热重分析法　通则	
118	NY/T 3496—2019	农业生物质原料热重分析法　热裂解动力学参数	
119	NY/T 3497—2019	农业生物质原料热重分析法　工业分析	
120	NY/T 3498—2019	农业生物质原料成分测定　元素分析仪法	
121	NY/T 3499—2019	受污染耕地治理与修复导则	
122	NY/T 3500—2019	农业信息基础共享元数据	
123	NY/T 3501—2019	农业数据共享技术规范	

中华人民共和国农业农村部公告
第 197 号

《饲料中硝基咪唑类药物的测定　液相色谱-质谱法》等 10 项标准业经专家审定通过，现批准发布为中华人民共和国农业行业标准，自 2020 年 1 月 1 日起实施。

特此公告。

附件：《饲料中硝基咪唑类药物的测定　液相色谱-质谱法》等 10 项国家标准目录

农业农村部

2019 年 8 月 1 日

附件：

《饲料中硝基咪唑类药物的测定　液相色谱-质谱法》等 10 项国家标准目录

序号	标准号	标准名称	代替标准号
1	农业农村部公告第 197 号—1—2019	饲料中硝基咪唑类药物的测定　液相色谱-质谱法	农业部 1486 号公告—4—2010
2	农业农村部公告第 197 号—2—2019	饲料中盐酸沃尼妙林和泰妙菌素的测定　液相色谱-串联质谱法	
3	农业农村部公告第 197 号—3—2019	饲料中硫酸新霉素的测定　液相色谱-串联质谱法	
4	农业农村部公告第 197 号—4—2019	饲料中海南霉素的测定　液相色谱-串联质谱法	
5	农业农村部公告第 197 号—5—2019	饲料中可乐定等 7 种 α-受体激动剂的测定　液相色谱-串联质谱法	
6	农业农村部公告第 197 号—6—2019	饲料中利巴韦林等 7 种抗病毒类药物的测定　液相色谱-串联质谱法	
7	农业农村部公告第 197 号—7—2019	饲料中福莫特罗、阿福特罗的测定　液相色谱-串联质谱法	
8	农业农村部公告第 197 号—8—2019	动物毛发中赛庚啶残留量的测定　液相色谱-串联质谱法	
9	农业农村部公告第 197 号—9—2019	畜禽血液和尿液中 150 种兽药及其他化合物鉴别和确认　液相色谱-高分辨串联质谱法	
10	农业农村部公告第 197 号—10—2019	畜禽血液和尿液中 160 种兽药及其他化合物的测定　液相色谱-串联质谱法	

国家卫生健康委员会
农 业 农 村 部
国家市场监督管理总局
公 告
2019 年 第 5 号

根据《中华人民共和国食品安全法》规定，经食品安全国家标准审评委员会审查通过，现发布《食品安全国家标准 食品中农药最大残留限量》(GB 2763—2019，代替 GB 2763—2016 和 GB 2763.1—2018)等 3 项食品安全国家标准。其编号和名称如下：

GB 2763—2019 食品安全国家标准 食品中农药最大残留限量

GB 23200.116—2019 食品安全国家标准 植物源性食品中 90 种有机磷类农药及其代谢物残留量的测定 气相色谱法

GB 23200.117—2019 食品安全国家标准 植物源性食品中喹啉铜残留量的测定 高效液相色谱法

以上标准自发布之日起 6 个月正式实施。标准文本可在中国农产品质量安全网(http://www.aqsc.org)查阅下载。标准文本内容由农业农村部负责解释。

特此公告。

国家卫生健康委员会
农业农村部
国家市场监督管理总局
2019 年 8 月 15 日

农 业 农 村 部
国家卫生健康委员会
国家市场监督管理总局
公 告
第114号

根据《中华人民共和国食品安全法》规定，经食品安全国家标准审评委员会审查通过，现发布《食品安全国家标准　食品中兽药最大残留限量》(GB 31650—2019，代替农业部公告第235号中的相应部分)及9项兽药残留检测方法食品安全国家标准，其编号和名称如下：

GB 31650—2019　食品安全国家标准　食品中兽药最大残留限量

GB 31660.1—2019　食品安全国家标准　水产品中大环内酯类药物残留量的测定　液相色谱-串联质谱法

GB 31660.2—2019　食品安全国家标准　水产品中辛基酚、壬基酚、双酚A、己烯雌酚、雌酮、17α-乙炔雌二醇、17β-雌二醇、雌三醇残留量的测定　气相色谱-质谱法

GB 31660.3—2019　食品安全国家标准　水产品中氟乐灵残留量的测定　气相色谱法

GB 31660.4—2019　食品安全国家标准　动物性食品中醋酸甲地孕酮和醋酸甲羟孕酮残留量的测定　液相色谱-串联质谱法

GB 31660.5—2019　食品安全国家标准　动物性食品中金刚烷胺残留量的测定　液相色谱-串联质谱法

GB 31660.6—2019　食品安全国家标准　动物性食品中5种α_2-受体激动剂残留量的测定　液相色谱-串联质谱法

GB 31660.7—2019　食品安全国家标准　猪组织和尿液中赛庚啶及可乐定残留量的测定　液相色谱-串联质谱法

GB 31660.8—2019　食品安全国家标准　牛可食性组织及牛奶中氮氨菲啶残留量的测定　液相色谱-串联质谱法

GB 31660.9—2019　食品安全国家标准　家禽可食性组织中乙氧酰胺苯甲酯残留量的测定　高效液相色谱法

以上标准自2020年4月1日起实施。标准文本可在中国农产品质量安全网(http://www.aqsc.org)查阅下载。

农业农村部
国家卫生健康委员会
国家市场监督管理总局
2019年9月6日

中华人民共和国农业农村部公告
第251号

《肥料　包膜材料使用风险控制准则》等39项标准业经专家审定通过，现批准发布为中华人民共和国农业行业标准，自2020年4月1日起实施。

特此公告。

附件：《肥料　包膜材料使用风险控制准则》等39项农业行业标准目录

农业农村部

2019年12月27日

附件：

《肥料　包膜材料使用风险控制准则》等39项农业行业标准目录

序号	标准号	标准名称	代替标准号
1	NY/T 3502—2019	肥料　包膜材料使用风险控制准则	
2	NY/T 3503—2019	肥料　着色材料使用风险控制准则	
3	NY/T 3504—2019	肥料增效剂　硝化抑制剂及使用规程	
4	NY/T 3505—2019	肥料增效剂　脲酶抑制剂及使用规程	
5	NY/T 3506—2019	植物品种特异性、一致性和稳定性测试指南　玉簪属	
6	NY/T 3507—2019	植物品种特异性、一致性和稳定性测试指南　蕹菜	
7	NY/T 3508—2019	植物品种特异性、一致性和稳定性测试指南　朱顶红属	
8	NY/T 3509—2019	植物品种特异性、一致性和稳定性测试指南　菠菜	
9	NY/T 3510—2019	植物品种特异性、一致性和稳定性测试指南　鹤望兰	
10	NY/T 3511—2019	植物品种特异性(可区别性)、一致性和稳定性测试指南编写规则	
11	NY/T 3512—2019	肉中蛋白无损检测法　近红外法	
12	NY/T 3513—2019	生乳中硫氰酸根的测定　离子色谱法	
13	NY/T 251—2019	剑麻织物　单位面积质量的测定	NY/T 251—1995
14	NY/T 926—2019	天然橡胶初加工机械　撕粒机	NY/T 926—2004
15	NY/T 927—2019	天然橡胶初加工机械　碎胶机	NY/T 927—2004
16	NY/T 2668.13—2019	热带作物品种试验技术规程　第13部分:木菠萝	
17	NY/T 2668.14—2019	热带作物品种试验技术规程　第14部分:剑麻	
18	NY/T 385—2019	天然生胶　技术分级橡胶(TSR)浅色胶生产技术规程	NY/T 385—1999
19	NY/T 2667.13—2019	热带作物品种审定规范　第13部分:木菠萝	
20	NY/T 3514—2019	咖啡中绿原酸类化合物的测定　高效液相色谱法	
21	NY/T 3515—2019	热带作物病虫害防治技术规程　椰子织蛾	
22	NY/T 3516—2019	热带作物种质资源描述规范　毛叶枣	
23	NY/T 3517—2019	热带作物种质资源描述规范　火龙果	
24	NY/T 3518—2019	热带作物病虫害监测技术规程　橡胶树炭疽病	
25	NY/T 3519—2019	油棕种苗繁育技术规程	
26	NY/T 3520—2019	菠萝种苗繁育技术规程	
27	NY/T 3521—2019	马铃薯面条加工技术规范	
28	NY/T 3522—2019	发芽糙米加工技术规范	
29	NY/T 3523—2019	马铃薯主食复配粉加工技术规范	
30	NY/T 3524—2019	冷冻肉解冻技术规范	
31	NY/T 3525—2019	农业环境类长期定位监测站通用技术要求	
32	NY/T 3526—2019	农情监测遥感数据预处理技术规范	
33	NY/T 3527—2019	农作物种植面积遥感监测规范	
34	NY/T 3528—2019	耕地土壤墒情遥感监测规范	
35	NY/T 3529—2019	水稻插秧机报废技术条件	
36	NY/T 3530—2019	铡草机报废技术条件	
37	NY/T 3531—2019	饲料粉碎机报废技术条件	
38	NY/T 3532—2019	机动脱粒机报废技术条件	
39	NY/T 2454—2019	机动植保机械报废技术条件	NY/T 2454—2013

图书在版编目（CIP）数据

中国农业行业标准汇编．2021．水产分册/标准质量出版分社编．—北京：中国农业出版社，2021.1
（中国农业标准经典收藏系列）
ISBN 978-7-109-27417-4

Ⅰ．①中…　Ⅱ．①标…　Ⅲ．①农业－行业标准－汇编－中国②水产养殖－行业标准－汇编－中国　Ⅳ．①S-65

中国版本图书馆 CIP 数据核字（2020）第 188321 号

中国农业出版社出版
地址：北京市朝阳区麦子店街 18 号楼
邮编：100125
责任编辑：刘　伟　冀　刚
版式设计：张　宇　　责任校对：周丽芳
印刷：北京印刷一厂
版次：2021 年 1 月第 1 版
印次：2021 年 1 月北京第 1 次印刷
发行：新华书店北京发行所
开本：880mm×1230mm　1/16
印张：24
字数：800 千字
定价：260.00 元
